Java 程序设计

主 编：杨文艳 田春尧
副主编：王 皓 陈 磊 赵 妍 张旭辉 徐晓东
参 编：邹 飞
主 审：洪运国

北京理工大学出版社
BEIJING INSTITUTE OF TECHNOLOGY PRESS

内 容 简 介

本书通过12个模块21个项目案例，系统、简明地介绍了Java语言程序设计的核心技术。它简明扼要地介绍了面向对象程序设计的基本概念、Java语言的特点以及Java程序的开发过程；快速回顾了编程基础语法，系统介绍了Java面向对象编程基础和高级语法，并通过典型应用案例对异常处理、常用API、集合类、流式I/O、JDBC编程、多线程、GUI编程、网络编程等专项进行学习和训练。

本书附带配套微课视频、源代码、知识题库、编程题库、教学PPT、课程教案等资源，方便读者学习和使用。

本书既可用作各院校计算机相关专业Java程序设计课程的教材，也可作为Java自学者的入门用书。阅读本书只需要对计算机和编程有一般性了解。

版权专有　侵权必究

图书在版编目（CIP）数据

Java程序设计／杨文艳，田春尧主编. —北京：北京理工大学出版社，2018.3（2023.7重印）

ISBN 978-7-5682-5467-0

Ⅰ. ①J…　Ⅱ. ①杨…　②田…　Ⅲ. ①JAVA语言-程序设计-教材　Ⅳ. ①TP312.8

中国版本图书馆CIP数据核字（2018）第059882号

出版发行／	北京理工大学出版社有限责任公司
社　　址／	北京市海淀区中关村南大街5号
邮　　编／	100081
电　　话／	（010）68914775（总编室）
	（010）82562903（教材售后服务热线）
	（010）68944723（其他图书服务热线）
网　　址／	http://www.bitpress.com.cn
经　　销／	全国各地新华书店
印　　刷／	北京国马印刷厂
开　　本／	787毫米×1092毫米　1/16
印　　张／	20
字　　数／	470千字
版　　次／	2018年3月第1版　2023年7月第10次印刷
定　　价／	49.80元

责任编辑／高　芳
文案编辑／高　芳
责任校对／周瑞红
责任印制／施胜娟

图书出现印装质量问题，请拨打售后服务热线，本社负责调换

前　言

Java 语言是一种优秀的程序设计语言，是计算机世界的"国际语言"，因其具有平台无关性、性能优异、安全性等特点，自 1995 年问世以来便受到了广大编程人员的喜爱。Java 拥有最广泛的应用领域和软件开发市场，从大型复杂的企业级开发到移动物联网设备的开发，随处都可以看到 Java 的身影。

作为软件开发类课程的入门和基础课程，"Java 程序设计"秉承"做中学，理论为指导、实践出真知"的理念，在把握编程知识的基础上，通过阅读和编写大量的程序实例让读者轻松理解并快速掌握编程技能。全书通过 12 个模块、大量的例题程序和 21 个阶段案例，由浅入深、从易到难地介绍了 Java SE 的核心技术。

立体化和阶段案例的巧妙穿插是本教材的特色和亮点。针对 12 个模块的重点内容，全面设置了以单个知识点或技能点为单位的微课视频，使学习者随时可以利用碎片时间或在需要的时候来完成学习，有效补充了课堂学习时间的不足，弥补了个体学习的差异性；每个模块精心设计的 1~2 个阶段案例将知识和技能融入其中，由案例描述、设计目标、实现思路、参考代码 4 部分组成。其中，"案例描述"通过对案例任务的解读和运行结果的展示，使学习者可以对所完成的案例任务一目了然；"设计目标"是对知识点的掌握要求和对案例项目的掌握要求；"实现思路"是阶段案例的精髓，通过分析实现思路，让学习者对如何应用所学知识和技能完成任务有清晰的逻辑思路；有了思路后，每个人就可以按照自己的理解来通过代码实现案例功能，而不是照搬照抄参考代码，真正达到提高编程技能的目的。

模块 1 主要介绍了 Java 语言的特点和面向对象程序设计的基本概念、Java 开发环境的搭建和程序的开发过程。

模块 2 主要学习 Java 编程的基础知识，包括 Java 程序基本结构、标识符、关键字、数据类型、变量和方法、运算符与表达式，以及选择结构、循环结构的使用、数组的使用等。

模块 3 和模块 4 系统学习 Java 面向对象编程基础和高级语法，使学习者掌握类和对象、构造方法、static 关键字及内部类的使用；掌握类的继承、抽象类、接口、多态及类和类成员的访问控制方法。

模块 5~模块 8 介绍了 Java 异常处理、常用 API、集合类、流式 I/O，这些知识是今后 Java 开发中常用的知识，应在学习时认真理解和把握，完成每个案例程序。

模块 9~模块 12 介绍了 JDBC、多线程、GUI 编程及网络编程专项知识和技术，可以根据后续课程需要和专业方向重点学习部分或全部内容，各院校和学习者可根据课时和需要灵活把握。

本书不仅可以作为传统课堂教学的教材，也适用于翻转课堂教学模式和自学者。方便灵活的二维码扫描可以让学习者随时随地利用碎片时间完成知识学习，并在课堂等大块时间完成程序和案例的编写调试，解决学习中遇到的问题。配合学习网站，可以让老师和学生更方便地完成教和学以及考核、反馈等。

本书由杨文艳、田春尧主编，多所院校一线任课教师共同完成教材的编写工作。其中模

块 1、模块 3 由大连职业技术学院杨文艳编写，模块 2 的 2.1、2.2 由辽宁石化职业技术学院田春尧编写，2.3、2.4 和模块 6 由沈阳职业技术学院张旭辉编写，2.5 和模块 4 由大连职业技术学院邹飞编写，模块 5、模块 8 由铁岭师范高等专科学校赵妍编写，模块 7、模块 12 由渤海船舶职业技术学院陈磊编写，模块 9、模块 10 由辽宁省交通高等专科学校王皓编写，模块 11 由辽宁工程职业技术学院徐晓东编写；杨文艳完成全书的统稿和整理工作，并由大连职业技术学院信息工程学院洪运国院长完成最后的审查。在编写和审校过程中，各位老师付出了很多辛勤的汗水，在此一并表示衷心的感谢。

编　者

目 录

模块 1　欢迎走进 Java 世界 ··· 1
　1.1　Java 与面向对象程序设计 ··· 1
　　　1.1.1　什么是面向对象程序设计 ··· 1
　　　1.1.2　OOP 的三大特性 ·· 3
　1.2　开始 Java 程序开发 ·· 4
　　　1.2.1　Java 的起源及特点 ·· 4
　　　1.2.2　JDK 的使用及环境变量 ·· 5
　　　1.2.3　HelloWorld 程序开发 ··· 10
　1.3　集成开发环境 Eclipse ··· 11
　　　1.3.1　Eclipse 安装与启动 ·· 11
　　　1.3.2　使用 Eclipse 开发程序 ·· 13
　　　【案例 1】ATM 存取款系统界面设计 ·································· 15
　习题 1 ··· 16
模块 2　Java 编程基础语法 ·· 18
　2.1　Java 基本语法 ··· 18
　　　2.1.1　Java 程序基本结构 ·· 18
　　　2.1.2　标识符和关键字 ·· 19
　　　2.1.3　Java 数据类型 ··· 20
　2.2　Java 变量与方法 ·· 22
　　　2.2.1　变量的定义及类型转换 ··· 22
　　　2.2.2　方法的定义及方法重载 ··· 23
　　　2.2.3　变量的作用域 ·· 25
　2.3　运算符和表达式 ··· 26
　　　2.3.1　算术运算符 ··· 26
　　　2.3.2　赋值运算符 ··· 27
　　　2.3.3　关系运算符 ··· 28
　　　2.3.4　条件运算符 ··· 29
　　　2.3.5　运算符的优先级与结合性 ·· 30
　　　【案例 2-1】数字分割 ·· 31
　2.4　结构化程序设计 ··· 31
　　　2.4.1　选择结构 ··· 32
　　　2.4.2　循环结构 ··· 36
　　　2.4.3　跳转语句与多重循环 ·· 39
　　　【案例 2-2】猜数字游戏 ·· 41

2.5　数组 ··· 42
　　2.5.1　一维数组的定义及使用 ·· 42
　　2.5.2　多维数组的定义及使用 ·· 44
　　【案例2-3】商品查询器 ·· 46
习题2 ··· 48

模块3　面向对象基础 ·· 49
3.1　类与对象 ··· 49
　　3.1.1　类的定义 ··· 49
　　3.1.2　对象的创建与使用 ·· 51
　　3.1.3　类的封装 ··· 53
3.2　构造方法及this关键字 ·· 55
　　3.2.1　构造方法的定义 ·· 55
　　3.2.2　构造方法的重载 ·· 55
　　3.2.3　this关键字 ·· 56
　　【案例3-1】简单几何图形类的封装 ·· 58
3.3　static关键字 ··· 61
　　3.3.1　静态变量 ··· 61
　　3.3.2　静态方法 ··· 62
　　3.3.3　静态代码块 ·· 63
　　3.3.4　单例模式 ··· 64
3.4　内部类 ·· 65
　　【案例3-2】银行卡开户程序设计 ··· 68
习题3 ··· 70

模块4　面向对象进阶 ·· 72
4.1　类的继承及super关键字 ·· 72
　　4.1.1　继承的实现 ·· 72
　　4.1.2　方法的重写 ·· 74
　　4.1.3　super关键字 ·· 75
4.2　final关键字 ·· 77
　　4.2.1　final类 ··· 78
　　4.2.2　final方法 ·· 78
　　4.2.3　final变量 ·· 79
4.3　抽象类和接口 ··· 80
　　4.3.1　抽象类 ·· 80
　　4.3.2　接口 ··· 82
　　【案例4-1】图形计算程序设计 ·· 85
4.4　多态 ··· 88
　　4.4.1　对象的类型转换 ·· 88
　　4.4.2　多态性的实现 ··· 90

    4.4.3 匿名内部类 ··· 91
  4.5 包与访问权限 ·· 93
    4.5.1 package 关键字 ·· 93
    4.5.2 import 关键字 ·· 94
    4.5.3 访问权限控制 ··· 95
    【案例 4-2】银行存款程序设计 ·· 98
  习题 4 ·· 102

模块 5 Java 异常处理 ··· 104

  5.1 异常及其分类 ·· 104
    5.1.1 什么是异常 ·· 104
    5.1.2 异常分类 ··· 105
  5.2 异常的处理 ·· 107
    5.2.1 捕获异常 ··· 107
    5.2.2 抛出异常 ··· 109
  5.3 自定义异常 ·· 111
    【案例 5-1】学生信息的录入 ·· 112
  习题 5 ·· 116

模块 6 Java 常用 API ··· 117

  6.1 Java 类库 ··· 117
  6.2 数据类型包装类 ··· 118
  6.3 字符串 ·· 119
    6.3.1 String 类 ·· 119
    6.3.2 StringBuffer 类 ·· 121
    6.3.3 StringTokenizer 类 ·· 123
    【案例 6-1】统计单词个数 ·· 123
  6.4 日期类 ·· 124
    6.4.1 Date 类 ··· 125
    6.4.2 Calendar 类 ·· 126
    6.4.3 GregorianCalendar 类 ·· 128
  6.5 数据操作类 Math 与 Random ·· 129
    6.5.1 Math 类 ·· 129
    6.5.2 Random 类 ·· 131
    【案例 6-2】随机安排座位号 ·· 132
  习题 6 ·· 134

模块 7 集合类 ·· 136

  7.1 集合概述 ··· 136
    7.1.1 集合的概念和分类 ·· 136
    7.1.2 Collection 接口 ··· 137
  7.2 List 接口 ·· 137

7.2.1	ArrayList 集合	138
7.2.2	LinkedList 集合	139
7.2.3	Iterator 迭代器	141
7.2.4	foreach 循环	143
7.2.5	泛型	144

【案例 7-1】图书查询程序设计 147

7.3 Set 接口 149

7.3.1	HashSet 集合	149
7.3.2	TreeSet 集合	152

7.4 Map 接口 156

7.4.1	HashMap 集合	156
7.4.2	TreeMap 集合	160

7.5 集合及数组工具类 160

7.5.1	Collections 工具类	161
7.5.2	Arrays 工具类	163

【案例 7-2】学生成绩排序程序设计 165

习题 7 167

模块 8 Java 流式 I/O 技术 169

8.1 流式 I/O 概述 169

8.1.1	Java I/O 简介	169
8.1.2	I/O 流的分类	169

8.2 文件操作类 170

8.2.1	File 类	170
8.2.2	RandomAccessFile 类	174

【案例 8-1】文件检索系统 176

8.3 字节流 181

8.3.1	字节输入流 InputStream	181
8.3.2	字节输出流 OutputStream	182
8.3.3	文件字节流	183

8.4 字符流 185

8.4.1	字符输入流 Reader	185
8.4.2	字符输出流 Writer	186
8.4.3	文件字符流	187
8.4.4	缓冲流	189
8.4.5	转换流	191

【案例 8-2】简易文本文件编辑器 193

8.5 其他 I/O 流 197

8.5.1	对象输入/输出流	197
8.5.2	PrintStream	199

        8.5.3　管道输入/输出流 ··· 201
        8.5.4　字节数组输入/输出流 ·· 202
    习题 8 ··· 202
模块 9　Java 数据库连接技术 ··· 204
    9.1　MySQL 数据库管理系统 ··· 204
        9.1.1　下载、安装 MySQL ·· 204
        9.1.2　建立数据库 ··· 207
    9.2　JDBC 技术 ·· 211
        9.2.1　JDBC 概述 ··· 211
        9.2.2　JDBC 常用 API ··· 212
        9.2.3　数据库常见操作 ·· 217
        9.2.4　使用 PreparedStatement ··· 220
        9.2.5　使用 CallableStatement ·· 222
    【案例 9-1】使用 JDBC 实现学生成绩管理系统 ·································· 225
    习题 9 ··· 228
模块 10　多线程编程 ·· 230
    10.1　多线程概述 ·· 230
        10.1.1　进程与线程 ··· 230
        10.1.2　线程的生命周期及状态转换 ·· 231
        10.1.3　线程的优先级 ··· 234
    10.2　线程的创建 ·· 234
        10.2.1　继承 Thread 类创建多线程 ··· 235
        10.2.2　实现 Runnable 接口创建多线程 ·· 236
        10.2.3　两种实现多线程方式的对比 ·· 237
    10.3　线程控制问题 ··· 238
        10.3.1　线程休眠 ·· 238
        10.3.2　线程让步与插队 ·· 240
        10.3.3　线程同步与死锁 ·· 242
    【案例 10-1】模拟铁路售票系统程序设计 ·· 249
    习题 10 ··· 251
模块 11　Java GUI 编程 ·· 252
    11.1　GUI 编程概述 ··· 252
    11.2　GUI 界面设计 ··· 254
        11.2.1　界面组件类 ··· 254
        11.2.2　界面布局管理 ·· 263
        11.2.3　菜单及菜单组件 ··· 271
    【案例 11-1】学生成绩管理系统界面设计 ·· 273
    11.3　GUI 事件处理 ··· 276
        11.3.1　事件处理机制 ·· 276

  11.3.2 GUI 事件处理 ··· 278
  【案例 11-2】Java 简易计算器设计 ··· 283
 习题 11 ·· 287
模块 12 网络编程 ·· 288
 12.1 网络编程基础 ·· 288
  12.1.1 TCP/IP 协议 ··· 288
  12.1.2 IP 地址和端口号 ·· 288
  12.1.3 InetAddress ··· 289
  12.1.4 UDP 与 TCP 协议 ··· 290
 12.2 Socket 编程 ··· 291
  12.2.1 Socket 概述 ··· 291
  12.2.2 Socket 类和 ServerSocket 类 ·· 292
  【案例 12-1】Server 和多客户的通信程序 ··································· 296
 12.3 数据报编程 ··· 298
  12.3.1 数据报通信概述 ·· 298
  12.3.2 UDP 通信程序 ·· 300
  【案例 12-2】聊天程序设计 ·· 303
 习题 12 ·· 307

模块 1
欢迎走进 Java 世界

学习目标：

- 了解面向对象编程 OOP 的基本概念和主要特性
- 了解 Java 语言及其相关特性，掌握 Java 开发环境的搭建
- 熟悉 Eclipse 开发环境，能进行 HelloWorld 程序的开发

1.1 Java 与面向对象程序设计

首先，欢迎大家走进 Java 世界。Java 是一种优秀的面向对象程序设计语言，是一种非常流行的软件开发技术框架，拥有最广泛的应用领域和软件开发市场。为了更好地理解和掌握 Java 编程技术，在正式开始学习 Java 之前，先来了解一下什么是面向对象程序设计（OOP）以及它的特性。

OOP 简介

1.1.1 什么是面向对象程序设计

面向对象程序设计（Object Oriented Programming）简称 OOP，是一种符合人类思维习惯的编程思想，也是一种主流的程序开发方法。现实生活中存在各种不同的事物，这些事物之间存在着各种联系，在程序中使用对象来描述事物，使用对象之间的关系来描述事物之间的联系，这种思想就是面向对象。

面向对象和面向过程是两种不同的程序开发方法。面向过程就是分析解决问题的步骤，然后用函数把这些步骤一一实现，使用时依次调用，函数是基本的编程单位；面向对象则是找出构成问题的各个对象，通过对象之间的消息传递（方法调用）来解决问题，类是基本的编程单位。

OOP 的基本概念包括对象、类、抽象和消息等。

1. 对象

对象（Object）是用来描述客观事物的一个实体，它可以指具体的事物，也可以指抽象的事物，一个人、一本书、一个玩家（如五子棋的白方）、一个棋盘、一个规则等都可以看做对象。每个对象都有自己的静态特征和动态行为，如图 1-1 中的对象"张三""李四"。在 OOP 中，把静态特征称为属性，而动态行为称为方法。

2. 类

类（Class）是对一组具有相同静态特征和动态行为的对象的抽象，是对象的模板。对象和类的关系，是具体和抽象的关系：类是在对象之上的抽象，对象则是类的具体化，是类的实例。例如，对"张三""李四"等对象进行抽象，就得到了人类 Person，如图 1-2 所示。

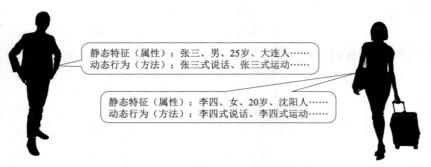

图 1-1 对象"张三""李四"

对象和类的关系，也是变量和类型的关系：类 Person 相当于一个新定义的数据类型，而对象"张三"则相当于该类型的一个变量，也叫做实例变量，如图 1-3 所示。

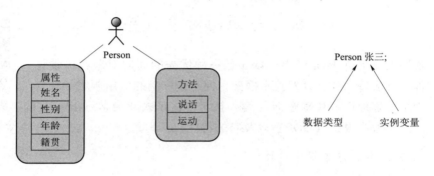

图 1-2 Person 类　　　　　　　图 1-3 类和对象的关系

3．抽象

抽象是不断提炼事物关键元素的过程，这些元素往往是该事物区别于其他事物的关键，这些元素构成了事物的本质。如对人"张三"的大量静态特征和动态特征进行提炼（抽象），只用关键属性"张三、男、25 岁、大连人"和关键方法"说话、运动"来描述此人，便抽象出了对象张三。

在 OOP 中，软件设计的过程就是一个不断抽象的过程，抽象使人们更接近于事物的本质，可以使我们暂时忽略问题域中具体的、细节的东西。通过抽象，呈现在人们面前的是一个相对简单的问题域，可以使人们较容易地解决复杂问题。

4．消息

消息是对象之间进行交互作用和通信的工具。在 OOP 中，对象功能的实现通常由另一对象对其传递消息开始，传递消息一般由三部分组成：接收消息的对象、消息名、实际变元，这三部分其实就是对象、方法名、方法参数，也就是方法的调用。如对对象"张三"发出"学习一小时"的消息，"张三"就是接收消息的对象，而"学习"就是消息名（方法名），"一小时"是实际变元（方法参数）。

软件设计除了不断抽象，另一个重要的过程就是设计对象之间的消息传递。

1.1.2 OOP 的三大特性

1. 封装性

封装是将数据和对数据进行操作的方法集中定义在一个类中，并对外部环境隐藏内部细节。封装的目的是把类的设计者和使用者分开：使用者只能见到类的外部接口（能接收哪些消息？具有哪些处理能力？），而内部实现细节是隐藏的。如数学类 Math，封装了数学常量 PI、E，以及三角函数 sin(x) 等数学运算方法，使用时，只需要知道对外接口（如何调用）就可以。

在 OOP 中，类是封装的最基本单位。良好的封装可以对外提供一致的公共接口而不影响内部实现，提高代码的安全性和可维护性。

2. 继承性

继承是指在已有类的基础上，通过增加新的属性和方法创建新类的过程。通过继承创建的新类称为"子类"或"派生类"，被继承的类称为"基类""父类"或"超类"，例如在父类 Person 的基础上定义子类 Student，只需增加 number 属性和 study 方法；定义子类 Teacher 只需增加 degree 属性和 teach 方法，如图 1-4 所示。子类和父类是特殊和一般的关系，子类是特殊的父类，父类却不一定是子类。

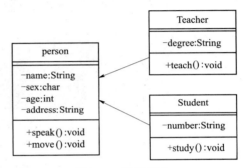

图 1-4 类的继承

3. 多态性

对象根据所接收的消息产生行为，同一消息被不同的对象接收时可能产生完全不同的行为，这种现象称为多态性。多态有两种实现途径：方法重载和方法覆盖。方法重载是指在一个类中定义多个同名方法，这些方法的参数是不同的，如 Student 类的三个重载的 study 方法；方法覆盖发生在子类和父类之间，在子类中重新定义父类中的方法，名字相同，但方法体不同。如图 1-5 所示。

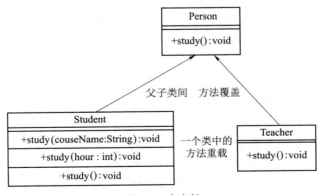

图 1-5 多态性

多态允许对任意指定的对象自动地使用正确的方法，并通过在程序运行过程中将对象与恰当的方法进行动态绑定来实现。

面向对象的特征如图 1-6 所示。简单地讲：继承、封装、多态是面向对象的三大特性，抽象是面向对象的基础。

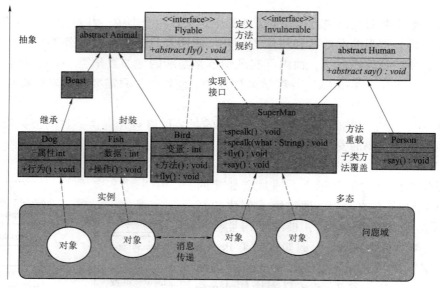

图 1-6　OOP 的特征总结

1.2　开始 Java 程序开发

1.2.1　Java 的起源及特点

Java 起源于 Oak，在印度一个盛产咖啡的岛——爪哇岛被命名，是由 Sun 公司（已被 Oracle 公司收购）的 JamesGosling 等几位工程师于 1995 年 5 月推出的一种可以编写跨平台应用软件、完全面向对象的程序设计语言。

Java 的起源及特点

Java 语言自问世以来发展得非常快，是目前最热门的编程语言之一。Java 之所以应用广泛、受到大家的欢迎，是因为它有众多突出的特点，其中最主要的特点有以下几个。

1. 面向对象

Java 语言是纯面向对象的。它提供了类、接口和继承等原语，支持类、接口之间的单继承以及接口和类之间的多实现机制；Java 语言全面支持动态绑定，而 C++语言只对虚函数使用动态绑定。

2. 语法简单

Java 语言的语法结构类似于 C 和 C++，但 Java 丢弃了 C++中很难理解的运算符重载、多重继承等模糊概念，特别是 Java 语言不使用指针，而是使用引用，并提供了自动垃圾回收机制，使程序员不必为内存管理而担忧。

3. 安全性高

Java 特别强调安全性。Java 程序运行之前会进行代码的安全性检查，确保程序不会存在非法访问本地资源、文件系统的可能，保证了程序在网络间传送运行的安全。

4．平台无关性

Java 引入虚拟机概念，Java 虚拟机（JVM）建立在硬件和操作系统之上，用于实现对 Java 字节码文件的解释和执行，为不同平台提供统一的接口。这使得 Java 应用程序可以运行于不同的系统平台，实现平台无关性，非常适合网络应用。

5．支持多线程

Java 语言是支持多线程的。所谓多线程可以理解为程序中有多个任务并发执行，Java 语言提供的同步机制可保证各线程对共享数据的正确操作。多线程可以在很大程度上提高程序的执行效率。

针对不同的开发市场，Java 分为 3 个技术平台：JavaSE、JavaEE 和 JavaME。

1．Java SE 标准版（Java Standard Edition）

主要用于普通 PC 机、工作站的 Java 控制台或桌面程序的基础开发。Java SE 是 3 个平台中最核心的部分，JavaEE 和 JavaME 都是从 JavaSE 的基础上发展而来的，JavaSE 平台中包括了 Java 最核心的类库，是本书的主要学习内容。

2．Java ME 小型版（Java Micro Edition）

用于移动设备、嵌入式设备上的 Java 应用程序开发和部署。例如，为手机开发新的游戏和通讯录管理功能、为家用电器开发智能化控制和联网功能等。

3．Java EE 企业版（Java Enterprise Edition）

JavaEE 是为开发企业级应用程序提供的解决方案。它可以被看作技术平台，该平台用于开发、部署和管理企业级应用程序，包括 Servlet、JSP、JavaBean、EJB、Web Service 等技术。

1.2.2 JDK 的使用及环境变量

1．认识 JDK

JDK（Java Development Kit）是 Oracle 公司提供的免费的 Java 开发工具包。从 1995 年到目前为止，Sun 和 Oracle 公司先后发布了多个 JDK 版本，目前最新的版本是 JDK8.0，如图 1-7 所示。

图 1-7　JDK 版本更替

JDK 是编译 Java 源文件、运行 Java 程序必需的环境，主要包括 Java 虚拟机（JVM）、Java 运行环境（JRE）以及 Java 的编译工具等。如果要开发 Java 程序，JDK 是必需的。

JRE（Java Runtime Enviroment，Java 运行环境）：运行 Java 程序所必需的环境集合，主要包含 JVM 及 Java 核心类库 API。如果只运行 Java 程序，无须 JDK，只要安装 JRE 即可。

JVM（Java Virtual Machine，Java 虚拟机）：由软件仿真出来的负责解释、执行 Java 程序的虚拟计算机。JVM 屏蔽了与具体操作系统平台相关的信息，负责解释执行 Java 字节码文件，实现跨平台。

简单地说，JDK 是开发环境，JRE 是运行环境，JVM 是确保跨平台运行 Java 字节码的关键。JDK 包含 JRE，JRE 包含 JVM。三者的关系如图 1-8 所示。

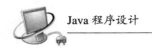

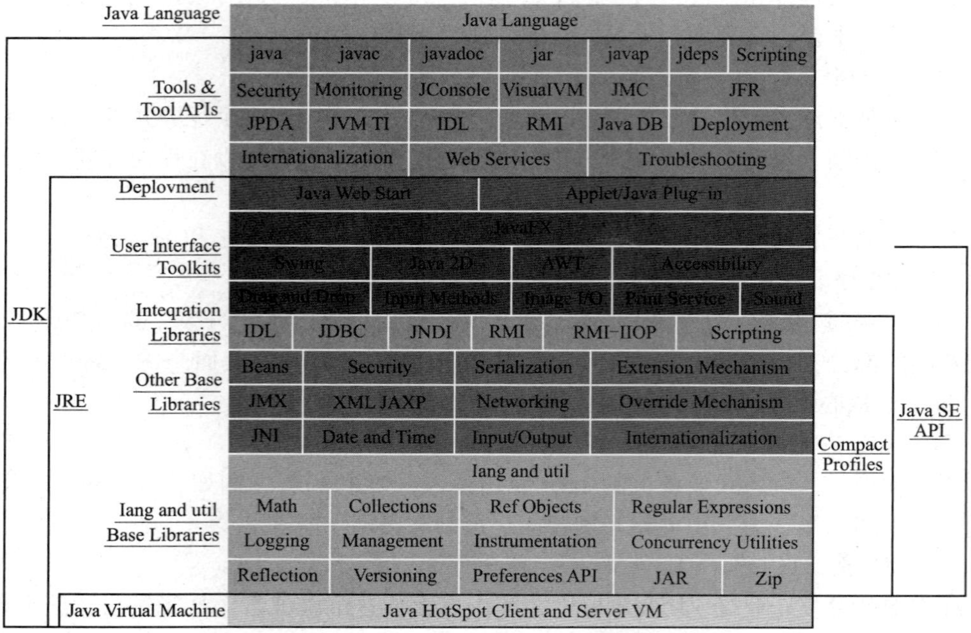

图 1-8　JDK、JRE、JVM 的关系

2. 下载并安装 JDK

（1）下载 JDK。

JDK 的官方下载地址是“http://www.oracle.com/technetwork/java/index.html”，也可以输入“http://java.sun.com”，自动跳转到 Oracle 官网下载地址。在下载页选择 Java SE，进入如图 1-9 所示的 Java SE 下载页面后，根据自己机器的软硬件环境，选择下载合适的 JDK。

Java SE Development Kit 8u121

You must accept the Oracle Binary Code License Agreement for Java SE to download this software.

Thank you for accepting the Oracle Binary Code License Agreement for Java SE; you may now download this software.

Product / File Description	File Size	Download
Linux ARM 32 Hard Float ABI	77.86 MB	jdk-8u121-linux-arm32-vfp-hflt.tar.gz
Linux ARM 64 Hard Float ABI	74.83 MB	jdk-8u121-linux-arm64-vfp-hflt.tar.gz
Linux x86	162.41 MB	jdk-8u121-linux-i586.rpm
Linux x86	177.13 MB	jdk-8u121-linux-i586.tar.gz
Linux x64	159.96 MB	jdk-8u121-linux-x64.rpm
Linux x64	174.76 MB	jdk-8u121-linux-x64.tar.gz
Mac OS X	223.21 MB	jdk-8u121-macosx-x64.dmg
Solaris SPARC 64-bit	139.64 MB	jdk-8u121-solaris-sparcv9.tar.Z
Solaris SPARC 64-bit	99.07 MB	jdk-8u121-solaris-sparcv9.tar.gz
Solaris x64	140.42 MB	jdk-8u121-solaris-x64.tar.Z
Solaris x64	96.9 MB	jdk-8u121-solaris-x64.tar.gz
Windows x86	189.36 MB	jdk-8u121-windows-i586.exe
Windows x64	195.51 MB	jdk-8u121-windows-x64.exe

图 1-9　JDK 下载

模块1 欢迎走进 Java 世界

（2）安装 JDK。

本例以 64 位的 Windows 10 操作系统为例来安装 JDK。双击运行相应的 JDK 安装文件进行安装，单击"下一步"按钮，如图 1-10 所示。

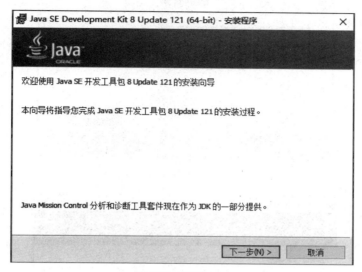

图 1-10　安装 JDK

选择安装位置，默认安装即可，单击"下一步"按钮，如图 1-11 所示。

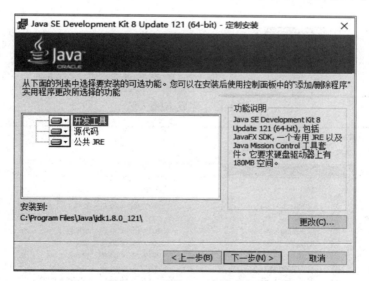

图 1-11　选择 JDK 安装位置

选择公共 JRE 的安装路径，不做更改，仍安装于默认目录下，如图 1-12 所示。
进入安装完成界面，如图 1-13 所示。单击"关闭"按钮，完成 JDK 的安装。

3．配置环境变量

安装完 JDK 后，会在硬盘上生成一个 JDK 安装目录 C:\Program Files\Java\jdk1.8.0_121，如图 1-14 所示。此目录也称为 JDK 主目录。

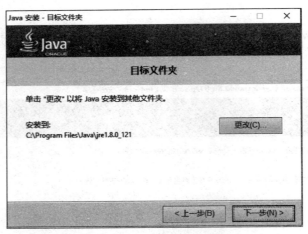

图 1-12　选择 JRE 安装位置

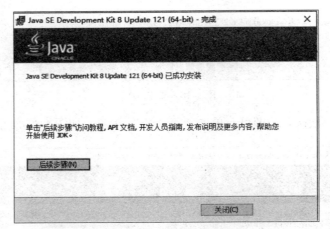

图 1-13　完成 JDK 安装

图 1-14　JDK 主目录结构

JDK 主目录下的 bin 目录和 lib 目录中的文件对 Java 程序的开发来说至关重要：bin 目录中存放着 javac.exe（Java 编译器工具）和 java.exe（Java 运行工具）等可执行文件；而 lib 目录中存放着 Java 类库或库文件，是开发工具使用的归档包文件。

与 JDK 相关的环境变量有 3 个：Java_home（JDK 主目录）、path（可执行文件路径）和 classpath（类路径），设置过程如下（以 Windows 10 为例）。

（1）右键单击"此电脑"→属性（R）→"高级系统设置"，在如图 1-15 所示"系统属性"窗口中单击"环境变量"按钮，进入"环境变量"窗口。

（2）在"环境变量"窗口的"系统变量"栏，设置环境变量值。如果环境变量不存在，则单击"新建"按钮新建环境变量，如图 1-16 所示；如果这些环境变量已经存在，则双击该环境变量，可进行重新设置，如图 1-17 所示。

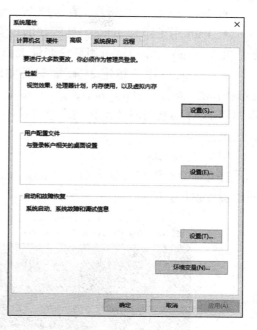

图 1-15 系统属性窗口

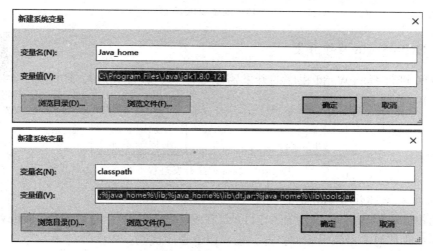

图 1-16 新建环境变量

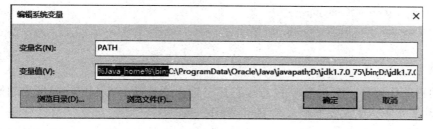

图 1-17 编辑环境变量

其中：
- Java_home 用于指定 JDK 的位置，如 C:\Program Files\Java\jdk1.8.0_121。
- Path 用于添加 JDK 工具所在的位置，如添加"%Java_home%\bin;"到原来的 path 前。%Java_home% 表示引用环境变量 Java_home 的值。
- classpath 用于指定 JVM 加载类的路径，各路径之间以";"分隔。如".;%Java_home%\lib\dt.jar;%Java_home%\lib\tools.jar;"。只有类在 classpath 设置的路径下，Java 命令调用 JVM 加载类时才能找到。注意第一个路径"."代表当前目录，通常用户的类文件会在这里找到。

（3）测试 JDK。

打开命令行窗口，输入命令"java - version"，如果出现如图 1-18 所示的版本信息，说明环境变量配置成功。

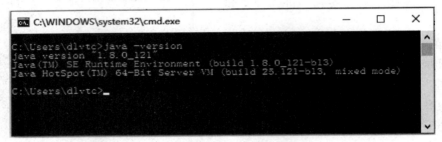

图 1-18　测试 JDK 安装

1.2.3　HelloWorld 程序开发

使用 JDK 进行 HelloWorld 程序的开发需经过编辑、编译和运行 3 个步骤。如图 1-19 所示。

HelloWorld 程序开发

图 1-19　Java 程序开发过程

1. 编辑源文件 HelloWorld.java

在 D 盘根目录新建 javaprog 作为工作目录，在此新建文本文件，重命名为"HelloWorld.java,"然后用记事本或其他文本编辑软件打开，输入以下程序代码：

```
class HelloWorld{
    public static void main(String args[]){
        System.out.println("Hello World!");
    }
}
```

上面的程序代码是一个最简单的 Java 程序，输出"Hello World!"，向世界问好。

2. 编译源文件，生成字节码文件 HelloWorld.class

在命令行窗口输入"javac HelloWorld.java"命令，对源文件进行编译，如图 1-20 所示。

模块 1　欢迎走进 Java 世界

图 1-20　编译源文件

上面的命令执行后，会在当前目录（D:\javaprog）下生成一个字节码文件 HelloWorld.class。

3. 运行 Java 程序

在命令行窗口输入"java HelloWorld"命令，运行编译好的字节码文件，结果如图 1-21 所示。

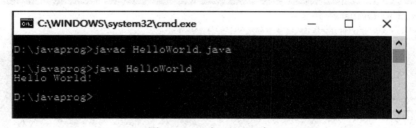

图 1-21　运行 Java 程序

1.3　集成开发环境 Eclipse

在实际的项目开发中，为提高程序开发效率，大部分软件开发人员都使用集成开发工具来进行 Java 程序的开发。Eclipse 就是一款功能完整且成熟的集成开发环境，它是一个开源的、基于 Java 的可扩展开发平台，是目前最流行的 Java 语言开发工具。

Eclipse 的设计思想是"一切皆插件"，各版本都会附带标准插件集，有的 Eclipse 版本自带 JDK 插件，也有的不带。如果选用自带 JDK 的版本，就不需要安装 JDK 了。使用 Eclipse 做开发，不需要配置环境变量。

1.3.1　Eclipse 安装与启动

在 Eclipse 官网 http://www.eclipse.org 免费下载 Eclipse，然后将下载好的 ZIP 包解压就可以使用了，如解压到"D:\eclipse"。本教材使用的 Eclipse 版本是 Neon.2 Release（4.6.2）。

集成开发环境 Eclipse 的使用

1. 启动 Eclipse

双击 D:\eclipse 的 eclipse.exe 文件即可启动 Eclipse，会出现如图 1-22 所示的启动界面。

如果出现了如图 1-23 所示的错误提示页面，说明没有 JRE8。可以先去安装 JRE8 或 JDK8，再运行 Eclipse 就可以了。

图 1-22 Eclipse 启动界面

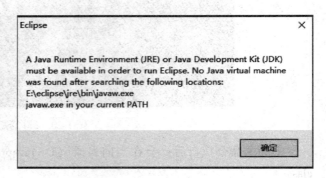

图 1-23 Eclipse 启动出错

Eclipse 启动后会弹出一个对话框，提示选择工作空间（Workspace），如图 1-24 所示。

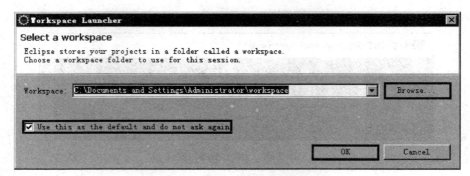

图 1-24 选择工作空间

工作空间用于保存 Eclipse 中创建的项目和相关设置，可以使用默认路径为工作空间，也可以单击"Browse"按钮更改路径，设置完成后，单击"OK"按钮即可。注意：若不想每次启动 Eclipse 都选择工作空间，可以选中图 1-24 中的"Use this as the default and do not ask again"复选框。

工作空间设置完成后，第一次启动 Eclipse 会显示 Eclipse 欢迎页，关掉即可。

2. 认识 Eclipse 工作台

Eclipse 工作台由标题栏、菜单栏、工具栏、透视图 4 个部分组成。如图 1-25 所示。

Eclipse 工作台界面中有包资源管理器、文本编辑器、任务列表、大纲视图等多个模块，大多都是用来显示信息的层次结构和实现代码编辑的。Eclipse 的文本编辑器具有代码提示、自动补全、撤销等功能，编辑代码非常方便。

在 Eclipse 开发环境中提供了几种常用的透视图，其中默认的"Java 透视图"是最适合做 Java 基础开发的透视图。可以通过界面右上角的透视图选项标签在不同的透视图之间切换，也可以在 Window 菜单中选择 Perspective 菜单项，完成透视图的设置和调整。如图 1-26 所示，提供了打开透视图、定制透视图、保存透视图、重置透视图或关闭透视图等功能。

模块 1　欢迎走进 Java 世界

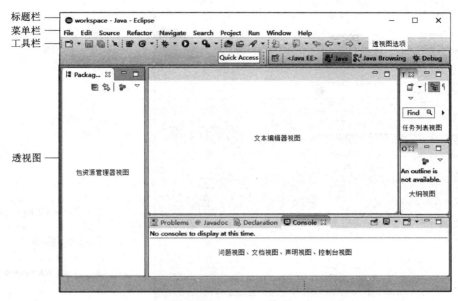

图 1-25　Eclipse 工作台

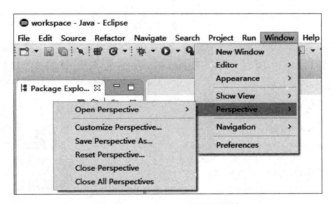

图 1-26　Eclipse 透视图菜单

1.3.2　使用 Eclipse 开发程序

使用 Eclipse 完成 Java 程序，一般要经过创建 Java 项目、创建包、创建类、编写代码以及运行等过程。

1. 新建 Java 项目

在 Eclipse 中编写程序，必须先建立项目，在项目中完成所有开发任务。选择 File→New→Java Project，弹出"New Java Project"对话框，如图 1-27 所示。

填入项目名称，如"project1"，单击"Finish"按钮，这时在包视图中会出现一个名为"project1"的 Java 项目，如图 1-28 所示。

2. 新建包

包是存放类的程序结构，相当于文件夹，包中的类即文件夹中的文件。通常把功能相近的类放在同一包，以方便管理和使用。

Java 程序设计

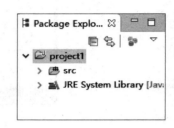

图 1-27 "New Java Project"对话框　　　　　图 1-28 包透视图

在图 1-28 中，右键单击"src"，选择 New→Package 命令，会出现一个"New Java Package"对话框。如图 1-29 所示，在"Name"后的文本框中填入包名"chapter1"，单击"Finish"按钮。

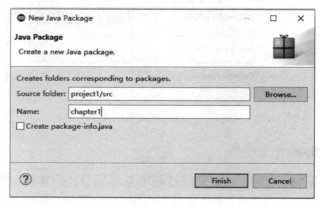

图 1-29 新建包

3. 新建 Java 类

右键单击包名"chapter1"，选择 New→Class 命令，会出现一个"New Java Class"新建类对话框。如图 1-30 所示，输入类名"HelloWorld"，并选中主方法，单击"Finish"按钮完成类的创建。

4. 编写程序代码并运行

创建好类 HelloWorld 后，源程序框架已经自动生成了。在文本编辑区完成输出语句的书写，就可以单击工具栏上的 ▶ 按钮运行程序了。如图 1-31 所示。

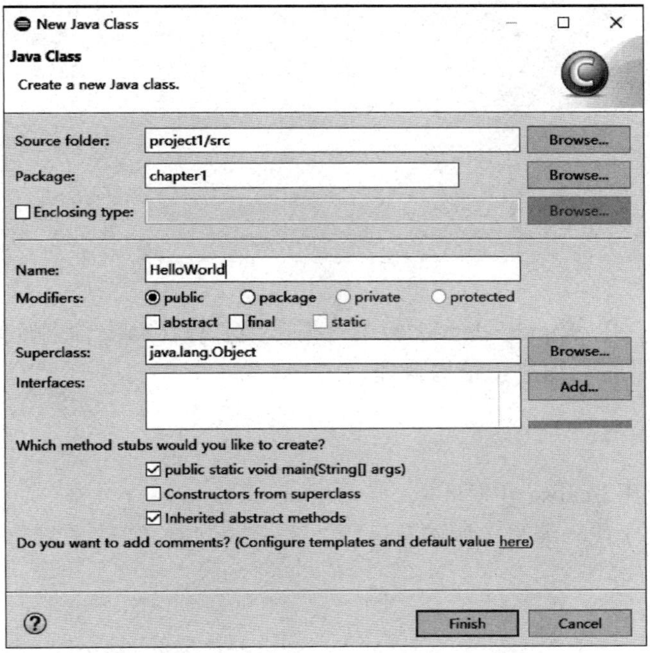

模块 1　欢迎走进 Java 世界

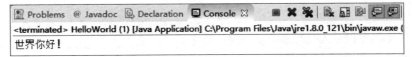

图 1-30　新建类

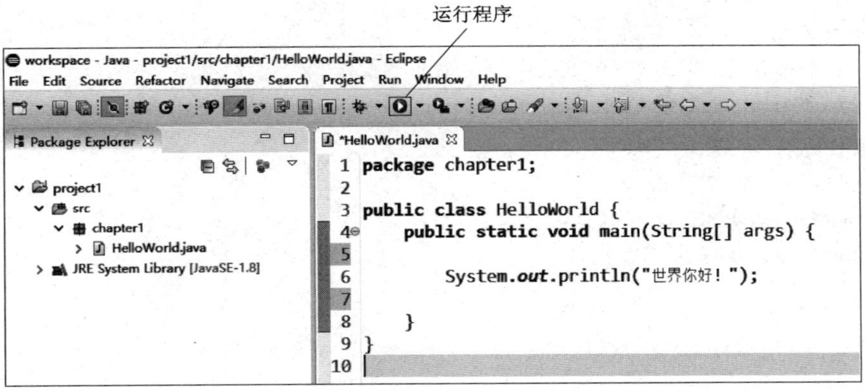

图 1-31　编写代码并运行

程序运行完后，可在 Console 视图中看到运行结果，如图 1-32 所示。

图 1-32　运行结果

【案例 1-1】 ATM 存取款系统界面设计

■ 案例描述

编程实现简单的 ATM 存取款系统界面的显示。输出如下：

综合案例：ATM 存取款系统界面输出

- 15 -

```
欢迎使用 ATM 存取款系统
    1. 存款
    2. 取款
    3. 查询余额
    4. 修改密码
    5. 退出
请输入你的选择(1~5):
```

要求：

（1）命名规范。在 chapter1.demo1 包中建类，类名符合 Java 命名规则。

（2）代码规范。按层缩进、结构合理。

（3）输出对齐。

■ **案例目标**

◇ 能够熟练使用 Eclipse 开发环境。

◇ 独立完成程序代码编写、调试及运行。

■ **参考代码**

// Demo1.java

```java
public class Demo1 {
    public static void main(String[] args){
        //按格式输出 ATM 主界面
        System.out.println("ATM 存取款系统,请选择你的操作:");
        System.out.println("1.存款");
        System.out.println("2.取款");
        System.out.println("3.查询余额");
        System.out.println("4.修改密码");
        System.out.println("5.退出");
    }
}
```

习　题　1

一、填空题

1. 面向对象程序设计 OOP 的三大特性包括_____、_____、_____。

2. Java 的三个技术平台分别是_____、_____、_____。

3. Java 源文件的扩展名为_____，编译生成的字节码文件扩展名是_____。

4. _____环境变量用来存储 Java 的编译和运行工具所在的路径，而_____环境变量则用来保存 Java 虚拟机要运行的.class 文件路径。

5. Java 应用程序是从 main 方法开始运行的，该方法的声明格式为：_____ _____。

二、选择题

1. Java 属于以下哪种语言？（   ）
A. 机器语言   B. 汇编语言   C. 高级语言   D. 都不对
2. 下面哪种类型的文件可以在 Java 虚拟机中运行？（   ）
A. .java   B. .jre   C. .exe   D. .class
3. 安装好 JDK 后，其 bin 目录下 javac.exe 的作用是？（   ）
A. Java 文档制作工具   B. Java 解释器   C. Java 编译器   D. Java 启动器
4. 如果 JDK 的安装路径为 D:\jdk，若想在命令窗口中任何当前路径下，都可以直接使用 javac 和 java 命令，需要将环境变量 path 设置为以下哪个选项？（   ）。
A. D:\jdk   B. D:\jdk\bin   C. D:\jre\bin   D. D:\jre
5. 下列关于 JDK、JRE 和 JVM 关系的描述中，正确的是（   ）。
A. JDK 中包含了 JRE，JVM 中包含了 JRE
B. JRE 中包含了 JDK，JDK 中包含了 JVM
C. JRE 中包含了 JDK，JVM 中包含了 JRE
D. JDK 中包含了 JRE，JRE 中包含了 JVM

模块 2
Java 编程基础语法

学习目标：
- 熟悉 Java 程序基本结构，掌握 Java 标识符和常用关键字，熟悉 Java 基本数据类型
- 理解变量作用域，熟悉 Java 方法的定义和方法重载
- 掌握 Java 常见运算符，熟悉表达式的使用
- 掌握流程控制语句，熟悉分支结构、循环结构程序的编写
- 理解数组的存储特点，掌握数组的定义、遍历和编程应用

2.1 Java 基本语法

2.1.1 Java 程序基本结构

Java 程序代码必须放在类中，类是构成 Java 程序的基本单位。类需要使用 class 关键字定义。

一个可以独立运行的 Java 程序，必须定义一个包含 main 方法的起始类。当执行一个 Java 程序时，起始类第一个被装入虚拟机，虚拟机找到其中的 main 方法后，从 main 方法的第一行开始执行程序。

简单的 Java 程序的常用格式如下：

```
[类修饰符] class <类名> {
    public static void main(String[]args){
        程序代码
    }
}
```

其中：
- class 前的修饰符可以省略，也可写成"public"。若写成"public"，则文件名必须与类名相同。
- main 前的修饰符必须是公有的、静态的和无返回值的，现在不必明白每个词的具体含义，在编写 Java 程序时在 main 方法前一起加"public static void"即可。
- main 参数必须为 String 类型的数组，参数名字常写成"args"，写成"String[]args"或"String args[]"均可。
- Java 代码分为结构定义语句和功能执行语句，每条功能执行语句的最后都必须用分号（；）结束。例如：System.out.println ("Helloworld") ;

- Java语言是严格区分大小写的。例如：String、string具有不同的含义。

出于可读性的考虑，应该让自己编写的程序代码整齐美观、层次清晰。下面的代码是不被推荐的。

```
public class HelloWorld {public static void main(String[]args){System.out.println(
                        "HelloWorld");}}
```

在编写程序时，为了便于阅读，常常会添加注释。Java的注释分为3种类型。

（1）单行注释。

单行注释通常用于对程序中的某一行代码进行解释，用符号"//"表示，如：

```
int sum,average,n;   //定义3个整型变量
```

（2）多行注释。

多行注释以符号"/*"开头，以符号"*/"结尾，如：

```
/*
  求1+2+...+10的和
  将结果存到变量sum中
*/
int i,sum=0;
for(i=1;i<=10;i++){
    sum+=i;
}
```

（3）文档注释。

文档注释是Java特有的，以"/**"开头，以"*/"结束。文档注释是对代码的解释说明，可以使用javadoc命令将文档注释提取出来生成帮助文档。多行注释和文档注释不能嵌套使用。

```
/**
 * @author 作者
 */
public class Test {
    …
}
```

2.1.2 标识符和关键字

Java 标识符、关键字、数据类型

1. 标识符

简单地说，标识符就是一个名字，是在程序中定义的用来标识包名、类名、接口名、方法名、变量名、常量名、数组名的字符序列。

（1）标识符的组成。

Java规定：标识符由字母、数字、下划线（_）和美元符号（$）组成，第一个字符不能是数字，且不能是Java中的关键字。下面列举一些合法的和非法的标识符。

合法的标识符：		非法的标识符：	
studentName		#name	//#是非法字符
studentname		12name	//不能以数字开头
Points		int	//int 是关键字
$points		&sum	//& 是非法字符
_123_		for	//关键字
OK		Hello World	//空格是非法字符
Name			

（2）关于标识符的 Java 规范。

在 Java 程序中使用标识符，还需要遵循以下命名约定。

- 类和接口名：每个单词的首字母大写。如 MyClass、HelloWorld、Time 等。
- 变量和方法名：第一个单词首字母小写，其余单词首字母大写；尽量少用下划线。如 myName、setTime 等。这种命名方法叫做驼峰式命名。
- 常量名：基本数据类型的常量名全部使用大写字母，单词之间用下划线分隔；对象常量可大小写混写。如 SIZE_NAME、PI、MAX_INTEGER 等。
- 包名：所有字母一律小写，包名之间可以用点（.）分隔。如 chapter1、cn.com.test 等。
- 见名知意：如用 userName 表示用户名、password 表示密码。

2. 关键字

关键字是事先定义的、对编译器有特别意义的单词，有时也叫保留字。Java 中所有的关键字都是小写的，每一个关键字都有特殊的含义。下面是 Java 所有的关键字，共 50 个。

abstract	assert	boolean	break	byte
case	catch	char	class	const
continue	default	do	double	else
enum	extends	final	finally	float
for	goto	if	implements	import
instanceof	int	interface	long	native
new	package	private	protected	public
return	strictfp	short	static	super
switch	synchronized	this	throw	throws
transient	try	void	volatile	while

2.1.3　Java 数据类型

Java 中的数据类型分两种：基本数据类型和引用数据类型，如图 2-1 所示。本节先来介绍 Java 中的基本数据类型。

Java 语言提供了 8 种基本数据类型：6 种数值型（4 种整数型，2 种实数型），1 种字符类型，还有 1 种布尔型。

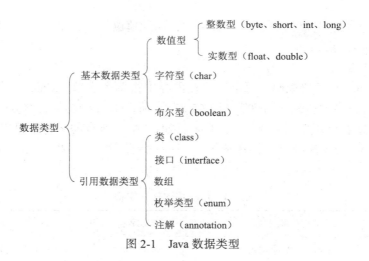

图 2-1 Java 数据类型

1. 整数型

Java 中的整数型有 4 种：字节型（byte）、短整型（short）、整形（int）以及长整型（long），从大到小占据 1、2、4、8 字节的内容空间，取值范围也由小到大。如表 2-1 所列。

表 2-1 整数型

类型名	占用空间	取值范围	默认值
byte	8 位（1 字节）	$-2^7 \sim 2^7-1$	0
short	16 位（2 字节）	$-2^{15} \sim 2^{15}-1$	0
int	32 位（4 字节）	$-2^{31} \sim 2^{31}-1$	0
long	64 位（8 字节）	$-2^{63} \sim 2^{63}-1$	0L

Java 整数型可以表示成二进制、八进制、十进制或十六进制的形式。二进制数以"0b"或"0B"开头，如：0b01101101、0B10110100；八进制以"0"开头，如：0125、067；十六进制以"0x"或者"0X"开头，如：0x12CE、0X100。

长整型数用数值后面加"L"或"l"表示，如：123L、36l。理论上，L 不分大小写，但是若写成"l"容易与数字 1 混淆，不容易分辨，所以最好大写。

2. 实数型

Java 语言的实数型分为单精度型（float）和双精度型（double），在内存中分别占 4 字节和 8 字节。双精度型比单精度型具有更高的精度和更大的表示范围，如表 2-2 所列。

表 2-2 实数型

类型名	占用空间	取值范围	默认值
float	32 位（4 字节）	1.4E-45 ~ 3.4E38，-3.4E38 ~ -1.4E-45	0.0f
double	64 位（8 字节）	4.9E-324 ~ 1.7E308，-1.7E308 ~ -4.9E-324	0.0d

实数型数据不能用来表示精确的值，如货币；实数型的取值范围要远远大于整数型，可以用指数形式表示，例如：1.23e+12f、1.0e-2。

注意：实数型数据的默认类型是 double 型，如赋值语句"float f1 = 123.4f"后面的"f"不能省略，否则会出错。

3. 字符型（char）

Java 使用 Unicode 字符编码，每个字符在内存中占两个字节。Unicode 编码的最小值是"\u0000"（即 0），最大值是"\uffff"（即 65 535）所以 Java 中的字符有 65 536 个。

char 表达的字符要用单引号（''）引起来，如：'A'。所有的字符都可以用编码来表达，'\u0000'代表空格。Java 中还有一种特殊的字符——转义字符，一些常见的转义字符如表 2-3 所列。

表 2-3 Java 中的转义字符

转义字符	含义	转义字符	含义
\r	回车（光标到行首）	\'	单引号字符
\n	换行	\"	双引号字符
\t	制表符	\\	反斜杠字符
\b	退格符	\uxxxx	Unicode 码表示的字符

4. 逻辑型（boolean）

逻辑型也称布尔型，用来表示关系运算和逻辑运算的结果，只有两个取值——true 和 false，默认值是 false。

注意：Java 中的布尔型不同于 C 语言，不可以用非 0 和 0 代表逻辑值真、假。如下面的语句是错误的：boolean b=0;

2.2 Java 变量与方法

2.2.1 变量的定义及类型转换

1. 变量的定义

Java 是一门强类型的编程语言，它对变量数据类型有严格的限定。在定义变量时必须声明变量的类型，在为变量赋值时必须赋予和变量类型相同的值。在声明变量时可以不赋值，也可以直接赋予初值。如：

Java 变量的定义义及类型转换

```
double a,b=2;
a=b+1;
```

上面的代码定义了两个 double 型变量，在内存中分配了两块内存单元，并将其命名为"a"和"b"，在声明变量的同时为变量"b"分配了初始值 2，而变量"a"在定义后才赋值。

2. 变量的类型转换

当把一种数据类型的值赋给另一种数据类型的变量时，需要进行数据类型转换。根据转换方式的不同，可分为两种：自动类型转换和强制类型转换。

（1）自动类型转换。

自动类型转换也叫隐式类型转换，指的是两种数据类型在转换的过程中不需要显式地进行声明。要实现自动类型转换，必须同时满足两个条件：两种数据类型彼此兼容，且所赋值不能大于变量的取值范围。

可以进行类型转换的数据类型从小到大的顺序是：byte<short，char<int<long<float<double。自动类型转换发生在小类型的数据赋值给大类型的变量时。如：

```
int x=100;
float f=x;      //正确,小类型数据赋值给大类型变量,可进行自动类型转换
```

（2）强制类型转换。

强制类型转换也叫显式类型转换。当两种类型彼此不兼容，或者目标类型取值范围小于源类型时，就需要进行强制类型转换。如：

```
double w=3.14;
float pi=(float)w;
```

3. 表达式类型自动提升

表达式是指由变量和运算符组成的一个算式。Java 规定表达式中参与运算的变量类型至少是 int 型，如低于 int 型，则会被自动提升为 int 型。如：

```
byte b1=1,b2=2,b3;
b3=b1+b2;      //错误
```

语句 b3=b1+b2；在编译时出错，原因是：Java 系统会自动将 b1+b2 提升为 int 型，此时赋值给 byte 类型变量 b3 会出错。正确的写法是：b3=(byte)(b1+b2)。

2.2.2 方法的定义及方法重载

1. 方法的定义

方法的定义包括两部分：方法声明和方法体。一般格式为：

关于方法重载

```
[修饰符] 返回值类型 方法名(参数列表){
    方法体
}
```

（1）方法声明。

第一行大括号之前的部分是方法声明，包括方法的返回值类型、方法名和参数三部分以及前面的修饰符。方法的修饰符比较多，有对访问权限进行限定的，还有静态修饰符 static、最终修饰符 final 等。

方法的返回值类型可以是任意的 Java 数据类型，有返回值的方法通过 return 语句将值带回；当一个方法不需要返回数据时，返回类型必须是 void。方法名必须是合法的 Java 标识符，并遵循 Java 命名规则。方法的参数是用逗号隔开的一些变量声明，方法参数可以是任意的 Java 数据类型。

例如下面的方法声明：

```
void printStar (int m)      //声明方法 printStar,没有返回值,有一个 int 型参数
double getArea()            //声明方法 getArea,返回值类型是 double,参数为空
```

(2) 方法体。

方法声明之后的一对大括号之间的部分是方法体。方法体中的语句是用来实现方法功能的,方法头声明了方法调用格式、方法体实现了方法功能后,就可以在程序多次调用方法以实现代码的复用了。

例 2-1 在程序中定义了一个公有静态方法 printStar (int m, int n),实现 m 行 n 列的*符号矩形输出。在主方法中 3 次调用 printStar 方法以重复 3 次输出矩形图形。

【例 2-1】多次输出矩形图形的程序。

//Ex2_1.java

```java
public class Ex2_1 {
    public static void main(String[]args){
        printStar(3,5);
        printStar(8,2);
        printStar(4,4);
    }
    public static void printStar(int m,int n){
        for (int i=1;i<=m;i++){
            for (int j=1;j<=n;j++)
                System.out.print('*');
            System.out.println();
        }
    }
}
```

程序的运行结果如图 2-2 所示。

2. 方法重载

假设要在程序中实现输出图形的方法,由于图形可能是正方形、长方形以及组成图形的字符也不确定,因此形参的个数和类型不确定。Java 允许在一个程序中定义多个名称相同的方法,但是参数的类型或个数不同,这就是方法的重载。请看例 2-2。

图 2-2 例 2-1 运行结果

【例 2-2】方法重载实现的多次输出矩形图形的程序。

//Ex2_2.java

```java
public class Ex2_2 {
    public static void main(String[]args){
        printStar(3);
        printStar(2,8);
        printStar(4,4,'$');
    }
    public static void printStar(int m){
```

```
            for (int i=1;i<=m;i++){
                for (int j=1;j<=m;j++)
                    System.out.print('*');
                System.out.println();
            }
        }
        public static void printStar(int m,int n){
            for (int i=1;i<=m;i++){
                for (int j=1;j<=n;j++)
                    System.out.print('*');
                System.out.println();
            }
        }
        public static void printStar(int m,int n,char ch){
            for (int i=1;i<=m;i++){
                for (int j=1;j<=n;j++)
                    System.out.print(ch);
                System.out.println();
            }
        }
    }
```

上例中定义了 3 个同名的 printStar() 方法，它们的参数个数或类型不同，从而形成了方法的重载。在 main 方法中调用 printStar() 方法时，通过传入不同的参数便可以确定调用哪个重载的方法。程序的运行结果如图 2-3 所示。

值得注意的是，方法的重载与返回值类型无关，它只有两个条件，一是方法名相同，二是参数个数或参数类型不相同。

```
***
***
***
********
********
$$$$
$$$$
$$$$
$$$$
```

图 2-3　例 2-2 运行结果

2.2.3　变量的作用域

在程序中，变量一定会被定义在某一对大括号中，该大括号所包含的代码区域便是这个变量的作用域。变量需要在它的作用范围内才可以被使用。

```
public static void main(String[]args){
    int x=10;
    {
        int y=20;
        …
        …
    }
    …
}
```

变量 y 的作用域只在内层大括号中，在外层大括号中不能使用，变量 x 的作用域在外层大括号中，也可在内层大括号中使用。Java 为了防止变量在使用时产生错误，不允许在语句块中定义与外部同名的变量。请看下面的代码段，理解变量作用域的含义。

```
public static void main(String[ ]args){
    int x=10;
    {
        int y=20;
        x++;
        y++;
        int x=5;    //出错,不允许在语句块中定义与外部同名的变量
    }
    x--;
    y--; //出错,超出变量 y 的作用域。变量 y 在外部不可见
}
```

2.3 运算符和表达式

2.3.1 算术运算符

算术运算符及其运算规则如表 2-4 所列，假设整数变量 a 的值为 10，b 的值为 3。

案例：运算符的综合操作

表 2-4 算术运算符

运算符	描述	范例	运行结果
+	正号运算符	+a	10
-	负号运算符	-a	-10
+	加法运算符	a+b	13
-	减法运算符	a-b	7
*	乘法运算符	a*b	30
/	除法运算符	a/b	3
%	求余运算符	a%b	1
++	自增运算符	x=a++	a=11，x=10
		x=++a	a=11，x=11
--	自减运算符	x=a--	a=9，x=10
		x=--a	a=9，x=9

1. 除法运算符

如果除法运算符两边都是整数,则表示两个数整除,否则表示正常的除法。例如,12/5 为整数之间相除,会忽略小数部分,结果为 2,而 12.0/5 则表示正常的除法,结果为 2.4。

2. 求余运算符

求余运算符又称为取模运算符,运算结果的符号与被模数(%左边的数)的符号相同,与模数(%右边的数)的符号无关。例如,(-8)%3=-2,8%(-3)=2。

3. 自增、自减运算符

自增、自减运算符为单目运算符,如果出现在变量之前(如++a 或者--a),称为前置增减运算符;如果出现在变量之后(如 a++或者 a--),称为后置增减运算符。如果为前置运算符,则"先运算,后处理";后置运算符,则"先处理,后运算"。

【例 2-3】计算下列表达式的值。

```java
// Ex2_3.java
public class Ex2_3 {
    public static void main(String[]args){
        int a=10,b=20,c=25,d=25;
        System.out.println("a+b="+(a+b));
        System.out.println("a- b="+(a- b));
        System.out.println("a* b="+(a* b));
        System.out.println("b/a="+(b/a));
        System.out.println("c% a="+(c% a));
        System.out.println("a++="+(a++)+" a="+a);
        System.out.println("b- - ="+(b- - )+" b="+b);
        System.out.println("++c="+(++c)+" c="+c);
        System.out.println("- - d="+(- - d)+" d="+d);
    }
}
```

程序运行结果:

a+b=30

a- b=- 10

a* b=200

b/a=2

c% a=5

a++=10 a=11

b- - =20 b=19

++c=26 c=26

- - d=24 d=24

2.3.2 赋值运算符

赋值运算符及其运算规则如表 2-5 所列。假设整数变量 a 的值为 10,b 的值为 3。

表 2-5　赋值运算符

运算符	描述	范例	运行结果
=	赋值	a=10, b=3	a=10, b=3
+=	加等于	a+=b 相当于 a=a+b	a=13, b=3
-=	减等于	a-=b 相当于 a=a-b	a=7, b=3
*=	乘等于	a*=b 相当于 a=a*b	a=30, b=3
/=	除等于	a/=b 相当于 a=a/b	a=3, b=3
%=	模等于	a%=b 相当于 a=a%b	a=1, b=3

赋值运算符和复合的赋值运算符的结合性都是从右到左，将右边表达式的值赋值给左边的变量。例如：表达式 x*=y+2 等价于 x=x*（y+2）。

【例 2-4】 交换两个变量的值。

```java
// Ex2_4.java
public class Ex2_4 {
    public static void main(String[]args){
        int num1=40,num2=50;      //定义要交换的两个变量,并且赋初值
        int temp;                 //定义交换用到的临时变量
        System.out.println("交换前 num1="+num1+" num2="+num2);
        temp=num1;
        num1=num2;
        num2=temp;
        System.out.println("交换后 num1="+num1+" num2="+num2);
    }
}
```

程序运行结果：
交换前 num1=40 num2=50
交换后 num1=50 num2=40

2.3.3　关系运算符

1. 关系运算符

关系运算符又称为比较运算符，其运算结果为布尔类型（即 true 或 false）。关系运算符及其运算规则如表 2-6 所列。

表 2-6　关系运算符

运算符	描述	范例	运行结果
<	小于	5<6	true
<=	小于等于	5<=6	true
>	大于	5>6	false

续表

运算符	描述	范例	运行结果
>=	大于等于	5>=6	false
==	等于	5==6	false
!=	不等于	5!=6	true

2. 逻辑运算符

逻辑运算符用于对布尔型的数据进行操作，其结果仍然是一个布尔型。逻辑运算符及其运算规则如表2-7所列。

表 2-7 逻辑运算符

运算符	描述	范例	运行结果
!	逻辑非	!a	若a为true，则!a为false；若a为false，则!a为true
&&	逻辑与	a&&b	若a、b均为true，则结果为true，否则结果为false
||	逻辑或	a||b	若a、b均为false，则结果为false，否则结果为true

在逻辑表达式的运算过程中，并不是所有的运算对象都参加运算，而是按其运算对象从左到右的计算顺序，当某个运算对象的值计算出来后，可以确定整个逻辑表达式的值时，其余的运算对象将不再参加运算。当进行&&运算时，如果左边表达式的值为false，右边表达式将不会进行运算；当进行||运算时，如果左边表达式的值为true，右边表达式将不会进行运算，这种现象称为短路，所以||和&&又称为短路或和短路与。

```
int x=0;   //定义变量x,并赋值为0
int y=0;   //定义变量y,并赋值为0
boolean a;   //定义布尔型变量a
a=(x>0 && y++>1);
System.out.println("a="+a);
System.out.println("y="+y);
```

上面的程序段中，由于x>0为false，则可计算出整个表达式（x>0 && y++>1）为false，&&右边的表达式y++>1将不会进行计算，所以y值不变，仍然为0。所以程序运算结果为a=false，y=0。

2.3.4 条件运算符

条件运算符由两个符号? 和 : 组成，要求有3个操作对象，所以条件运算符是三目运算符。条件运算符格式如下所示：

表达式1? 表达式2:表达式3;

条件表达式的执行顺序为：先求解表达式1，若表达式1为真值，则表达式2的值就作为整个条件表达式的值；若表达式1的值为假值，则表达式3的值就是整个条件表达式的值。例如3>4? 7: 9，由于3>4为假值，则表达式的值为9。

【例 2-5】 判断某整数是否为 7 的倍数。

//Ex2_5.java

```
public class Ex2_5 {
    public static void main(String[ ]args){
        int number=78;                    //需要判断的数字
        String str;                       //保存判断的结果
        str=(number%7==0 ? "此数是 7 的倍数":"此数不是 7 的倍数");
        //进行判断
        System.out.println("请判断 "+number+"是否为 7 的倍数");
        System.out.println(str);          //输出判断结果
    }
}
```

程序运行结果：

请判断 78 是否为 7 的倍数

此数不是 7 的倍数

2.3.5 运算符的优先级与结合性

优先级是指同一表达式中多个运算符被执行的次序，在表达式求值时，先按运算符的优先级别由高到低的次序执行。例如，算术运算符中采用"先乘除后加减"。如果在一个运算对象两侧的优先级别相同，则按规定的结合方向处理，称为运算符的"结合性"。

运算符的优先级如表 2-8 所列。

表 2-8 运算符优先级

优先级	描述	运算符	结合性
1	括号运算符	( )	自左至右
2	自增、自减、逻辑非	++、--、!	自右至左
3	算术运算符	*、/、%	自左至右
4	算术运算符	+、-	自左至右
5	移位运算符	<<、>>、>>>	自左至右
6	关系运算符	<、<=、>、>=	自左至右
7	关系运算符	==、!=	自左至右
8	位逻辑运算符	&	自左至右
9	位逻辑运算符	^	自左至右
10	位逻辑运算符	|	自左至右
11	逻辑运算符	&&	自左至右
12	逻辑运算符	||	自左至右
13	条件运算符	?:	自右至左
14	赋值运算符	=、+=、-=、*=、/=、%=	自右至左

在编写程序时尽量使用括号()来实现想要的运算顺序，以免产生歧义。

【案例 2-1】 数字分割

■ 案例描述

给出一个四位数字的整型变量，编程获取这个四位数的每个数字并输出。如数字 8254，输出：

综合案例：数字分割

个位数为:4
十位数为:5
百位数为:2
千位数为:8

■ 案例目标
◇ 学会分析"数字分割"程序的逻辑思路。
◇ 能够灵活运用运算符解决实际问题。
◇ 能独立完成代码编写、调试、运行。

■ 实现思路
可以利用 Java 除法运算符特性完成数字分割：
（1）取余运算%，将数字对 10 取余可以获得最后一位数字。
（2）除法运算/，两个操作数都是整数时，结果也为整数，将被分割数字除以 10 可以消除最后一位数字。

■ 参考代码
//Demo2_1.java

```java
public class Demo2_1 {
    public static void main(String[]args){
        int a=8254;
        System.out.println("个位数为:"+(a%10)); //取余运算符,获取个位数
        a/=10;    //复合赋值运算符,去掉个位
        System.out.println("十位数为:"+(a%10)); //取余运算符,获取十位数
        a/=10;    //复合赋值运算符,去掉十位
        System.out.println("百位数为:"+(a%10)); //取余运算符,获取百位数
        a/=10;    //复合赋值运算符,去掉百位
        System.out.println("千位数为:"+(a%10)); //取余运算符,获取千位数
    }
}
```

2.4 结构化程序设计

结构化程序设计中一般包含 3 种基本结构：顺序结构、选择结构和循环结构。

2.4.1 选择结构

选择结构使程序可以根据不同的条件，选择不同的处理和应对方式。在 Java 中，可以采用 if 语句和 switch 语句来实现程序的选择结构。

案例：利用多分支结构评定学生成绩等级

1. 单分支 if 语句

if 语句是选择结构语句中最简单的一种形式，用于对一个条件进行判断。if 语句定义格式如下所示：

```
if(条件表达式){
    语句或块;
}
```

语句块中如果只有一条语句，可以不用 {} 括起来，但是为了增强程序的可读性，最好不要省略。单分支 if 语句的流程如图 2-4 所示。

执行过程：首先计算表达式的值，如果条件表达式的值为 true，则执行紧跟其后的语句或语句块；如果条件表达式为 false，则直接执行 if 语句后的其他语句。

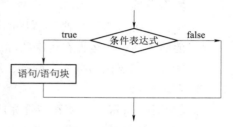

图 2-4　单分支 if 语句流程图

2. if…else 语句

if…else 语句也叫双分支语句，定义格式如下所示：

```
if(条件表达式){
    语句/语句块 1;
}else{
    语句/语句块 2;
}
```

执行流程如图 2-5 所示。

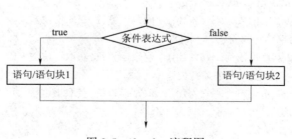

图 2-5　if…else 流程图

if…else 语句的执行过程：首先计算表达式的值，如果条件表达式的值为 true，则执行 if 后的语句或语句块；如果条件表达式为 false，则执行 else 后的语句或语句块。

3. if…else if 语句

if…else if 语句格式用于对多个条件进行判断，执行多种不同的处理。if…else if 语句格式如下所示：

```
if(条件表达式 1){
    语句/语句块 1;
}else  if(条件表达式 2){
    语句/语句块 2;
}
……
else   if(条件表达式 n){
    语句/语句块 n;
}else {
    语句/语句块 n+1;
}
```

if…else if 语句的执行流程如图 2-6 所示。

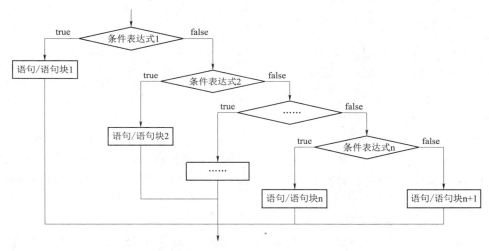

图 2-6 if…else if 语句流程图

【例 2-6】输出整数的位数（整数的值在 0~9999 之间）。
// Ex2_6.java

```java
public class Ex2_6 {
    public static void main(String[ ]args){
        int num=235;                //定义整型变量,存放要判断的数
        String str;                 //定义字符串变量,存放结果
        if (num<10){
            str="1 位数";
        } else if (num<100){
            str="2 位数";
        } else if (num<1000){
            str="3 位数";
        } else if (num<10000){
            str="4 位数";
```

```
        } else {
            str="无法判断";
        }
        System.out.println(num+"是"+str);
    }
}
```

程序运行结果：235 是 3 位数

4. switch 语句

swtich 语句称为多分支语句，又称为开关语句。if…else if 语句适用于多个条件的选择判断，当出现多层次时，直观性不强，可以使用 switch 语句代替。switch 语句的格式如下：

```
switch(表达式){
    case   常量表达式 1: 语句组 1;    break;
    case   常量表达式 2: 语句组 2;    break;
    ……
    case   常量表达式 n: 语句组 n;    break;
    default:            语句组 n+1; break;
}
```

switch 语句执行过程：程序执行至 switch 语句首先对括号内的表达式进行计算，然后按顺序找出与常量表达式值相匹配的 case，以此作为入口，执行 case 语句后面的各个语句组，直到遇到 break 或 switch 语句的右花括号终止语句。如果没有任何一个 case 能与表达式值相匹配，则执行 default 语句后的语句组，若 default 及其后语句组省略，则不执行 switch 中任何语句组，而继续执行下面的程序。

使用 switch 语句需要注意以下问题：

（1）switch 后括号中的表达式必须为 byte、char、short、int 类型，不接受其他类型。

（2）case 后是整数或字符，也可以是常量表达式，同一 switch 语句的 case 值不能相同。

（3）default 子句是可选的。

（4）break 语句的功能是执行完某一个 case 分支后，跳出 switch 语句，即终止 switch 语句的执行。但是如果多个不同的 case 值执行同一组语句时，同一组中前面的 case 分支可以省略 break 语句。

（5）switch 语句可以代替多个条件的 if 语句，一般来说，switch 语句执行效率较高。

下面通过一个例子来比较一下用 switch 语句和 if…else if 语句实现多分支结构的不同。请看例 2-7。

【例 2-7】评定学生成绩等级。

//Ex2_7.java

```java
import javax.swing.JOptionPane;
public class Ex2_7 {
    //用 if…else if 实现多分支
    public static void testIf(){
```

```java
        int score=Integer.parseInt(JOptionPane.showInputDialog("请输入百分制成绩"));
        String grade;
        if (score>=0 && score<=100){
            if (score>=90){
                grade="A";
            } else if (score>=80){
                grade="B";
            } else if (score>=70){
                grade="C";
            } else if (score>=60){
                grade="D";
            } else {
                grade="E";
            }
            System.out.println("成绩为"+score+"对应的等级为"+grade);
        } else {
            System.out.println("成绩输入错误,无法判定!");
        }
    }
    //用switch实现多分支判断等级制成绩
    public static void testSwitch(){
        int score=Integer.parseInt(JOptionPane.showInputDialog("请输入百分制成绩"));
        String grade;
        if (score>=0 && score<=100){
            switch ((int) score/10){
            case 10:
            case 9:   grade="A";      break;
            case 8:   grade="B";      break;
            case 7:   grade="C";      break;
            case 6:   grade="D";      break;
            default:  grade="E";
            }
            System.out.println("成绩为"+score+"对应的等级为"+grade);
        } else {
            System.out.println("成绩输入错误,无法判定!");
        }
    }
    public static void main(String[]args){
        testIf() ;
        testSwitch();
    }
}
```

5. JDK7 新特性——switch 支持字符串

在介绍 switch 语句时曾说过，switch 后表达式能接收的类型是有限的。在 JDK7 之前 switch 只能支持 byte、short、char、int 或者其对应的封装类以及 Enum 类型。在 JDK7 中，switch 语句的判断条件增加了对字符串类型的支持。下面通过一个例题程序来演示一下在 switch 语句中如何使用字符串。

【例 2-8】 switch 支持字符串的程序示例。

//Ex2_8.java

```java
public class Ex2_8{
    public static void main(String[]args){
        String week="Friday";
        switch(week){
        case "Monday":
            System.out.println("星期一");       break;
        case "Tuesday":
            System.out.println("星期二");       break;
        case "Wendnesday":
            System.out.println("星期三");       break;
        case "Thursday":
            System.out.println("星期四");       break;
        case "Friday":
            System.out.println("星期五");       break;
        case "Saturday":
            System.out.println("星期六");       break;
        case "Sunday":
            System.out.println("星期日");       break;
        default:
            System.out.println("你的输入不正确！！");
        }
    }
}
```

程序运行结果：

星期五

2.4.2 循环结构

在 Java 中有 3 种可以构成循环的循环语句。

1. while 循环语句

while 语句也称为"当"型循环语句，格式如下所示：

```java
while(条件表达式){
    循环体
}
```

while 语句的执行流程如图 2-7 所示。执行过程：计算条件表达式的值，当值为 true 时，执行循环体语句。执行完后再次判断条件表达式的值，当表达式的值为 true 时，继续执行循环体；当值为 false 时，退出循环。

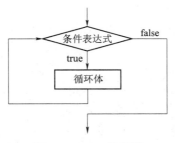

图 2-7 while 流程图

【例 2-9】使用 while 语句计算从 1 到 100 的整数之和。
// Ex2_9.java

```
public class Ex2_9 {
    public static void main(String[]args){
        int sum=0,i=1;           //sum 的初值为 0
        while (i<=100){          //当 i 小于等于 100 时执行循环体
            sum=sum+i;           //在循环体中进行累加
            i++;                 //计数器 i 值自增 1
        }
        System.out.println("1+2+3+...100 的和为:"+sum);
    }
}
```

案例：利用循环结构计算 1～100 的累加和

程序运行结果：1+2+3+...100 的和为：5050

2. do...while 循环语句

do...while 语句是先执行循环体，然后再判断条件表达式。do...while 语句定义格式如下所示：

```
do {
    循环体
}while(条件表达式);
```

do...while 语句执行流程如图 2-8 所示。执行过程：先执行 do 后面循环体中的语句，然后对 while 后圆括号中表达式的值进行计算，当值为 true 时，继续执行循环体；当值为 false 时，结束 do-while 循环。

while 语句与 do...while 语句的重要区别是：while 循环控制出现在循环体之前，只有当 while 后面表达式的值为 true 时，才可能执行循环体；在 do...while 构成的循环中，总是先执行一次循环体，然后再求表达式的值，因此，无论表达式的值是 true 或者 false，循环体至少执行一次。

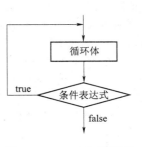

图 2-8 do...while 流程图

【例 2-10】 使用 do…while 语句计算从 1 到 100 的整数之和。

// Ex2_10.java

```
public class Ex2_10 {
    public static void main(String[]args){
        int sum=0,i=1;                      //sum 的初值为 0
        do {
            sum=sum+i;                      //在循环体中进行累加
            i++;                            //计数器 i 值自增 1
        } while (i<=100);                   //当 i 小于等于 100 时执行循环体
        System.out.println("1+2+3+...100 的和为:" +sum );
    }
}
```

程序运行结果：1+2+3+...100 的和为：5050

3. for 循环语句

for 语句是 Java 中最常用、功能最强、使用最灵活的循环语句。语句定义格式如下所示：

```
for(表达式 1;表达式 2;表达式 3){
    循环体
}
```

其中，表达式 1 是给循环变量赋初值的表达式，循环体内使用的变量也可以在此定义和赋值。表达式 1 中可以并列多个表达式，需要使用逗号隔开。表达式 2 为逻辑类型的常量或者变量、关系表达式或逻辑表达式，是循环结束的条件，要避免陷入"死循环"。表达式 3 为增量表达式，每次执行完循环体后，都要执行该表达式改变其中变量的值。

for 语句的执行流程如图 2-9 所示。执行过程：执行表达式 1，为循环体变量赋初值；判断表达式 2，如果表达式 2 为 true，执行循环体，然后执行条件表达式 3 替换为"并回到表达式 2"；如果表达式 2 为 false，结束 for 循环。

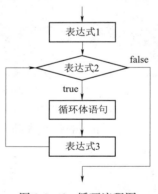

图 2-9 for 循环流程图

【例 2-11】 使用 for 语句计算 1 到 100 之间的整数之和。

// Ex2_11.java

```
public class Ex2_11{
    public static void main(String[]args){
        int sum,i;                          //定义累加器 sum,计数器 i
        for (sum=0,i=1;i<=100;i++){         //当 i<=100 时执行循环体
            sum=sum+i;                      //在循环体中进行累加
        }
        System.out.println("1+2+3+...100 的和为:"+sum);
    }
}
```

程序运行结果如下。
1+2+3+...100 的和为：5050

2.4.3 跳转语句与多重循环

在 Java 语言中，有两个程序跳转语句：break 和 continue，用来实现程序执行过程中的流程转移。

1. break 语句

可以在 switch 语句中或者循环体内使用 break 语句。当 break 出现在 switch 语句中时，其作用是跳出该 switch 语句；当 break 出现在循环体中，其功能为退出循环，不执行循环体中剩余的语句，如果 break 语句出现在嵌套循环中的内层循环，则 break 只会退出当前所在的循环。break 语句定义格式如下所示：

break;

【例 2-12】判断一个整数是否为素数（除了 1 和它本身，不能被任何数整除）。
// Ex2_12.java

```
public class Ex2_12 {
    public static void main(String[]args){
        int m=9;                //要判断的整型数
        int i;
        for (i=2;i<=Math.sqrt(m);i++)
            //判断某个数是否为素数,只要判断某个数是否能被 2 到 Math.sqrt(m)整除。
            if (m%i==0)
                break;          //如果 m%i==0,则后面的数不需要判断,结束循环。
        if (i>Math.sqrt(m)){    //由于 for 条件不满足而退出循环,则是素数。
            System.out.println(m+"是素数");
        } else {
            System.out.println(m+"不是素数");
        }
    }
}
```

程序运行结果：9 不是素数

2. continue 语句

continue 的作用是结束本次循环，即跳过本次循环体中余下尚未执行的语句，接着再一次进行循环的条件判定。

【例 2-13】输出 100 到 200 之间所有不能被 3 整除的数，每行输出 10 个。
// Ex2_13.java

```
public class Ex2_13 {
    public static void main(String[]args){
        int count=0;
        for (int i=100;i<=200;i++){
```

```
            if (i%3==0)         //如果能被3整除,跳过本次循环体后面的输出
                continue;
            System.out.print(i+"   ");
            if(++count%10==0){   //输出10个就换行
                System.out.println();
            }
        }
    }
}
```

程序运行结果：

```
100  101  103  104  106  107  109  110  112  113
115  116  118  119  121  122  124  125  127  128
130  131  133  134  136  137  139  140  142  143
145  146  148  149  151  152  154  155  157  158
160  161  163  164  166  167  169  170  172  173
175  176  178  179  181  182  184  185  187  188
190  191  193  194  196  197  199  200
```

3. 多重循环

多重循环又称循环的嵌套。多重循环语句的执行方式与普通单一循环语句的执行方式相同，先执行循环体中的所有内容，包括循环语句，然后再进行判断，确定是否再次执行循环体。

【例2-14】输出乘法运算表。

```
// Ex2_14.java
public class Ex2_14 {
    public static void main(String[]args){
        for (int i=1;i<=9;i++){     //使用外层循环来控制行数
            for (int j=1;j<=i;j++)  //内层循环控制每一行的列数,第i行显示i列
                System.out.print(j+"* "+i+"="+i * j+"\t");
            System.out.println();   //内层循环结束,换行
        }
    }
}
```

程序运行结果：

```
1*1=1
1*2=2  2*2=4
1*3=3  2*3=6   3*3=9
1*4=4  2*4=8   3*4=12  4*4=16
1*5=5  2*5=10  3*5=15  4*5=20  5*5=25
1*6=6  2*6=12  3*6=18  4*6=24  5*6=30  6*6=36
1*7=7  2*7=14  3*7=21  4*7=28  5*7=35  6*7=42  7*7=49
1*8=8  2*8=16  3*8=24  4*8=32  5*8=40  6*8=48  7*8=56  8*8=64
1*9=9  2*9=18  3*9=27  4*9=36  5*9=45  6*9=54  7*9=63  8*9=72  9*9=81
```

【案例 2-2】 猜数字游戏

■ 案例描述

随机生成一个 0~99（包括 0 和 99）的数字，从控制台输入猜测的数字，输出提示太大还是太小，继续猜测，直到猜到为止，游戏过程中，记录猜对所需的次数，游戏结束后公布结果。

综合案例：猜数字游戏

运行结果：

```
我心里有一个 0 到 99 之间的整数,你猜是什么?
55
小了点,再猜!
60
小了点,再猜!
70
小了点,再猜!
90
大了点,再猜!
80
小了点,再猜!
85
这个数字是 85
您猜的次数是 6
要努力啊!
```

■ 案例目标
◇ 学会分析"猜数字"游戏的逻辑思路。
◇ 能够独立完成程序的编写、调试和运行。
◇ 灵活运用选择和循环程序结构解决实际问题。

■ 实现思路
（1）运用 Scanner 类进行控制台数据输入。
（2）运用 Math 类的 random 方法随机产生 0~99 之间的数字。
（3）在循环中不断比较输入的数字和产生的数字，给出提示信息直至正确。
（4）记录猜数字的次数，根据猜出的次数给出信息。

■ 参考代码
// Demo2_2.java

```java
import java.util.Scanner;
public class Demo2_2 {
    public static void main(String[]args){
        Scanner input=new Scanner(System.in);
        int number=(int)(Math.random()* 100); //产生随机数
        int guess;                              //用户猜的数字
```

```
        int count=0;                          //猜测次数
        System.out.println("我心里有一个 0 到 99 之间的整数,你猜是什么?");
        //用户猜测随机数
        do {
            guess=input.nextInt();
            if (number<guess){
                System.out.println("大了点,再猜!");     count++;
            } else if (number>guess){
                System.out.println("小了点,再猜!");     count++;
            } else {
                count++;      break;
            }
        } while (true);
        System.out.println("这个数字是"+number);
        System.out.println("您猜的次数是"+count);
        //根据猜测次数给出评价
        if (count==1){
            System.out.println("你太聪明了!");
        } else if (count>=2 && count<=5){
            System.out.println("不错,再接再厉!");
        } else {
            System.out.println("要努力啊!");
        }
    }
}
```

2.5 数　　组

数组是编程语言中最常见的一种数据结构,可以看成是多个相同类型的数据组合,可以通过数组的元素索引来访问数组中的元素。

2.5.1 一维数组的定义及使用

1. 数组的定义

在 Java 中数组的定义有如下两种方法:

一维数组的定义及使用

```
type[]arrayName;
type arrayName[];
```

数组中的元素可以是任何数据类型,包括基本数据类型或者引用类型。值得注意的是,数组也是一种数据类型,它本身是一种引用类型。例如,int 是一个基本数据类型,而 int[]就是一种引用类型。

定义数组时不能够指定数组的长度。下面的数组定义是非法的,这与 C 语言有着本质的区别：

int[100]array;   //在 Java 中这样定义数组是非法的

2. 数组的初始化

所谓初始化，就是为数组分配内存空间，并为每一个元素赋初值。数组的初始化有两种方式：静态初始化和动态初始化。

（1）静态初始化。

静态初始化是指初始化时直接显式地给出每个数组元素的初值，由系统根据元素个数决定数组的长度。静态初始化的语法格式如下：

arrayName=new type[]{元素 1,元素 2,元素 3...}

其中，arrayName 是数值的名字，type 与之前定义数组时候的元素类型名相同，大括号中则是数组的元素值的列举。例如：

int[]array;
array=new int[]{1,2,3};

在实际开发中，静态初始化通常与定义语句放在一起，简写成如下形式：

int[]array=new int[]{1,2,3};   或   int[]array={1,2,3};

（2）动态初始化。

动态初始化是指初始化时先为数组指明长度（分配内存空间），再为数组中元素赋初值。动态初始化的语法结构如下：

arrayNam=new type[length];

在上述语法中，参数 length 指明数组的长度，也就是数组可以容纳的元素个数。例如：

int[]arrayInt=new int[3];   //动态初始化一个能容纳三个 int 型数的数组
String[]arrayString=new String[3];   //动态初始化一个能容纳三个 String 值的引用类型数组

执行动态初始化时，系统将为数组元素分配初值，称之为默认值。每种数据类型的默认值如表 2-9 所列。

表 2-9 Java 各数据类型默认值

数据类型	byte	short	int	long	float	double	char	boolean	引用型
默认值	0	0	0	0L	0.0f	0.0D	'\u0000'	false	null

数组在初始化之后，就可以使用了，包括对数组元素的赋值、访问，获取数组长度等。

3. 数组的使用

数组最常见的用法就是访问数组元素，包括为元素赋值和取出数组元素的值。访问数组元素是在数组引用变量后紧跟一个方括号 [ ]，方括号中要指明数组元素的索引。

值得注意的是，数组索引是从 0 开始的，最后一个元素的索引为数组的长度减 1。可以使用"数组名.length"返回数组的长度。下面通过例 2-15 来具体介绍一下数组的定义、初始化以及使用。

【例 2-15】 定义、初始化、使用数组。

// Ex2_15.java

```java
public class Ex2_15 {
    public static void main(String[]args){
        String[]weekArray;//定义 String 类型数组
        weekArray=new String[7]; //动态初始化
        //使用数组,为每个元素赋值
        weekArray[0]="Monday";
        weekArray[1]="Tuesday";
        weekArray[2]="Wednesday";
        weekArray[3]="Thursday";
        weekArray[4]="Friday";
        weekArray[5]="Saturday";
        weekArray[6]="Sunday";
        System.out.println("一个星期有七天,分别为:");
        for (int i=0;i<weekArray.length;i++){
            System.out.println(weekArray[i]);
        }
    }
}
```

运行结果如图 2-10 所示。

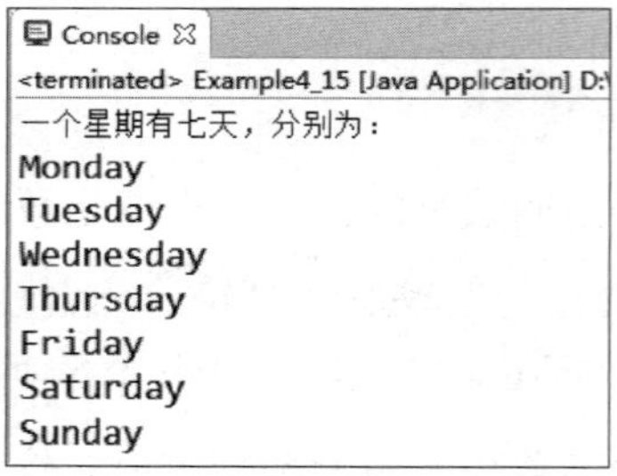

图 2-10 例 2-15 运行结果

2.5.2 多维数组的定义及使用

本节以二维数组为例讲解多维数组的概念,二维数组可以看成一个一维数组,只不过数组中的每一个元素都是一个一维数组。

多维数组的定义及使用

1. 二维数组的定义

二维数组的定义格式如下:

```
type[][]arrayName;   或   type[]arrayName[];
```

与一维数组类似,type 指定二维数组中每个元素的数据类型,arrayName 为数组名。例如,下面的例子是定义一个 int 类型的二维数组和一个 String 引用类型的二维数组:

```
int[][] intArray;
String[][] stringArray;
```

2. 二维数组的初始化

二维数组的初始化也分为静态初始化和动态初始化。

（1）静态初始化。

对于二维数组的静态初始化，本质与一维数组类似，下面的例子即是对一个二维数组进行静态初始化。

```
intArray=new int[][]{{80,85},{90,94,80}};
```

需要注意的是，在 Java 语言里，二维数组每一行存储的元素个数是可以不相同的。

（2）动态初始化。

由于二维数组是存储多行多列的数据，二维数组的动态初始化与一维数组稍有区别。二维数组的动态初始化分两种情况：

① 直接为每个元素分配空间。

该初始化形式是直接为二维数组的每个元素分配存储空间，其格式和实例如下：

```
arrayName=new type[arrayLength1][arrayLength2];//动态初始化格式
arrayName=new int[2][3];//初始化举例(分配一个 2 行*3 列的二维数组)
```

② 从高维开始，分别为每一维分配空间。

二维数组的数据可以认为是多行* 多列这样的形式，所谓的从高维开始为每一维分配内存空间，是指首先要确定二维数组的行数，然后再为每一行分配各个元素的内存空间，例如：

```
int[][] intArray;
intArray=new int[3][];//先分配二维数组的行空间
intArray[0]=new int[2];//然后分别为每行分配元素空间
intArray[1]=new int[2];
intArray[2]=new int[3];
```

3. 二维数组的使用

和一维数组一样，引用二维数组中的元素也是通过元素索引来引用，只是在二维数组中，由于元素的存在形式是多行* 多列的，所以要使用二维数组中的元素要指明行标和列标。

下面通过一个简单的例子来演示二维数组的定义、初始化以及使用。

【例 2-16】定义、初始化、使用二维数组。

```
// Ex2_16.java
public class Ex2_16 {
    public static void main(String[]args){
        int[][] intArray={{1,2},{2,3},{3,4,5}};
        int sum=0;
        for (int i=0;i<3;i++){
            for (int j=0;j<intArray[i].length;j++){
                sum+=intArray[i][j];
            }
        }
```

```
        System.out.println("矩阵各元素的和为:"+sum);
    }
}
```

程序的运行结果如图 2-11 所示。

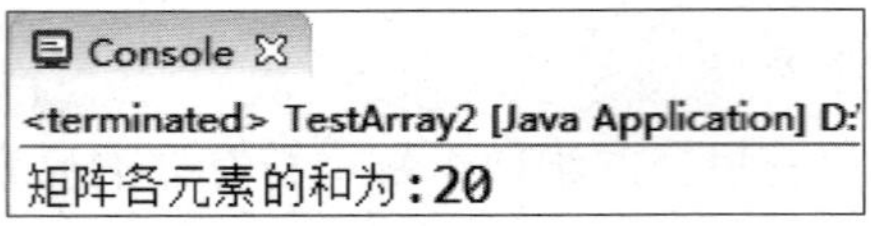

图 2-11　例 2-16 运行结果

【案例 2-3】　商品查询器

■ 案例描述

在网上商城买东西时，都会精挑细选，在购买前会查找自己想要的商品，查看商品的详细信息。而查找商品通常通过商品的名称。商品查询器程序，主要模拟商品查找功能，通过输入要查找的商品名称，系统根据商品名称将相应的商品的详细信息展示给用户。

程序的运行效果如图 2-12 所示。

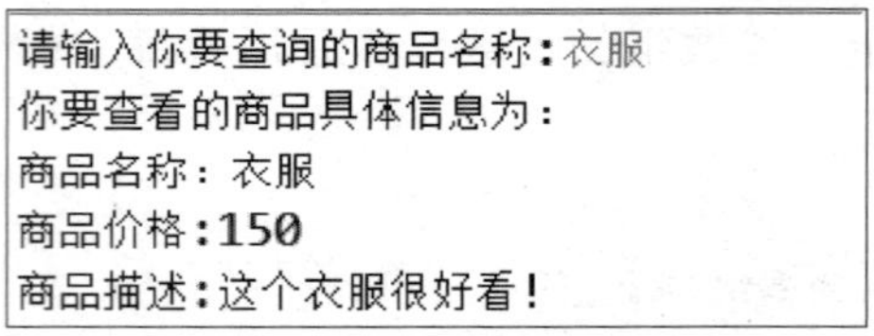

图 2-12　案例 2-3 运行结果

■ 案例目标

◇ 理解"商品查询器"的设计思路。
◇ 掌握数组的使用方法，理解静态初始化和动态初始化。
◇ 能够正确定义、初始化数组，利用数组的 length 属性遍历数组。
◇ 能够独立完成"商品查询器"程序的源代码编写、编译及运行。

■ 实现思路

分析案例描述商品查询器的主要功能是根据用户输入的商品名称，显示商品的详细信息。要查找商品需要用一定的数据结构来保存所有商品，这里可以使用二维数组，二维数组的每一行存储一个商品信息（名称、价格、商品描述），然后遍历数组，逐个读出商品的名称与用户输入的商品名称比对，如果名称相同，则将商品信息显示出来，否则提示用户商品不存在。

（1）创建多个一维数组，每个数组保存一个商品信息（名称、价格和描述）。
（2）设计一个二维数组 product，用来保存每个商品。
（3）初始化商品数组 product，向数组中添加数据。
（4）遍历商品数组，取出所有商品名称信息，与用户输入的商品名称比对，如果相同，将二维数组中对应的商品所有信息显示出来。

（5）编写测试类，在 main 函数中完成上述功能的测试。
■ 参考代码
// Demo2_3.java

```java
import java.util.Scanner;
public class Demo2_3{
    public static void main(String[]args){
        //每个一维数组保存一个商品信息
        String[] p1={"衣服","150","这个衣服很好看!"};
        String[] p2={"帽子","60","这个帽子很时尚!"};
        String[] p3={"鞋","110","这双鞋很保暖!"};
        String[] p4={"手套","20","这副手套很实用!"};

        //定义二维数组用来保存4条商品信息
        String[][] product=new String[4][];

        //初始化二维数组,将商品信息存入
        product[0]=p1;
        product[1]=p2;
        product[2]=p3;
        product[3]=p4;

        System.out.print("请输入你要查询的商品名称:");
        Scanner sc=new Scanner(System.in);
        String nameSelect=sc.next();
        sc.close();
        //根据商品名字查找信息
        boolean success=false;
        for (int i=0;i<product.length;i++){
            if (product[i][0].equals(nameSelect)){
                success=true;
                System.out.println("你要查看的商品具体信息为:");
                System.out.println("商品名称:"+product[i][0]);
                System.out.println("商品价格:"+product[i][1]);
                System.out.println("商品描述:"+product[i][2]);
            }
        }
        //商品不存在提示信息
        if (false==success){
            System.out.println("您查找的商品不存在!");
        }
    }
}
```

习 题 2

一、填空题

1. Java 程序中的注释有 3 种，分别是单行注释、_____ 和 _____。
2. 声明 Java 基本数据类型变量的 8 个关键字分别是：_____。
3. 表达式 7%(-3) 的运算结果为 _____，3510/1000 的运算结果为 _____。
4. System.out.println("Hello"+9+1); 正确的输出结果是 _____。
5. 若二维数组 int arr[][]={{1,2,3},{4,5,6},{7,8}};，则 arr[1][2] 的值是 _____。

二、选择题

1. 以下标识符中，不合法的是（　　）。
   A. user B. $inner C. class D. login_1
2. 下列选项中，属于浮点数常量的是？（　　）
   A. 198 B. 2e3f C. true D. null
3. 下列关于变量作用域的说法中，正确的是（　　）。
   A. 在 main() 方法中任何位置定义的变量，其作用域为整个 main() 方法
   B. 块中定义的变量，在块外也是可以使用的
   C. 变量的作用域为：从定义处开始，到变量所在块结束位置
   D. 变量的作用域不受块的限制
4. 下列选项中，按照箭头方向，不可以进行自动类型转换的是（　　）。
   A. byte → int B. int → long C. double →long D. short → int
5. 下列选项中关于二维数组的定义，格式错误的是（　　）。
   A. int[][]arr=new int[3][4] B. int[][]arr=new int[3][]
   C. int[][]arr=new int[][4] D. int[][]arr={{1,2},{3,4,5},{6}}
6. 下列关于方法的描述中，正确的是（　　）。
   A. 方法是对功能代码块的封装 B. 方法没有返回值时，返回值类型可以不写
   C. 方法是不可以没有参数的 D. 没有返回值的方法，不能有 return 语句
7. 下列程序的运行结果是

```
public class Example02 {
    public static void main(String[]args){
        int x=0,y=0;
        boolean b=x==0 || y++<0;
        System.out.println("b="+b+",y="+y);
    }
}
```

A. b=false, y=0　　B. b=false, y=1　　C. b=true, y=0　　D. b=true, y=1

模块 3
面向对象基础

学习目标：
- 熟悉类和对象的创建与使用
- 理解和实现类的封装
- 掌握构造方法的定义与重载
- 掌握 this 关键字的使用
- 掌握 static 的 3 种用法
- 理解和掌握成员内部类

3.1 类与对象

Java 是面向对象的编程语言，类和对象是 Java 编程的基础。类用于描述多个对象的共同特征，是创建对象的模板；对象用于描述现实中的个体，是类的实例。下面来介绍如何定义类，并使用自定义类创建对象。

3.1.1 类的定义

类封装了一组属性和方法，是组成 Java 程序的基本单位。类定义的语法格式为：

```
[类修饰符] class 类名 [extends 父类名][implements 接口名序列]{
    //类体
}
```

其中第一行大括号之前的部分称为类声明，用来说明类的名字及特性；后面大括号括起来的部分称为类体，定义了类的组成元素。

1. 关于类声明

以下是两个类声明的例子：

```
class Person{
    ……
}
```

```
public class Circle{
    ……
}
```

"class" 是用来定义类的关键字，后面的 "Person" 和 "Circle" 是类名，类名应是合法的 Java 标识符。习惯上，类名应首字母大写且有明确的含义，当类名由几个单词复合而成时，每个单词的首字母都要大写，如 "Person"、"Circle"、"HelloWorld"、"ArrayIndexOutOfBoundsException"。

"class Circle"前的"public"是类的访问控制修饰符，说明类是公有的，可以在任意位置使用，而没有"public"修饰的类 Person 只能在它所在的包内被访问；类还可以用 final（最终的）、abstract（抽象的）等特征说明符来说明类的其他特征。

在类名后还有可选内容用来限定类的一些其他特性，如"extends 父类"表示继承了哪个父类，"implements 接口"则表示实现了哪些接口。这部分内容将在模块 4 介绍。

2. 关于类体

类体是包含在两个大括号之间的部分，类体中可以定义成员变量、成员方法，其中成员变量用来描述对象的静态特征，也被称作属性；成员方法用于描述对象的行为，简称方法。如下面的 Person 类，类体中定义了两个成员变量 name 和 age，以及一个成员方法 introduce()。

```java
class Person {
    //成员变量
    String name="Tom";
    int age;
    //成员方法
    public void introduce(){
        System.out.println("大家好,我叫"+name+",今年"+age+"岁了~");
    }
}
```

类的成员变量类型可以是任意数据类型，包括基本数据类型和引用型；成员变量可以在声明时赋值，也可以不赋值，如成员变量"name"被赋值为"Tom"；成员方法的返回值类型可以是任意类型，没有任何限制，如果没有返回值，应加 void 声明；成员方法的参数可以是 0 个或 n 个，类型可以是任意类型；成员方法可以重载，即一个类中可以定义多个同名但参数不同的方法。如下面的两个 introduce 方法构成重载。

```java
//成员方法
public void introduce(){
    System.out.println("大家好,我叫"+name+",今年"+age+"岁了~");
}
public void introduce(String str){
    System.out.println("大家好~这是我的问候语:"+str);
}
```

需要注意的是，类的成员变量不同于局部变量。成员变量是定义在类体中的变量，而局部变量是方法中定义的变量或方法的参数。两者的性质有很大不同：

（1）成员变量在整个类内有效，而局部变量只在定义它的方法内有效。

如下面程序中的成员变量"radius"，在整个类体内都可以使用；而局部变量"area"只在 getArea()方法内有效，在方法 f()中已失效。

```java
class Circle{
    int radius=10;   //成员变量
    double getArea(){
        double area=3.14* radius* radius;   //合法,radius 在整个类内有效
        return area;
```

```
    }
    void f(){
        System.out.println(area);    //非法,因为局部变量 area 已失效
    }
}
```

（2）局部变量必须先初始化才能使用,而成员变量可以直接使用。

成员变量如果没有赋初值,将被初始化为它所属数据类型的默认值（参见 2.5 数组中的表 2-9）;而局部变量如果没有赋值,使用时将出错。如下面类 A 中的成员变量 id,将被初始化为 0;而主方法中的局部变量 x 因为没有被赋值,输出时将出错。

```
public class A {
    int id;            //成员变量
    public static void main(String args[]){
        int x;         //局部变量
        A a=new A();
        System.out.println(a.id);    //输出 0
        System.out.println(x);       //出错,局部变量必须先初始化才能使用
    }
}
```

（3）如果局部变量与成员变量同名,则在方法中通过变量名访问到的将是局部变量,而不是成员变量,成员变量被隐藏。如下面程序中输出的 age 是局部变量 age,值为 20。

```
class Person {
    int age=18;        //成员变量
    public void introduce(){
        int age=20;    //方法内定义的局部变量
        System.out.println("大家好,我今年"+age+"岁了~");
    }
}
```

如果想在方法中使用被隐藏的成员变量,可以使用 this.age。关于 this 关键字后面详细介绍。

3.1.2 对象的创建与使用

使用 new 关键字创建对象,基本格式:

类名 对象名=new 类名();

例如,创建 Person 类对象 p 的语句:

Person p=new Person();

Person p 声明了一个 Person 类型的引用变量 p,引用变量属于 Java 中的简单类型变量,与基本数据类型变量一样,存在于栈内存区中,在定义它的代码块内有效;new Person()用于分配堆内存空间,创建出 Person 类对象实例,对象存在于堆内存区中,由垃圾回收机制管理;=相当于将该内存空间地址（引用）赋值给引用变量 p。很多时候,会将引用变量 p

所引用的对象实例简称为 p 对象。对象的内存状态图如图 3-1 所示。

创建对象后，通过引用变量及 "." 运算符来访问对象的成员。请看下面的例 3-1。

【例 3-1】 类和对象的使用。

//Ex3_1.java

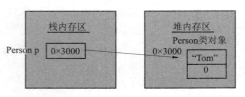

图 3-1　对象的内存状态图

```
class Person{
    //成员变量
    String name="Tom";
    int age;
    //成员方法
    public void introduce(){
        System.out.println("大家好,我叫"+name+",今年"+age+"岁了~");
    }
}
public class Ex3_1{
    public static void main(String[]args){
        Person p1=new Person();    //声明并创建对象 p1
        Person p2=new Person();
        p2.name="Wang";             //引用对象 p2 的成员变量 name
        p2.age=20;
        p2.introduce();             //引用对象 p2 的成员方法 introduce()
        p1.introduce();
    }
}
```

运行结果如图 3-2 所示。

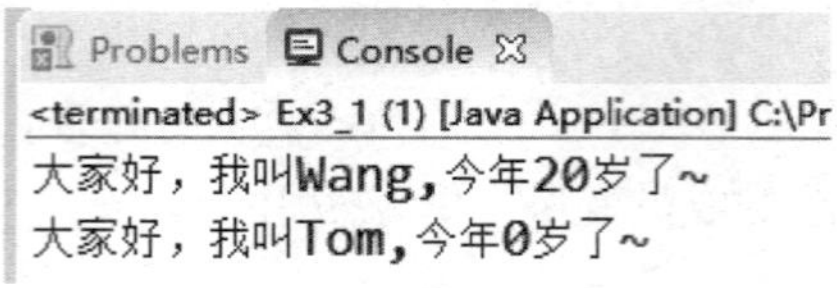

图 3-2　例 3-1 运行结果

程序中，对象 p1、p2 在内存中的状态如图 3-3 所示。两个对象实例在堆内存中独立存在，分别拥有各自的属性，一个对象属性值的改变并不会影响其他对象。如：p1、p2 对象的 name 属性的初始值都是 "Tom"，age 默认值是 0；在程序中，使用 p2.name = "Wang"; p2.age = 20 将 p2 对象的 name 和 age 属性进行修改，这种修改不会影响 p1。

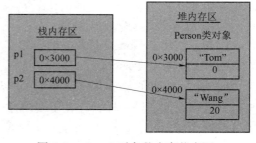

图 3-3　p1、p2 对象的内存状态图

关于对象的使用，需要注意：
（1）对象必须先创建、后使用，否则会发生空指针异常（NullPoiterException）。
（2）当对象没有任何变量引用时，将成为垃圾对象，不能再被使用。
分析下面的程序段：

```
Person p=new Person();
p.age=18;
p=null;
p.introduce(); //空指针异常
```

上面程序段中对象的内存状态变化如图3-4所示。

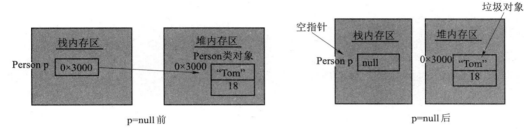

图3-4 空指针与垃圾对象示意图

3.1.3 类的封装

请看下面的程序段：

Java 的类封装

```
public class TestPerson {
    public static void main(String[]args){
        Person p=new Person();
        p.age=-10;   //对象 p 的年龄赋值为负
        p.introduce();
    }
}
```

主方法中，将年龄 age 赋值为-10，在程序中不会有任何问题，但从逻辑合理性上看，显然是不合适的。为了防止出现这种不合理现象，需要对成员变量的可访问性进行控制，实现类的封装。

所谓类的封装是指在定义类时，将类中的属性私有化，即用 private 修饰，然后提供 public 修饰的公有 get 方法和 set 方法操作私有属性。良好的类封装可以保证类设计的科学合理。

【例 3-2】实现封装的 Person 类的使用。
//Ex3_2.java

```
class Person {
    //成员变量--私有化
    private String name="Tom";
```

```java
    private int age;
    //成员方法- - 公有化
    public String getName(){
        return name;
    }
    public void setName(String name){
        this.name=name;
    }
    public int getAge(){
        return age;
    }
    public void setAge(int a){
        //对年龄参数进行合理性检查,确保年龄非负
        if(a<0){
            System.out.println("年龄值不能为负数!");
        }else{
            age=a;
        }
    }
    public void introduce(){
        System.out.println("大家好,我叫"+name+",今年"+age+"岁了~");
    }
}
public class Ex3_2{
    public static void main(String[]args){
        Person p=new Person();
        //p.age=- 10;    //此调用出错,不允许对私有属性赋值
        p.setAge(- 10);  //通过方法为属性赋值,保证赋值合法性
        p.introduce();
    }
}
```

运行结果如图 3-5 所示。

```
年龄值不能为负数!
大家好,我叫Tom,今年0岁了~
```

图 3-5　例 3-2 运行结果

在程序中,对 Person 的属性 age 进行了私有化封装,只能在类内部访问它。所以在 Person 类外部的主方法中如果直接对 age 赋值(如 p.age=- 10;)将不被允许,只能通过调用成员方法 p.setAge(- 10);对成员变量 age 赋值,而在 setAge(int a) 方法中对参数 a 进行了判

断，由于传入的值小于 0，因此会输出"年龄值不能为负数!"，age 属性没有被赋值，仍为初始值 0。

3.2 构造方法及 this 关键字

3.2.1 构造方法的定义

构造方法及重载

实例化一个对象后，如果要为这个对象中的属性赋值，则必须通过直接访问对象的属性或调用 setXxx 方法的方式才可以。如果需要在实例化对象时就为这个对象的属性进行赋值，可以通过构造方法来实现。

构造方法是一个与类同名且没有返回值也不能加 void 声明的方法，在方法中不能使用 return 返回一个值，但是可以单独使用 return 语句来作为方法的结束。构造方法通常完成对类成员的初始化操作，如下面 Person 类的构造方法：

```
class Person{
    //成员变量
    private String name;
    private int age;
    //构造方法
    Person(String n,int a){
        name=n;age=a;
    }
}
```

作为类的一个特殊成员，构造方法会在实例化对象时被调用，用在 new 后。如上面的类 Person 添加了构造方法后，就可以在实例化对象时使用 Person p=new Person ("张三",14) 使对象 p 的属性得以初始化了。

关于构造方法，需要注意的是：如果在类中没有定义任何构造方法，则编译系统会自动为类添加一个无参数的默认构造方法，默认构造方法无参数，方法体为空；而如果在类中定义了构造方法，那么默认构造方法就不会被添加了。

如上面的 Person 类添加了构造方法后，下面的语句将会出错，原因是无参构造方法不存在。

```
Person p1=new Person();
```

所以在 Java 程序中，如果为类定义了有参数的构造方法，最好同时也添加一个无参数的构造方法。

3.2.2 构造方法的重载

与普通方法一样，构造方法也可以重载。所谓构造方法重载，就是指在一个类中定义多个参数不同（参数类型不同或参数个数不同）的构造方法。在创建对象时，通过调用不同的构造方法以不同的方式实现对象的初始化。请看例 3-3。

【例 3-3】 构造方法的重载。

//Ex3_3.java

```java
class Person {
    //成员变量- - 私有化
    private String name="Tom";
    private int age;
    //构造方法重载
    public Person(){
        name="无名氏";age=1;
    }
    public Person(String n, int a){
        name=n;    age=a;
    }
    public void introduce(){
        System.out.println("大家好,我叫"+name+",今年"+age+"岁了~");
    }
}
public class Ex3_3 {
    public static void main(String[ ]args){
        Person p1=new Person();
        Person p2=new Person("Jerry", 18);
        p1.introduce();
        p2.introduce();
    }
}
```

运行结果如图 3-6 所示。

图 3-6 例 3-3 运行结果

在程序中,为类 Person 定义了无参构造方法和有两个参数的构造方法,分别将成员变量初始化为固定值(name="无名氏"; age=1;)和传入的参数值。在主方法中创建对象时,分别调用两个构造方法实现了对象的初始化。

关于构造方法,需要注意一个问题:如果使用 private 修饰符将构造方法私有化,则在类外部不可以使用 new 的方式实例化对象。因此,为了方便实例化对象,构造方法通常会使用 public 来修饰。

3.2.3 this 关键字

关键字 this 表示当前对象。当从类的成员方法中引用本类的其他成员时,默认情况下,引用的都是当前对象的成员（谁调用了这个方法，谁就是当前对象"this"），即相当于"this.成员"。在 Java 编程中，如果这个成员的名字不与别的变量或方法同名，this 完全可以省略；但如果有同名，则必须写成带 this 的形式。

this 关键字在程序中有 3 种常见用法，即：this成员变量，this成员方法，this()。请看例 3-4。

【例 3-4】this 关键字的使用。
//Ex3_4.java

```java
class Person {
    //成员变量- - 私有化
    private String name="Tom";
    private int age;
    //构造方法
    public Person(){
        this("无名氏", 1);    //调用本类其他构造方法
    }
    public Person(String name, int age){
        this.name=name;     //成员变量与局部变量同名,被隐藏,通过"this.成员变量"调用
        this.age=age;
    }
    public void introduce(){
        System.out.println("大家好,我叫"+name+",今年"+age+"岁了~");
        this.ff();          //"this."可以省略不写,等价于 ff();
    }
    public void ff(){
        System.out.println("ff()方法被调用");
    }
}
public class Ex3_4 {
    public static void main(String[]args){
        Person p1=new Person();
        p1.introduce();
    }
}
```

程序中，第二个构造方法 Person（String name，int age）的形参（局部变量）与类的成员变量同名了，在方法内部成员变量被隐藏。此时，方法中使用 name 代表局部变量 name，而 this.name 则代表成员变量 name，所以，为成员变量赋值的语句必须写成 this.name=name; 的形式。

程序中成员方法前的 this 是可以省略的，如上面程序 introduce()方法中对方法 ff()的调用语句 this.ff()完全可以写成 ff()，效果是一样的。

this()表示本类的构造方法。构造方法是在实例化对象时被 Java 虚拟机自动调用的，

在程序中不能像调用其他方法一样通过名字去调用，但可以在一个构造方法中使用 this() 的形式来调用。如上面程序在无参构造方法 Person() 中用 this ("无名氏", 1) 调用了本类的有参构造方法完成属性初始化。关于本类构造方法的调用，需要注意以下两个问题。

（1）使用 this() 调用构造方法的语句必须是构造方法中的第一个语句，且只能出现一次，如下面的写法是非法的：

```
public Person(){
    System.out.println("无参数构造方法");
    this("无名氏", 1);          //出错！必须是第一行
}
```

（2）不能在一个类的两个构造方法中使用 this 互相调用：

```
public Person(){
    this("aaa",1);      //调用有参构造方法
    System.out.println("无参数构造方法…");
}
public Person(String s, int a){
    this();             //调用无参构造方法
    System.out.println("有参数构造方法…");
}
```

【案例 3-1】 简单几何图形类的封装

■ 案例描述

编写一个 Java 应用程序，用类来封装几何图形圆形（Circle）、三角形（Triangle）。要求 Circle 类具有 double 型半径属性和求周长、求面积的方法；Triangle 类具有 double 型的三条边属性和求周长、求面积的方法。要求属性赋值合理：不可以是负数，三个边长值能构成三角形。

创建一个圆和一个三角形对象，输出它们的面积和周长。程序运行效果如图 3-7 所示。

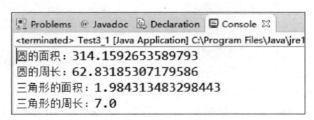

图 3-7 案例 3-1 运行效果

■ 案例目标

◇ 学习使用类来封装对象的属性和功能，实现从客观事物到 Java 类的抽象；
◇ 掌握 Java 类的基本格式，正确实现类封装；
◇ 理解程序合法性判断，能正确实现程序逻辑；

◇ 理解创建对象过程，熟悉对象成员的调用。

■ 实现思路

分析案例描述，归纳圆类和三角形类的组成大体相同，都包括三类成员：成员变量、成员方法和构造方法；为实现封装，将成员变量都私有化；在为成员变量赋值的方法中，做合法性判断：属性不允许负值，三角形三条边符合三角形构成条件（任意两边之和大于第三边）。

（1）Circle 类。

成员变量：private double radius。

构造方法：无参的 Circle()；有参的 Circle (double r)。

成员方法：getter/setter：public double getRadius()、public setRadius (double r)；求面积方法 public double area()；求周长方法 public double perimeter()。

（2）Triangle 类。

成员变量：private double sideA，sideB，sideC。

构造方法：无参的 Triangle()；三个参数的 Triangle (double a, double b, double c)。

成员方法：getter/setter 方法 6 个，求面积、周长的方法同 Circle 类。

（3）测试类。

在 main 方法中创建 Circle 类对象、Triangle 类对象，计算各图形对象的周长、面积，并输出。

■ 参考代码

（1）圆类 Circle。

//Circle.java

```java
public class Circle {
    //属性私有化
    private double radius;
    //构造方法
    public Circle(){}
    public Circle(double radius){
        this.radius=radius;
    }
    //公有方法
    public double getRadius(){
        return radius;
    }
    public void setRadius(double radius){
        if(radius<0){                    //属性合理性判断
            System.out.println("半径值不能为负!");
        }else{
            this.radius=radius;
```

```java
        }
    }
    //计算面积
    public double area(){
        return Math.PI* radius* radius;
    }
    //计算周长
    public double perimeter(){
        return 2* Math.PI* radius;
    }
}
```

（2）三角形类 Triangle。

```java
//Triangle.java
public class Triangle {
    //属性私有化
    private double sideA, sideB, sideC;
    //构造方法
    public Triangle(){}
    public Triangle(double sideA, double sideB, double sideC){
        if(sideA<0||sideB<0||sideC<0){     //边长不可以为负值
            System.out.println("三角形边长不能为负,初始化失败!");
        }else if(((sideA+sideB)<sideC)||((sideA+sideC)<sideB)
                                      ||((sideB+sideC)<sideA)){
            //三边长能构成三角形的条件:任意两边之和大于第三边
            System.out.println("这三条边不能构成三角形,初始化失败!");
        }else{
            this.sideA=sideA;
            this.sideB=sideB;
            this.sideC=sideC;
        }
    }
    //getter 方法、setter 方法略
    //计算面积
    public double area(){
        double p=(sideA+sideB+sideC)/2;
        return Math.sqrt(p * (p- sideA)* (p- sideB)* (p- sideC));
    }
    //计算周长
    public double perimeter(){
        return sideA+sideB+sideC;
    }
}
```

（3）测试类 Demo3_1。
//Demo3_1.java
```java
public class Demo3_1 {
    public static void main(String[]args){
        Circle circle=new Circle(10);
        System.out.println("圆的面积:"+circle.area());
        System.out.println("圆的周长:"+circle.perimeter());
        Triangle tri=new Triangle(2, 2, 3);
        System.out.println("三角形的面积:"+tri.area());
        System.out.println("三角形的周长:"+tri.perimeter());
    }
}
```

3.3 static 关键字

关键字 static 表示"静态的"，可以用来修饰类的成员变量、成员方法和代码块等。被 static 修饰的类成员具有一些特殊性，在编程时应注意。下面介绍被 static 修饰的静态变量、静态方法和静态代码块的特性和用法。

3.3.1 静态变量

一个类通过使用 new 关键字可以创建多个不同的对象，这些对象将被分配不同的内存空间，即不同的对象实例将被分配不同的内存空间。有时，我们希望某些特定的数据在内存中只有一份，能够被一个类的所有对象实例所共享。如所有中国人共享同一个国籍，完全不必为每个中国人对象分配一个内存空间，只需在对象空间之外定义一个表示国籍的变量，让所有对象共享就可以了。

static 关键字的使用

在 Java 中，类的成员变量有两种：一种是被 static 修饰的变量，称为类变量或静态变量；另一种是没有被 static 修饰的变量，称为实例变量。静态变量在内存中占用一份备份，运行时 Java 虚拟机只为静态变量分配一次内存，在加载类的过程中完成内存空间的分配，可以直接通过类名访问；而实例变量在内存中有多份备份，每创建一个实例，就会为实例变量分配一次内存，必须通过对象名访问。

请看下面的程序：

```java
class Person{
    static String country;    //类变量,代表人的国籍
    String name;              //实例变量,代表人的姓名
}
public class Test{
    public static void main(String[]args){
        Person p1=new Person();
        Person p2=new Person();
```

```
        Person.country="中国";
        p1.name="张三";
        p2.name="李四";
    }
}
```

对象 p1、p2 在内存中的状态如图 3-8 所示。

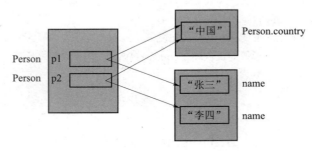

图 3-8　p1、p2 对象的内存状态图

关于静态变量，需要注意两点：

（1）静态成员变量可以通过类名访问，也可以通过对象名访问。

如前面的程序中，将 Person.country="中国" 改为 p1.country="中国"，程序也不会出错。但是，由于静态成员变量属于类，通过"类名.变量名"形式来访问更能代表其意义。

（2）static 只能修饰成员变量，不能修饰局部变量。如下面的代码是非法的。

```
void f(){
    static int x=10; //出错,static 不可以修饰局部变量
}
```

3.3.2　静态方法

被 static 修饰的方法称为静态方法。和静态变量一样，访问静态方法不需要创建类的实例，可以直接通过类名来访问；若已创建了对象，也可通过对象引用来访问。请看下面的程序：

```
class Person {
    static String country; //类变量,代表人的国籍
    String name;    //实例变量,代表人的姓名
    static void printInfo(){   //静态方法
        System.out.println("Person 类的国籍是:"+country);
    }
}
public class Test{
    public static void main(String[]args){
        Person p1=new Person();
```

```
        Person.country="中国";
        Person.printInfo();    //通过类名调用静态方法
        p1.printInfo();        //通过对象引用调用静态方法
    }
}
```

在 Person 类中定义的静态方法 printInfo()可以通过 Person.printInfo()调用，也可以通过 Person 类的对象 p1.printInfo()调用。

关于静态方法，需要注意两点：

（1）静态方法中只能访问类中用 static 修饰的成员。

静态方法可以通过类名调用，在被调用时可以不创建任何对象，而没有被 static 修饰的成员需要先创建对象才能访问，所以在静态方法中如果访问了类的非静态成员，将出现错误。例如，下面的代码是非法的。

```
class Person {
    String name;
    static void printInfo(){
        System.out.println(name); //错误,静态方法中不能访问类的非静态成员
    }
}
```

（2）静态方法不能以任何方式引用 this 和 super 关键字。

静态方法可以通过类名直接调用，这时，可能还没有任何对象产生。所以，代表当前对象和父类对象的 this 和 super 都是不存在的。

3.3.3 静态代码块

在 Java 程序中，代码块就是用一对大括号括起来的若干行代码。所谓静态代码块，就是用 static 关键字修饰的代码块。在程序中，通常使用静态代码块来对类的静态成员变量进行初始化。请看下面的代码：

```
class A {
    static int id;
    static{    //静态代码块
        id=100;
    }
}
```

需要注意的是：类的静态代码块中不可以访问类的非静态成员。当类被加载时，类的静态代码块会执行，由于类只加载一次，因此静态代码块只执行一次；而非静态代码块在创建对象时会被多次执行。下面的程序演示了静态代码块、构造方法、非静态代码块的执行顺序。

【例 3-5】静态代码块、构造方法、非静态代码块的执行顺序。

//Ex3_5.java

```java
class Person {
    static String country;
    String name;
    static{//静态代码块
        country="中国";
        System.out.println("Person 的静态代码块被执行");
    }
    {//非静态代码块
        name="王二小";
        System.out.println("Person 的非静态代码块被执行");
    }
    Person(){ //构造方法
        System.out.println("Person 的构造方法被执行!");
    }
}
public class Ex3_5{
    static{ //静态代码块
        System.out.println("Test 的静态代码块被执行");
    }
    public static void main(String[]args){
        Person p1=new Person();
        Person p2=new Person();
    }
}
```

程序运行时，首先加载 Ex3_5 类，运行 Ex3_5 的静态代码块；接着运行 Ex3_5 的 main 方法，加载 Person 类，执行 Person 类的静态代码块；然后创建 Person 类对象 p1，执行 Person 类的实例代码块，并调用 Person 类构造方法；最后创建 Person 类对象 p2，再次执行 Person 类的实例代码块，并调用 Person 类构造方法。程序的运行结果如图 3-9 所示。

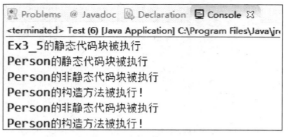

图 3-9　例 3-5 运行结果

3.3.4　单例模式

单例模式是 Java 中的一种设计模式，它是指在设计一个类时，需要保证在整个程序运行期间针对该类只存在一个实例对象。单例模式的实现离不

Java 中的单例模式

开 static 关键字的使用，下面简单剖析一下 Java 的单例模式，以更好地理解 static 关键字的作用，也为以后编写 Java 程序打下基础。

单例模式确保某个类只有一个实例，而且自行实例化并向整个系统提供这个实例。它有 3 个特点：

（1）单例类只能有一个对象实例。
（2）单例类必须自己创建自己的唯一实例。
（3）单例类必须给所有其他对象提供这一实例。

下面是一个单例模式的例子。

```
public class Single {
    private static Single instance=new Single();
    private Single(){}
    //静态工厂方法
    public static Single getInstance(){
        return instance;
    }
}
```

在这个单例模式的类定义中，将构造方法用 private 声明为私有，保证了在类的外部不可以使用 new 关键字来创建该类对象；在类的内部创建一个该类的实例对象，并使用静态变量 instance 引用该对象，由于变量应该禁止外界直接访问，因此使用 private 修饰符，将其声明为私有成员；为了让类的外部能够获得类的实例对象，定义了一个公有静态方法 getInstance()，用于返回该类唯一的实例。由于方法是静态的，外界可以通过 Single.getInstance()的方式来取得这个唯一的对象实例。

如下面的程序段：

```
Single s1=Single.getInstance();
Single s2=Single.getInstance();
if(s1.equals(s2)){
    System.out.println("创建的是同一个对象实例");
}else{
    System.out.println("不是同一个对象实例");
}
```

将输出：创建的是同一个对象实例。

3.4 内 部 类

Java 内部类简介

在 Java 中，将一个类的定义放在另一个类的内部，这个类就叫做内部类，而包含内部类的类称为外部类。如图 3-10 所示，类 Outer 是外部类，Inner 是 Outer 的内部类，Test 类会访问类 Outer 及它的内部类，可把 Test 类称为客户类。

根据所在的位置和定义方式，内部类可分为成员内部类、静态内部类、方法内部类和匿名内部类 4 种。下面以成员内部类为主简单介绍这 4 种内部类。

1. 成员内部类

在一个类中，除了可以定义成员变量、成员方法、构造方法、代码块，还可以定义类，这样的类被称作成员内部类，也叫实例内部类。Java 中的外部类只能处于 public 和默认访问级别，而成员内部类可处于 public、protected、private 和默认这 4 种访问级别。成员内部类可以访问外部类的所有成员，请看一个成员内部类的例子。

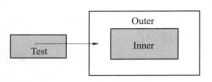

图 3-10 内部类示意图

【例 3-6】成员内部类的使用。

```java
class OuterClass {
    int x=100,y=10;        //外部类成员变量
    //内部类 Inner
    class Inner{
        int x=200;    //内部类成员变量 x
        //内部类的方法
        public void run(){
            System.out.println("内部类中的变量 x:"+x);
            System.out.println("外部类中的变量 x:"+OuterClass.this.x);
            System.out.println("外部类中的变量 y:"+y);
        }
    }
    //外部类方法里调用内部类
    public void test(){
        Inner b=new Inner(); //必须先创建内部类对象，才能调用内部类方法
        b.run();
    }
}
public class Test{
    public static void main(String[]args){
        //创建内部类对象并调用内部类的方法
        OuterClass.Inner b=new OuterClass().new Inner();
        b.run();
    }
}
```

程序的运行结果如图 3-11 所示。

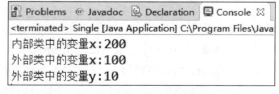

图 3-11 例 3-6 运行结果

关于成员内部类,请注意以下几方面:

(1) 在内部类中,可以直接访问外部类的所有成员,包括成员变量和成员方法。

(2) 如果内部类与外部类包含同名的成员(如内部类变量 Inner.x 和外部类变量 OuterClass.x),则在内部类方法中,x 或 this.x 表示内部类变量 x,而 OuterClass.this.x 表示外部类变量 x。

(3) 在创建内部类的实例时,外部类的实例必须已经存在。下面的语句:

```
OuterClass.Inner inner=new OuterClass().new Inner();
```

等价于:

```
OuterClass outer=new OuterClass();            //创建外部类对象
OuterClass.Inner inner=outer.new Inner();     //创建内部类对象
```

(4) 在外部类中不能直接访问内部类的成员,必须通过内部类的实例去访问。

(5) 成员内部类中不能定义静态成员,只能定义实例成员。如下面的内部类 Middle 中包含 3 个静态成员,编译将无法通过。

```
class Outer {
    class Middle {
        static int a;              //编译错误
        int b;                     //合法
        static void print(){}      //编译错误
        void printf(){}            //合法
        static class Inner {}      //编译错误
        class Inner2 {}            //合法
    }
}
```

2. 静态内部类

若定义内部类时用 static 修饰,它就成了一个静态内部类。例如:

```
class Outer {
    private int x=1;
    public static class Inner {
        ……
    }
}
```

static 内部类能访问外部类中的所有成员:外部类中的 static 成员可直接访问;非 static 成员间接访问,即先创建外部类的对象,然后通过该对象来访问。

3. 方法内部类

方法内部类也叫局部内部类,是定义在方法或代码块中的内部类,局部内部类不能使用访问权限控制符,也不能定义为 static。外部类完全不能访问局部内部类的成员,局部内部类可以访问外部类中的成员,还可以访问所在代码块(方法)中的局部变量,如方法的形参、方法的局部变量,前提是这些局部变量必须被定义为 final。如:

```java
//外部类
public class Outer {
    private int x=1;
    public void f(final int y){
        int z=2;
        class Inner{        //定义局部内部类
            public Inner(){
                System.out.println("x="+x+"y="+y); //可以访问 x 与 y,不能访问 z
            }
        }
    }
}
```

4．匿名内部类

还有一种特殊的内部类叫做匿名内部类。这种类没有名字，必须继承其他类或实现某个接口。在学习完类的继承后再去了解。

【案例 3-2】 银行卡开户程序设计

■ 案例描述

去银行申请银行卡开户几乎是每个人都会遇到的事。本案例要求使用所学知识编写一个银行卡开户程序，实现客户银行卡开户功能。

要求：

（1）在银行账户类 Account 中以成员内部类的形式定义银行卡类 Card 和客户类 User，实现类信息的封装。

（2）Account 类中提供静态方法 openAccount（Card，User） 实现开户功能，需做客户年龄合法性判断。如果客户年龄不小于 15 周岁，则提示银行卡开户成功；否则提示开户失败。

开户成功和开户失败的运行结果如图 3-12 所示。

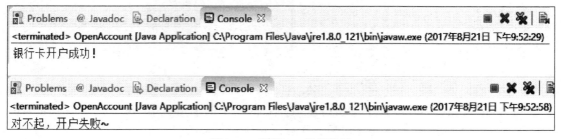

图 3-12　案例 3-2 运行结果

■ 案例目标

◇ 学会分析"银行卡开户"程序实现的逻辑思路。
◇ 掌握成员内部类的使用。
◇ 掌握静态方法的定义和调用。

◇ 能够独立完成"银行卡开户"程序的源代码编写、编译及运行。

■ 实现思路

分析案例描述可知,此程序主要通过银行账户类 Account 实现所需功能。在该类中应定义:

(1)银行卡内部类 Card,有卡号属性。
(2)用户内部类 User,有用户姓名、年龄属性。
(3)开户静态方法,在该方法中判断是否关联用户和卡以及用户年龄范围。

最后编写测试类,在 main 方法中创建银行卡对象、用户对象并为其属性赋值,然后调用 Account 类的开户方法实现银行卡开户功能。

■ 参考代码

(1)银行账户类 Account。

```java
//Account.java
public class Account {    //银行账户类
    //内部类 User 封装银行用户类
    class User{
        private String name;    //用户名
        private int age;        //年龄
        public String getName(){
            return name;
        }
        public void setName(String name){
            this.name=name;
        }
        public int getAge(){
            return age;
        }
        public void setAge(int age){
            this.age=age;
        }
    }
    //内部类 Card 封装银行卡类
    class Card{
        private String cardNumber;  //卡号
        public String getCardNumber(){
            return cardNumber;
        }
        public void setCardNumber(String cardNumber){
            this.cardNumber=cardNumber;
        }
    }
    //开户方法
    public static boolean openAccount(Card card,User user){
        //判断用户和卡的合法性,若用户年龄不小于 15,返回 true
```

```
            if(user! =null&&card! =null&&user.getAge()>=15){
                return true;
            }else{
                return false;
            }
        }
}
```

（2）测试类 Demo3_2。
//Demo3_2.java

```
public class Demo3_2{
    public static void main(String[]args){
        Account acc=new Account();
        //创建银行卡对象,为卡号属性赋值
        Account.Card card=acc.new Card();
        card.setCardNumber("6222010155558888");
        //创建用户对象,为姓名、年龄属性赋值
        Account.User user=acc.new User();
        user.setName("张静");
        user.setAge(17);
        //调用开户方法,根据方法的返回结果进行判断
        if(Account.openAccount(card,user)){
            System.out.println("银行卡开户成功!");
        }else{
            System.out.println("对不起,开户失败~");
        }
    }
}
```

习 题 3

一、填空题

1. 用_____关键字来定义类，用_____关键字来分配实例存储空间。

2. 在 Java 语言中，String 类型的成员变量的默认初始值是_____。

3. _____关键字用于将类中的属性私有化，为了能让外界访问私有属性，需要提供一些使用_____关键字修饰的公有方法。

4. 当成员变量和局部变量重名时，若想在方法内使用成员变量，需要使用_____关键字。

5. _____方法可以通过类名引用，而_____方法只能通过对象名引用。

二、选择题

1. 下列关于类的说法中,错误的是(　　　)。
A. Java 中创建类的关键字是 class
B. 类中可以有属性与方法,属性用于描述对象的特征,方法用于描述对象的行为
C. 在 Java 中创建对象,首先需要定义出一个类
D. 一个类只能创建一个对象

2. 在什么情况下,构造方法会被调用(　　　)。
A. 类定义时   B. 创建对象
C. 调用对象方法时   D. 使用对象的变量时

3. 下列关于 this 关键字的说法中,错误的是(　　　)。
A. this 可以解决成员变量与局部变量重名问题
B. this 出现在成员方法中,代表的是调用这个方法的对象
C. this 可以出现在任何方法中
D. this 相当于一个引用,可以通过它调用成员方法与属性

4. 下列关于静态方法的描述中,错误的是(　　　)。
A. 静态方法指的是被 static 关键字修饰的方法
B. 静态方法不占用对象的内存空间,而非静态方法占有对象的内容空间
C. 静态方法内可以使用 this 关键字
D. 静态方法内部只能访问被 static 修饰的成员

5. 下列修饰符中,成员内部类被(　　　)修饰后,可以被外界访问。
A. default   B. protected   C. public   D. private

模块 4

面向对象进阶

学习目标：

- 理解继承的基本概念，掌握方法的重写和 super 关键字的使用
- 掌握 final 关键字的使用方法及注意事项
- 理解抽象类和接口，会使用接口的思想设计程序
- 掌握多态的概念，能使用多态技术进行相关开发
- 理解包的含义，学会使用 import 关键字
- 掌握 public、protected 和 private 访问权限修饰符

4.1 类的继承及 super 关键字

4.1.1 继承的实现

继承是面向对象的最显著的一个特征，继承是在一个现有类的基础上派生出一个新的类，新的类能吸收已有类的数据属性和行为，并能对其进行扩展，现有的类称之为父类或基类，派生出来的类称之为子类或派生类。例如：在图 4-1 中，人类（Person）是父类，教师类（Teacher）和学生类（Student）为子类。继承描述的是一种"is a"的关系，即子类是父类的特例。

继承的实现

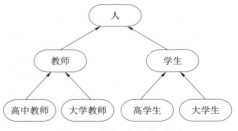

图 4-1 人类继承关系图

Java 中使用 extends 关键字来实现继承关系，extends 关键字的意思为扩展，其实扩展能更好地描述继承的所属关系，子类是对父类的扩展，子类是一种特殊的父类。实现继承的基本格式为：

```
[类修饰符]class  <子类名>  extends <父类名>{
    //成员变量
    //成员方法
}
```

只有存在一个父类的时候才能够有继承关系的出现，所以在代码设计时，必须先定义一个父类，然后才能通过 extends 关键字定义一个子类，在子类中可以定义自己的成员变量和成员方法，这个跟普通类的定义是类似的。下面通过例 4-1 介绍子类如何继承父类。

【例 4-1】类的继承。
//Ex4_1.java

```java
public class Ex4_1 {
    public static void main(String[]args){
        Teacher teacher=new Teacher();
        teacher.name="张三";
        teacher.printName();
        teacher.work();
    }
}
//定义 Person 类
class Person {
    String name;
    void work(){
        System.out.println("工作!");
    }
}
//定义 Teacher 类继承 Person 类
class Teacher extends Person {
    void printName(){
        System.out.println("教师姓名:"+name);
    }
}
```

运行结果如图 4-2 所示。

例 4-1 中，Teacher 类通过 extends 关键字继承 Person 类，Teacher 类是 Person 类的子类。父类中定义了 name 变量和 work() 方法，子类对父类进行了扩展添加了自己的 printName() 方法，从运行结果中看，虽然子类中没有定义 name 属性和 work() 方法，但是却可以访问这两个成员。这就说明，子类继承父类，会自动拥有父类的成员，这也跟之前分析的继承的特点是一致的。

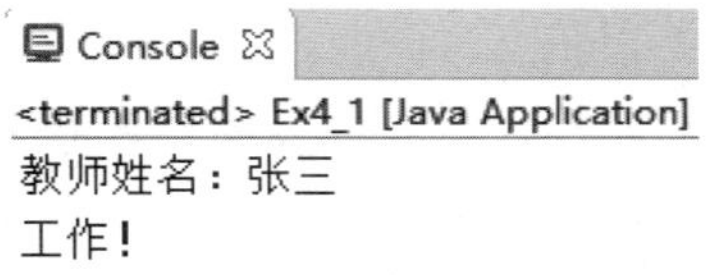

图 4-2 例 4-1 运行结果

Java 的继承有其独有的特点，这与其他编程语言是有区别的，Java 中的继承具有以下 3 个特点。

（1）Java 的继承是单继承。

单继承是指一个子类只能直接继承一个父类，所谓的直接继承是指在 extends 关键字之后只能有一个直接的父类。例如，下面情况是不合法的。

```java
class A{}
class B{}
class C extends A,B{}//C 类不能同时继承 A 类和 B 类
```

单继承限定了一个类的父类只能有一个，但是多个类可以继承一个父类，即一个类可以有多个子类，其子类又可以有子类，就像树形结构一样。如下面的情况是合法的。

```
class A{}
class B extends A{}
class C extends A{}        //类 B、C 都是 A 类的子类
```

（2）Java 的继承具有传递性。

例如，C 类继承 B 类，B 类继承 A 类，按照关系，C 类是 B 类的子类，B 类是 A 类的子类。同时，C 类也继承了 A 类的属性与方法，也是 A 类的子类。如下面情况是允许的。

```
class A{}
class B extends A{}//B 类继承 A 类,B 类是 A 类的子类
class C extends B{}//C 类继承 B 类,C 类是 B 类的子类,同时也是 A 类的子类
```

继承的传递性能很好地描述现实生活中事物的所属关系，例如，教师是人类，大学教师又是教师的一种，大学教师也是人类。

（3）所有类都直接或者间接继承 Object 类。

跟树形结构相似，一个树形结构总有一个祖先节点，Java 中的 Object 类是所有类的祖先，所有 Java 类都从 Object 派生而来。在 Java 中，Object 类是唯一一个没有父类的类。

4.1.2 方法的重写

在继承关系中，子类继承父类，子类是一个特殊的父类，子类会自动继承父类定义的变量、方法，在进行扩展时，大多数情况下，子类是在父类的基础上添加一些自己的变量、方法，但有些时候子类需要对继承来的方法进行一些修改，即对父类的方法进行重写。需要注意的是，子类重写父类中的方法时，子类中重写的方法要与父类中被重写的方法具有相同的方法名称、参数列表和返回值类型。

方法重写及 super 关键字

另外，子类也可以定义和父类同名的成员变量，此时子类对象中将隐藏父类同名的成员变量，与重写不同的是，这种隐藏不是物理意义上的覆盖。

【例 4-2】方法重写。
//Ex4_2.java

```java
public class Ex4_2 {
    public static void main(String[]args){
        Teacher teacher=new Teacher();
        teacher.printName();
        teacher.work();
    }
}
class Person {
    String name="人";
    void work(){
        System.out.println("工作!");
```

```
    }
}
class Teacher extends Person {
    String name="教师";              //子类中可以定义与父类相同名字的成员变量
    void printName(){
        System.out.println("教师姓名:"+name);
    }
    //重写父类的 work()方法
    void work(){
        System.out.println("教书!");
    }
}
```

运行结果如图 4-3 所示。

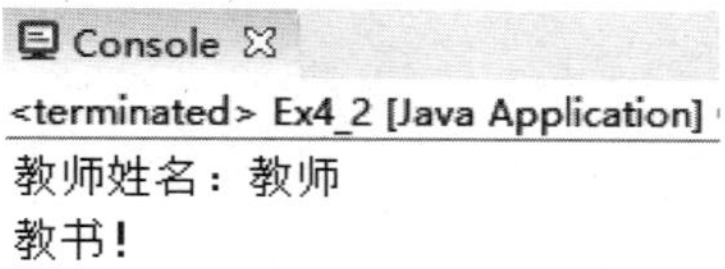

图 4-3 例 4-2 运行结果

在例 4-2 中，定义了 Teacher 类并继承了 Person 类。在子类 Teacher 类中定义了 work()方法，它重写了父类的方法，同时，子类中定义了一个与父类名称相同的成员变量 name。从运行结果中可以看出，在调用 Teacher 类对象的 work()方法时，会调用子类重写之后的方法，父类的方法被覆盖了。另外，在访问 name 属性时，访问的是子类的 name 成员变量，父类中的 name 属性被隐藏了。

需要注意的是，子类重写父类方法，重写方法不能使用比被重写方法更严格的访问权限，如父类中的方法是 public 的，子类的方法就不能使用 private 修饰。

4.1.3 super 关键字

从例 4-2 可以看出，当子类重写父类的方法之后，子类对象将无法访问父类被重写的方法；当子类对象中定义了与父类相同的成员变量，子类对象也将无法访问父类同名的成员变量，为了解决这个问题，Java 中提供 super 关键字用来访问父类中的非私有成员。在创建子类对象时，堆空间中会有两块区域，一块是父类成员的空间，另一块是子类成员所占的空间，super 关键字相当于一个指向了父类空间的引用，因此在子类中可以使用 super 关键字访问父类的成员变量、成员方法和构造方法。

继承中的构造方法

1. 使用 super 关键字访问父类的成员变量、成员方法。
具体格式为：

```
super.成员变量
super.成员方法([参数 1,参数 2…])
```

具体使用方法如例 4-3。

【例 4-3】super 关键字使用。

//Ex4_3.java

```java
public class Ex4_3 {
    public static void main(String[]args){
        Teacher teacher=new Teacher();
        teacher.printName();
        teacher.work();
    }
}
class Person {
    String name="人";
    void work(){
        System.out.println("工作!");
    }
}
class Teacher extends Person {
    String name="教师";
    void printName(){
        //使用 super 关键字访问父类同名的成员变量 name
        System.out.println("父类成员变量 name="+super.name);
    }
    void work(){
        super.work();    //使用 super 关键字访问父类被重写的 work()方法
    }
}
```

运行结果如图 4-4 所示。

2. 使用 super 关键字调用父类的构造方法

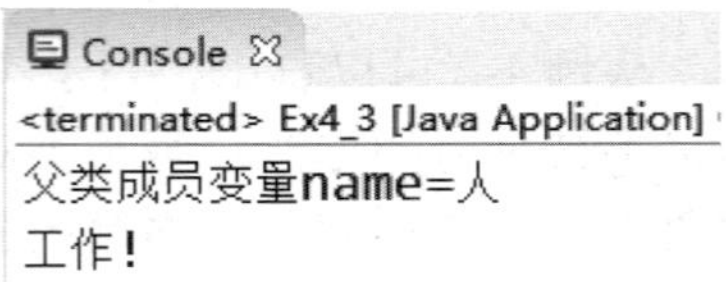

在存在继承关系时,当使用 new 关键字创建一个子类对象时,不但要调用子类相应的构造方法,还会调用父类的构造方法。其遵循的特点如下:

（1）子类的构造方法必须调用其基类的构造方法。

（2）子类可以在自己的构造方法中使用 super()调用基类的构造方法。

图 4-4 例 4-3 运行结果

（3）如果使用 super()调用基类的构造方法,必须写在子类构造方法的第一行。

（4）如果子类的构造方法中没有显式地调用基类的构造方法,那么系统自动调用基类中没有参数的构造方法。

（5）如果子类的构造方法中既没有显式的调用基类的构造方法,而且基类中也没有无参数的构造方法,则编译出错。

使用 super 关键字调用父类构造方法时的具体格式如下：

super([参数 1,参数 2…])

下面通过例 4-4 具体学习如何使用 super 关键字调用父类构造方法。

【例 4-4】 使用 super 关键字调用父类构造。

//Ex4_4.java

```
public class Ex4_4 {
    public static void main(String[]args){
        Teacher teacher=new Teacher();
    }
}
class Person {
    String name;
    //Person 类构造方法
    public Person(String name){
        System.out.println("人类构造方法,name="+name);
    }
}
class Teacher extends Person {
    //Teacher 子类构造方法
    public Teacher(){
        super("张三");    //调用父类构造方法,必须放在子类构造方法的第一行
    }
}
```

运行结果如图 4-5 所示。

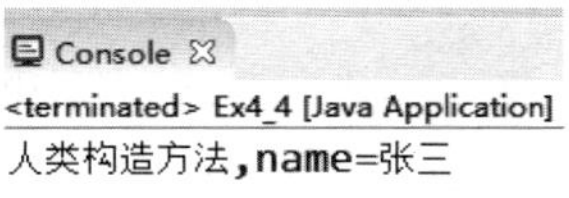

需要注意的是，实例化子类对象时，父类的构造方法一定会被调用，如果去掉例 4-4 中 Teacher 构造方法的第一行，会出现如图 4-6 所示的编译错误。出现错误的原因是：子类构造方法一定会调用父类的构造方法，此时可以使用 super 关键字显式地调用，如果没有显式调用，则系统会自动调用父类中无参数的构造方法，而例子中的 Person 类并没有定义无参数的构造方法，所以会出现错误。

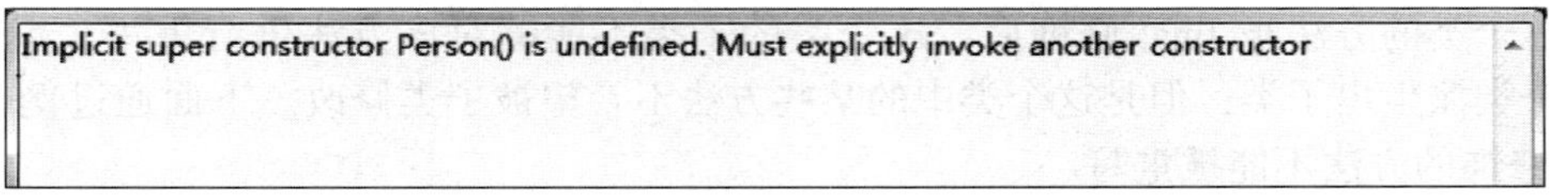

图 4-5 例 4-4 的运行结果

图 4-6 编译错误提示

4.2 final 关键字

在 Java 中，final 关键字可以用来修饰类、方法和变量（包括成员变量和局部变量）。

final 关键字代表"这是无法改变的"或者"最终"的含义。被 final 修饰的类、变量和方法具有以下特点：

（1）final 修饰的类不能够被继承。
（2）final 修饰的变量是常量，只能赋值一次。
（3）final 修饰的方法不能被子类重写。

4.2.1 final 类

当子类继承父类时，将可以访问到父类中的内部数据，并可以通过父类方法来改变父类方法的实现细节，这可能导致一些不安全因素。为了保证某个类不能被继承，可以使用 final 关键字修饰。下面通过例 4-5 验证 final 修饰的类不能被继承。

final 类及 fianl 方法

【例 4-5】继承 final 类编译错误演示。

//Ex4_5.java

```
public class Ex4_5 {
    public static void main(String args[]){}
}
//使用 final 关键字修饰 Person 类
final class Person { }
//定义 Teacher 类继承 Person 类
class Teacher extends Person { }
```

这个程序会出现编译错误，如图 4-7 所示。通过编译错误说明可以看出，Teacher 类不能够继承被 final 修饰的 Person 类，由此可见，被 final 修饰的类不能被继承。在 Java 的 API 中能够看到很多 final 类，例如常见的 String 类、System 类、基础数据类型的包装类，它们都是 final 类，Java 在提供这些 API 的时候不希望这些类被继承，所以被 final 修饰。

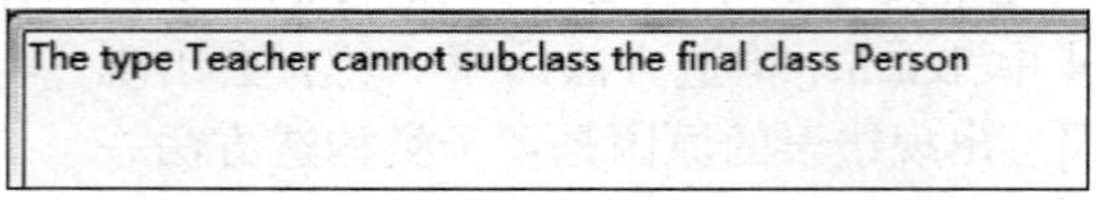

The type Teacher cannot subclass the final class Person

图 4-7 例 4-5 编译错误提示

4.2.2 final 方法

当一个类的方法被 final 修饰后，这个类的子类不能够对该方法进行重写。很多时候，允许一个类派生出子类，但是这个类中的某些方法不希望被子类修改。下面通过例 4-6 验证被 final 修饰的方法不能被重写。

【例 4-6】重写 final 方法编译错误演示。

//Ex4_6.java

```
public class Ex4_6 {
    public static void main(String args[]){}
}
```

```java
class Person {
    //定义 final 方法 fun
    final void fun(){
        System.out.println("被 final 修饰的方法");
    }
}
class Teacher extends Person {
    //重写父类的 fun 方法
    void fun(){}
}
```

使用编译器编写例 4-6 会出现编译错误，如图 4-8 所示。

```
Multiple markers at this line
 - Cannot override the final method from Person
 - overrides Person.fun
```

图 4-8 例 4-6 编译错误说明

4.2.3 final 变量

final 变量

在 Java 中，变量有局部变量和成员变量之分，final 关键字修饰局部变量和成员变量具有不同的表现形式。

1. final 修饰局部变量

对于方法中的局部变量，可以用 final 关键字修饰，被 final 修饰的变量为常量。final 局部变量，既可以在定义时指定默认值，也可以不指定默认值。

如果 final 修饰的局部变量在定义时没有指定默认值，则可以在后面代码中对该 final 变量赋初始值，但它只能被赋值一次。例 4-7 演示了当修改 final 变量会出现编译错误。

【例 4-7】修改 final 变量编译错误演示。

//Ex4_7.java

```java
public class Ex4_7 {
    public static void main(String[]args){
        final int num=1;        //第一次对 final 局部变量赋值
        num=2;                  //修改 final 修饰的变量 num
    }
}
```

使用编译器编写例 4-7 程序时，会出现编译错误，如图 4-9 所示。很容易看出，final 局部变量不能够被修改。

2. final 修饰成员变量

类的成员变量有静态成员变量和非静态成员变量之分，成员变量是随类的初始化或对象初始化而初始化的。当类初始化时，系统会为该类的静态成员变量分配内存空间，并分配默认值；当创建对象时，系统会为该对象的非静态成员变量分配内存空间，并通过调用构造方法为其分配默认值。

> The final local variable num cannot be assigned. It must be blank and not using a compound assignment

图 4-9　例 4-7 编译错误说明

在 Java 语言中，final 修饰的成员变量必须由程序员指定初始值，否则会出现编译错误。下面通过例 4-8 验证上述结论。

【例 4-8】 final 成员变量没有初始化编译错误。

```
//Ex4_8.java
public class Ex4_8 {
    public static void main(String[]args){}
}
class Person{
    final String name;        //会出错
}
```

在编译器中编写例 4-8 的程序会出现编译错误，如图 4-10 所示。可以看出，被 final 修饰的成员变量必须被初始化。

> The blank final field name may not have been initialized

图 4-10　例 4-8 编译错误说明

4.3　抽象类和接口

4.3.1　抽象类

抽象类的定义与使用

当定义一个类时，常常需要定义一些方法来描述该类的行为特征，但是有时这些方法的实现方式是无法确定的。例如，前面的 Person 类中，work()方法用于表示人的工作，对于不同职业的人工作是不同的，因此 work()方法无法准确地描述人的工作。

针对上面描述的情况，Java 允许在定义方法时不写方法体，将该方法定义成抽象方法。使用 abstract 关键字修饰的方法为抽象方法，抽象方法是一种不完整的方法，抽象方法只有一个声明，没有方法的主体，也就是方法没有具体的实现，下面是抽象方法的定义示例：

```
abstract  void  work();        //定义抽象方法 work()
```

当一个类被 abstract 修饰时，该类称之为抽象类。所以定义一个抽象类只需在类前加上 abstract 修饰即可，定义抽象类示例如下：

```
//定义抽象类
abstract class Person{
    abstract void work();        //定义抽象方法 work()
}
```

抽象类和抽象方法具有如下特点：
（1）使用 abstract 关键字修饰的类为抽象类。
（2）含有抽象方法的类必须声明为抽象类。
（3）抽象类中可以没有抽象方法，在定义抽象类时，虽然类被 abstract 关键字修饰，但是可以不为这个抽象类添加抽象方法。
（4）抽象类不能够被实例化，当一个类被定义成抽象类后，不能使用 new 关键字创建该类的对象，否则会出现编译错误。
（5）当使用 abstract 关键字修饰类时，表明这个类只能被继承；当 abstract 修饰方法时，表明这个方法必须由子类提供实现（重写）。而 final 修饰的类不能够被继承，final 修饰的方法不能被重写，所以 abstract 关键字与 final 关键字不能同时使用。

抽象类是用来被继承的，继承抽象类的子类有两个选择：
（1）部分实现或完全不实现父类的所有抽象方法，但此时子类必须声明为抽象类。
（2）实现父类所有的抽象方法，此时子类不必声明为抽象类。

下面通过例 4-9 来介绍抽象类和抽象方法的使用方法。

【例 4-9】抽象类和抽象方法使用。

```java
//Ex4_9.java
public class Ex4_9 {
    public static void main(String args[]){
        Teacher teacher=new Teacher();
        teacher.work();
    }
}
//定义抽象类 Person
abstract class Person {
    //定义抽象方法 work()
    abstract void work();    //抽象方法不能有方法体
}

//定义子类 Teacher 继承抽象类 Person
class Teacher extends Person {
    //实现抽象方法
    void work(){
        System.out.println("教师工作是教书!");
    }
}
```

运行结果如图 4-11 所示。

从前面例子可以看出，抽象类不能创建实例，只能当成父类来继承。从语意角度来说，抽象类是从多个具体的类中抽象出来的父类，具有更高层次的抽象。抽象类体现的就是一种模板模式设计，抽象类作为多个子类的通用模板，子类在抽象类的基础上进行扩展、改造。

图 4-11 例 4-9 运行结果

4.3.2 接口

抽象类是从多个类中抽象出来的模板，而接口的概念则是更深一层的抽象，可将其想象为一个"纯"的抽象类。简单理解，可以把接口当成一种约定或行为规范，实现接口的类在形式上都要遵循这个约定或规范。定义接口时，需要使用 interface 关键字来定义，具体结构如下：

```
[访问控制符]interface   <接口名>{
    类型标识符 final 符号常量名=常数；
    返回值类型 方法名([参数列表])；
    ……
}
```

例如：

```
interface IAnimal{
    int ID=1;//定义全局变量
    void run();//定义抽象方法
}
```

接口是抽象方法和常量值的集合。从本质上讲，接口是一个特殊的抽象类，这种抽象类中只包含常量和方法的定义，而没有变量和方法的实现。接口中定义的方法默认是用 public abstract 修饰，代表方法为抽象方法。接口中的变量默认使用 public static final 修饰，代表常量。因此，可以说接口中只有常量和抽象方法。

虽然 Java 只支持单继承，但是在实际的生活中多继承是事实存在的，平时经常都需要表达这样一个意思："x 从属于 a，也从属于 b，也从属于 c"。如果使用单继承不能完成上述表述，接口的多重实现则解决了这个问题。在 Java 中，接口是可以多重实现的，这与单继承有着本质的区别，接口的多重实现也可以说解决了单继承带来的不便。需要注意的是，类实现了接口就要实现接口中所有方法，否则该类需定义为抽象类。实现接口的语法结构如下：

```
class[类名]implements 接口名称[,其他接口,…]
```

下面通过例 4-10 具体学习接口的实现。

【例 4-10】接口的多重实现。
//Ex4_10.java

```java
//定义接口 IAnimal 接口
interface IAnimal {
    int ID=1;    //定义全局变量
    void run();  //定义抽象方法
}
//定义 Valuable 接口
interface Valuable {
    void value();//定义抽象方法
}
//定义 Panda 类多重实现 IAnimal 和 Valuable 接口
class Panda implements IAnimal, Valuable {
    //实现接口中的 value()方法
    public void value(){
        System.out.println("熊猫是无价的!");
    }
    //实现接口中的 run()方法
    public void run(){
        System.out.println("熊猫跑!");
    }
}
public class Ex4_10 {
    public static void main(String[]args){
        Panda panda=new Panda();
        panda.value();
        panda.run();
    }
}
```

运行结果如图 4-12 所示。

跟抽象类相同,接口不能用于创建实例,接口自然就没有自己的构造方法。接口虽然不能实例化,但是接口可以声明引用类型变量,当使用接口声明引用类型变量时,这个引用变量必须"指向"实现该接口的某类的对象,这就是后面要讲的多态的概念。

图 4-12 例 4-10 运行结果

从上述实例中可以看出,类和接口的关系是实现(implements)关系并可以多重实现。另外,在 Java 中,接口是可以继承接口的,也就是说允许一个接口继承(extends)另外一个接口。

需要注意的是,接口的继承和类的继承不一样,接口完全支持多继承,即一个接口可以有多个直接的接口。与类的继承类似,子接口扩展某个父接口之后,将会获得父接口的所有常量和抽象方法。一个接口继承多个父接口时,多个父接口排在 extends 关键字之后,多个父接口之间用逗号(,)隔开。例如,下面的例子定义了两个接口 interfaceA、 interfaceB，第三个接口 interfaceC 继承了前两个接口，因此，interfaceC 不但拥有了自己的常量和抽象方法，并且拥有了 interfaceA 和 interfaceB 的常量和抽象方法，所以，如果某个类实现了 interfaceC 接口，那么就要实现 funA()、funB()和 funC()三个抽象方法。

```
public class interfaceExtends {
    public static void main(String[]args){
        System.out.println(interfaceC.A);
        System.out.println(interfaceC.B);
        System.out.println(interfaceC.C);
    }
}
interface interfaceA{
    int A=5;
    void funA();
}
interface interfaceB{
    int B=6;
    void funB();
}
interface interfaceC extends interfaceA, interfaceB{
    int C=7;
    void funC();
}
```

另外，在 Java 中，类同时继承父类和实现接口是允许的，如果一个类既要继承父类，又要实现某接口，那么在编写格式上要先继承（extends）父类，再实现接口（implements），否则会出现编译错误。例如，下面例子中 Panda 类既继承了 Animal 类又实现了 Valuable 接口，下面的写法是合法的：

```
class Panda extends Animal implements Valuable{
    程序代码...
}
```

为了加深初学者对接口的认识，接下来对接口的特点进行总结，具体如下：

（1）接口中的成员变量默认都是 public static final 类型的（都可省略），必须被显示初始化，即接口中的成员变量为常量。

（2）接口中的方法默认都是 public abstract 类型的（都可省略），没有方法体。

（3）接口中没有构造方法，接口不能被实例化。

（4）一个接口不能实现（implements）另一个接口，但它可以继承（extends）多个其他的接口。

（5）Java 接口必须通过类来实现它的抽象方法。

（6）当类实现了某个 Java 接口时，它必须实现接口中的所有抽象方法，否则这个类必须声明为抽象类。

（7）一个类只能继承一个直接的父类，但可以实现多个接口，间接实现了多继承。

（8）如果一个类既要继承父类，又要实现某接口，那么在编写格式上要先继承父类，再实现接口。

【案例 4-1】 图形计算程序设计

■ 案例描述

在前面的案例中，用类描述过几何图形，这些图形各有各的属性，例如：长方形有长和宽属性，圆有半径属性，三角形有三边属性。所有的几何图形都可以求周长、面积，但求周长、面积的方法却各不相同。

设计一个几何图形接口 Shape，在接口中规范几何图形求周长、求面积的方法；定义长方形类 Rectangle 和圆形类 Circle 实现 Shape 接口；在图形计算程序中创建具体的长方形和圆形对象，然后调用统一的方法求该图形的周长、面积，并输出。程序的运行结果如图 4-13 所示。

```
设计一个长方形，长方形的信息如下：
长方形的长:10.0,宽为:5.0
长方形的面积为:50.0,周长为:30.0
设计一个圆形，圆形的信息如下：
圆形的半径为:5.0
圆形的面积为:78.53981633974483,圆形的周长为:31.41592653589793
```

图 4-13 案例 4-1 的运行结果

■ 案例目标

◇ 理解"图形计算程序"的设计思路。
◇ 理解并掌握面向接口编程的设计思路和方法。
◇ 能够独立完成 Shape 接口设计，完成对 Rectangle 和 Circle 类的抽象。
◇ 能够独立完成"图形计算程序"的源代码编写、编译和运行。

■ 实现思路

分析案例描述，图形计算程序需要完成对几何图形的基本属性显示、计算面积和计算周长等功能。在该程序中主要实现对长方形以及圆形的几何运算，其完成的思路如下：

（1）设计 Shape 接口，代表几何图形，并用来规范几何图形的计算规范。在接口中，通过抽象方法来规范求几何图形面积和周长的功能。

（2）设计 Rectangle 长方形类，该类要实现 Shape 接口；添加私有属性 length 和 width，分别代表长方形的长和宽，并向外界提供操作两个属性的 getter 和 setter 方法。

（3）设计 Circle 圆形类，该类要实现 Shape 接口；添加私有属性 radius，代表圆的半径，并向外界提供操作 radius 属性的 getter 和 setter 方法。

（4）编写测试程序，在 main 方法中模拟创建一个长方形和圆形，完成求面积和周长的操作。

■ 参考代码

（1）接口 Shape。

//Shape.java

```
public interface Shape {
    double area();      //计算几何图形的面积
```

```
    double perimeter();//计算几何图形的周长
}
```

(2) 长方形类 Rectangle。
```
//Rectangle.java
public class Rectangle implements Shape {
    private double length;      //长
    private double width;       //宽
    //无参数的构造方法
    public Rectangle(){
        this.length=0.0;
        this.width=0.0;
    }
    //用来初始化长和宽的构造方法
    public Rectangle(double length, double width){
        this.length=length;
        this.width=width;
    }
    //外界操作长方形长、宽的 getter 和 setter 方法
    public double getLength(){
        return length;
    }
    public void setLength(double length){
        this.length=length;
    }
    public double getWidth(){
        return width;
    }
    public void setWidth(double width){
        this.width=width;
    }
    //实现父接口的求面积方法
    public double area(){
        return length* width;
    }
    //实现父接口的求周长方法
    public double perimeter(){
        return 2* (length+width);
    }
}
```

(3) 圆类 Circle。
```
//Circle.java
```

```java
public class Circle implements Shape {
    private double radius;//圆的半径
    //无参数的构造方法
    public Circle(){
        this.radius=0.0;
    }
    //用来初始化半径的构造方法
    public Circle(double radius){
        this.radius=radius;
    }
    //外界操作半径的 getter、setter 方法
    public double getRadius(){
        return radius;
    }
    public void setRadius(double radius){
        this.radius=radius;
    }
    //实现父接口的求面积方法
    public double area(){
        return Math.PI* radius* radius;
    }
    //实现父接口的求周长方法
    public double perimeter(){
        return 2* Math.PI* radius;
    }
}
```

（4）测试类 Demo4_1。

```java
//Demo4_1.java
public classDemo4_1{
public static void main(String[]args){
    Rectangle rec=new Rectangle();
    rec.setLength(10.0);
    rec.setWidth(5.0);
    System.out.println("设计一个长方形,长方形的信息如下:");
    System.out.println("长方形的长:"+rec.getLength()+",宽为:"+rec.getWidth());
    System.out.println("长方形的面积为:"+rec.area()+",周长为:"+rec.perimeter());

    Circle c=new Circle();
    c.setRadius(5.0);
    System.out.println("设计一个圆形,圆形的信息如下");
    System.out.println("圆形的半径为:"+c.getRadius());
```

```
        System.out.println("圆形的面积为:"+c.area()+",圆形的周长为:"+c.perimeter());
    }
}
```

4.4 多　　态

4.4.1 对象的类型转换

在 Java 程序设计中，对象的类型转换分为向上转型和向下转型，类型的转换是在继承的基础上的。

对象的类型转换

1. 向上转型

根据以前学的知识，在实例化一个对象时，通常将该类的一个引用"指向"实例化的对象。在 Java 中，允许将一个父类的引用"指向"子类的对象，这种子类的对象可以当做父类的对象来使用，称作"向上转型（upcasting）"。

向上转型是肯定安全的，因为这是将一个更特殊的类型转换成一个更常规的类型。当存在向上转型时，可以使用 instanceof 运算符来判断该引用型变量所"指向"的对象是否属于该类或该类的子类，如果是，结果为 true，否则为 false。

向上转型时，父类引用"指向"子类对象会遗失除与父类对象共有的其他成员，也就是在转型过程中，只保留了父类定义的成员变量和成员方法，子类新增加的成员变量和成员方法都会遗失掉，父类的引用不能够调用子类新增的成员，如果使用会出现编译错误。请看例 4-11。

【例 4-11】 向上转型及 **instanceof** 运算符使用。

//Ex4_11.java
```
public class Ex4_11 {
    public static void main(String[]args){
        Person p=new Person("张三");
        Teacher t=new Teacher("李四","讲师");
        Student s=new Student("王五","软件");
        System.out.println(p instanceof Person);      //p 指向的是 Person 类的对象,true
        System.out.println(t instanceof Person);      //t 指向的是 Person 子类的对象,true
        System.out.println(s instanceof Person);      //s 指向的是 Person 子类的对象,true
        System.out.println(p instanceof Teacher);     //p 指向的不是 Teacher 或其子类对象,false
        //向上转型
        Person p2=new Teacher("孙六","讲师");         //父类引用 p2 指向子类的对象
        p2.work();                //可以访问父类的成员
        //p2.showTitle();         //不能够访问子类添加的成员,否则会出现编译错误
    }
}
//定义 Person 类
```

```java
class Person {
    String name;
    Person(String name){
        this.name=name;
    }
    void work(){
        System.out.println("工作!");
    }
}
//定义 Person 类的子类 Teacher 类
class Teacher extends Person {
    String title;
    Teacher(String name, String title){
        super(name);
        this.title=title;
    }
    void showTitle(){
        System.out.println("教师职称:"+title);
    }
}
//定义 Person 类的子类 Student 类
class Student extends Person{
    String major;
    Student(String name, String major){
        super(name);
        this.major=major;
    }
    void showMajor(){
        System.out.println("学生专业:"+major);
    }
}
```

程序的运行结果如图 4-14 所示。

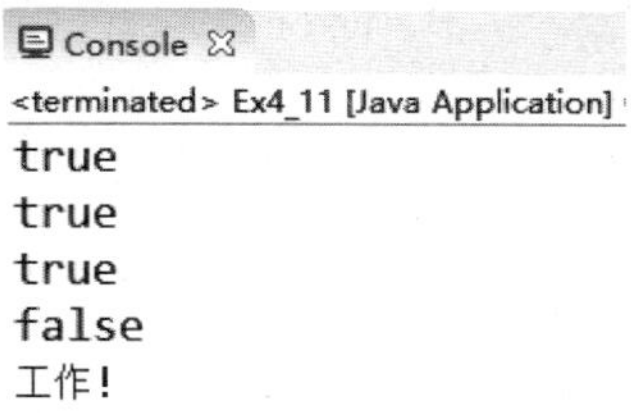

2. 向下转型

子类对象可以当做基类对象来使用，称作"向上转型（upcasting）"，反之称为"向下转型（downcasting）"，向下转型是将父类引用的对象转换为子类类型。例如，在例 4-11 中，将主函数中定义的 p2 对象强制类型转换成 Teacher 类的对象：

```
Teacher t2=(Teacher)p2;
```

向下转型是不安全的，不是所有情况的向下转型都可以实现，向下转型时，如果父类引用的对象是指向的子类对象，那么在向下转型的过程中是安全的（如上面例子中 p2 本身是指向 Teacher 类的对象的，所以向下转型是合法的），也就是编译是不会出错误的。如果将

图 4-14 例 4-11 运行结果

例 4-11 的主函数改成如下代码则会出现如图 4-15 所示的编译错误。

```java
public static void main(String[]args){
    Person p2=new Person("赵七");
    Student t2=(Student)p2;     //编译出错
}
```

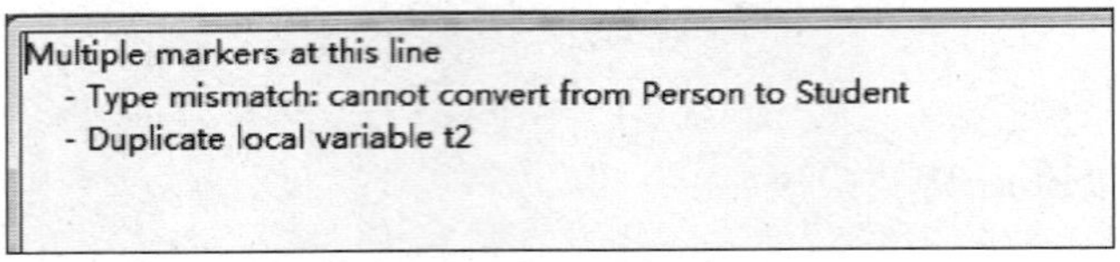

图 4-15　编译错误提示

4.4.2　多态性的实现

所谓多态，就是指程序中定义的引用变量所指向的具体类型和通过该引用变量发出的方法调用在编程时并不确定，而是在程序运行期间才确定，即一个引用变量到底会指向哪个类的实例对象，该引用变量发出的方法调用到底是哪个类中实现的方法，必须在程序运行期间才能决定，这就是多态性。

Java 多态性的实现

其实，Java 的引用变量有两个类型：一个是编译时类型，一个是运行时类型。编译时类型由声明该变量时使用的类型决定，运行时类型由实际赋给该变量的对象决定。如果编译时类型和运行时类型不一样，就可能出现所谓的多态。请看例 4-12。

【例 4-12】多态的实现。
//Ex4_12.java

```java
public class Ex4_12 {
    public static void main(String[]args){
        Person p1=new Teacher();    //父类引用指向子类对象
        p1.work();
        Person p2=new Student();    //父类引用指向子类对象
        p2.work();
    }
}
class Person {
    String name;
    void work(){
        System.out.println("工作!");
    }
}
class Teacher extends Person {
    void work(){
        System.out.println("教师授课!");
```

```
        }
    }
    class Student extends Person{
        void work(){
            System.out.println("学生听课!");
        }
    }
```

运行结果如图 4-16 所示。

在主函数中，同样是调用 Person 引用的 work()方法，但是由于传入的子类对象的不同，程序的输出结果是不同的，当传入的是 Teacher 类对象，则调用 Teacher 类重写的 work()方法，当传入 Student 类对象，则调用的是 Student 类重写的 work()方法。另外，变量 p1 和 p2 在编译时的类

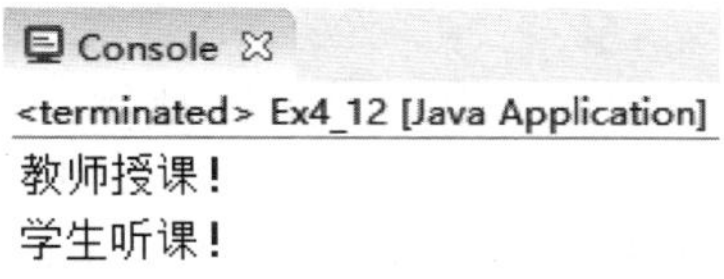

图 4-16 例 4-12 运行结果

型是 Perosn 类型，在运行时则分别是 Teacher 类和 Student 类，当调用 p1、p2 引用变量的 work()方法时，实际执行的是子类的 work()方法，这就出现了多态。

多态不但解决了方法同名的问题，而且使程序变得更加灵活，从而有效地提高了程序的可扩展性。多态是 Java 程序设计中经常用到的技术，多态的出现让程序具有更好的可替换性、可扩展性、接口性和灵活性。多态必须具备 3 个必要条件，分别是：

（1）要有继承。
（2）要有重写。
（3）父类引用指向子类对象（向上转型）。

4.4.3 匿名内部类

在前面章节已经介绍过内部类，匿名内部类顾名思义是没有名字的内部类。匿名内部类正是因为没有名字所以只能使用一次，使用匿名内部类的前提是必须继承一个父类或者接口。为了加深理解，先来编写一个内部类的实例。

【例 4-13】使用内部类 Teacher 实现 IPerson 接口。

//Ex4_13.java

```
public class Ex4_13 {
    public static void main(String[]args){
        //定义内部类 Teacher
        class Teacher implements IPerson{
            public void work(){
                System.out.println("教师授课!");
            }
        }
        //调用静态方法,以内部类对象为参数
        personWork(new Teacher());
    }
```

```
    //定义静态方法 personWork()
    public static void personWork(IPerson person){
        person.work();
    }
}
//定义 IPerson 接口
interface IPerson{
    void work();
}
```

运行结果如图 4-17 所示。

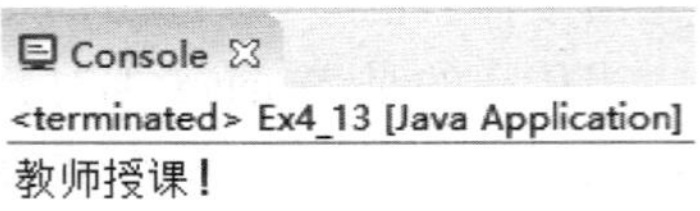

接下来,使用匿名内部类的方式来实现例 4-13,使用匿名内部类,将看不到 Teacher 字样,具体参照例 4-14。

【例 4-14】使用匿名内部类实现 **IPerson** 接口。
//Ex4_14.java

图 4-17 例 4-13 运行结果

```
public class Ex4_14 {
    public static void main(String[]args){
        //使用匿名内部类的方式为 personWork()方法传递一个 IPerson 对象
        personWork(new IPerson(){
            public void work(){
                System.out.println("教师授课!");
            }
        });
    }
    //定义静态方法 personWork()
    public static void personWork(IPerson person){
        person.work();
    }
}
//定义 IPerson 接口
interface IPerson {
    void work();
}
```

上述例子的运行结果与例 4-13 的运行结果相同。在例 4-14 中,Ex4_14 类的 personWork()方法需要传递一个参数,参数类型为 IPerson 的引用类型,IPerson 是一个接口,不能直接创建对象,因此使用 IPerson 接口的实现类的对象作为参数,如果这个 IPerson 接口的实现类需要重复使用,则应该将该类定义成一个独立的类;如果这个 IPerson 接口的实现类只需要使用一次,则可以采用例子程序中的方式,定义一个匿名内部类。

匿名内部类一般在类较简单、只用到一个实例的情况下使用,使用匿名内部类要注意以下原则:

（1）匿名内部类不能有构造方法，因为匿名内部类没有类名，所以无法定义构造方法。
（2）匿名内部类不能定义任何静态成员、方法和类。
（3）匿名内部类不能是 public、protected、private、static。
（4）只能创建匿名内部类的一个实例，也就是说匿名内部类只能使用一次。
（5）一个匿名内部类一定是在 new 的后面，用其隐含实现一个接口或实现一个类。

4.5 包与访问权限

Java 程序编译后，每个类和接口都会生成一个独立的 class 类文件，对于一个大型程序而言，类和接口的数量会很大，如果将它们全放在一起，往往会显得杂乱无章、难于管理；在开发过程中编写的大量类也会出现同名的情况。为了解决类的命名冲突和分类管理问题，Java 中引入了包机制，提供了类的多层命名。Java 语言通过 package 和 import 关键字进行有关包的操作。

4.5.1 package 关键字

Java 允许将一组功能相关的类放在同一个 package 下，从而组成逻辑上的类库单元。Java 使用 package 语句声明包，如：

```
package com.test.tools;     //声明包 com.test.tools
public class Ex{…}          //在包中定义类
```

上面示例中，"com.test.tools" 是包的名字，通常包的名字中全部用小写字母。包的名字有层次关系，各层次之间以点分隔，包层次必须与 Java 开发系统的文件系统结构相同。很多时候，程序员写好的类是要发布给外界来使用的，因此定义一个全球唯一的又具有一定意义的包名是有必要的，通常情况下，采用域名倒序加上类别的方式来定义包名。例如，如果要拥有一个全球唯一的域名 "www.test.com"，我们要编写一些工具类，则可以定义包名为 "com.test.tools"。

需要注意的是，包声明语句只能位于源文件的第一行（注释除外），一旦 Java 源文件中使用了 package 语句，就意味着该源文件里定义的所有类都属于这个包，位于包中的每个类的完整类名都应该是包名和类名的组合。如 "com.test.tools.Ex"。

例 4-15 在 com.test.tools 包下定义一个简单的 Java 类。

【例 4-15】在包 com.test.tools 下创建类。

//Ex4_15.java

```
package com.test.tools;
public class Ex4_15 {
    public static void main(String[ ]args){
        System.out.println("Hello World!");
    }
}
```

例 4-15 定义了一个包，包名采用域名倒序的方式来命名，例子中的包是有层次结构的，层次之间用 "." 分隔，最外层是 com 接着依次是 test 和 tools。在 Eclipse 开发环境的窗口下，能够看到包名的层次结构，如图 4-18 所示。

需要注意的是，使用 Eclipse 等开发环境编写程序，编译环境会自动为上述例子进行编译，这给深入学习造成了很大的阻碍，对很多机制不够了解。在不使用 Eclipse 编译环境的情况下（例如使用记事本编写程序）需要使用 javac 命令对类进行编译，当一个 Java 源文件加入了 package 语句后，Java 的编译命令有所改变，编译格式如下：

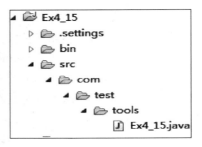

图 4-18　包的层次结构

```
javac - d .Ex4_15.java
```

通过上述编译命令，会在例 4-15 的源文件所在的目录下（假设在 E:\ 下）创建一个目录层次，目录层次为 com\test\tools，编译之后的 Ex4_15.class 文件则放在最终的 tools 目录下，具体如图 4-19 所示。笔者建议，如果使用 javac 命令对 Java 源文件进行编译，不管什么情况都要在 javac 命令后加上 - d 参数。另外，也可以通过下面陈述完成上述代码编译，在计算机上创建一个 com\test\tools 层次结构文件夹，然后将 Ex4_15.java 文件放在这个文件夹下编译，也可以满足程序要求。

图 4-19　Ex4_15.class 文件目录结构

4.5.2　import 关键字

有了包机制，当在程序中需要使用不同包中的类或接口时，需要使用类的全称，即"包名.类名"的形式。为了简化编程，Java 引入了 import 关键字，import 可以向某个 Java 文件中导入指定包层次下某个类或全部类。需要注意的是，import 语句要位于一个 Java 源文件的 package 语句之后、类的定义之前，一个 Java 源文件只能有一个 package 语句，但是可以拥有多个 import 语句，代表将多个 java 类导入到 Java 源文件中。例如例 4-16。

【例 4-16】import 关键字的使用。

```
//Student. java
package chapter4;      //声明 chapter4 包
public class Student {
    public void fun(){
        System.out.println("学生类");
    }
}

//Test.java
```

```
package chapter4.test;      //声明 chapter4.test 包
import chapter4.Student;    //导入 chapter4 包下的 Student 类
public class Test {
    public static void main(String[]args){
        Student s=new Student();    //实例化 chapter4.Student 类的实例
    }
}
```

在上述例子中，Student 类和 Test 类分别位于 chapter4 和 chapter4.test 包中，在 Test.java 中可以使用 import 关键字将 chapter4 包下的 Student 类导入到源文件中，然后实例化 Student 类的实例。

需要注意的是，使用 import 语句导入包中的类时并不包括该包下子包中的类。

在 JDK 中提供了很多的类，不同功能的类都放在不同的包中，其中 Java 的核心类主要放在 java 这个包及其子包中，Java 扩展的大部分类都放在 javax 包及其子包中。下面是几个 Java 语言中常见的包。

（1）java.lang：这个包下包含了 Java 语言的核心类，如 String、Math、System 和 Thread 类等。使用这个包中的类无须使用 import 语句导入，系统自动导入该包下的所有类。

（2）java.util：这个包下包含了 Java 的大量工具类、集合类等。例如 Arrays、List 和 Set 等。

（3）java.net：这个包下包含了一些 Java 网络编程相关的类和接口。

（4）java.io：这个包下包含了一些 Java 输入/输出编程相关的类和接口。

（5）java.sql：这个包下包含了 Java 进行 JDBC 数据库编程的相关类和接口。

（6）java.awt：这个包下包含了构建图形界面（GUI）的相关类和接口。

4.5.3 访问权限控制

Java 提供了 3 个访问控制符，对应的关键字是 private、protected 和 public，分别代表了 3 个访问级别，另外还有一个不加任何访问控制符的访问级别，共 4 个访问控制级别。Java 的访问控制级别由小到大如图 4-20 所示。

Java 中的访问权限控制

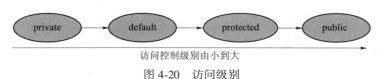

图 4-20 访问级别

图中的 default 并不是一个关键字，当不使用任何访问控制符来修饰类或者成员时，系统默认使用该访问控制级别。4 个访问控制级别对类及类成员的可访问性和可继承性影响如下。

（1）private（类访问级别）：如果类中的成员被 private 访问控制符来修饰，则这个成员只能在本类（类 A）中被访问，其他类无法访问和继承。

（2）default（包访问级别）：如果一个类的成员不使用任何权限修饰，也就意味着同一个包中的类可以访问、继承该类的成员，在不同包中的类则不能访问、继承该类的成员。

（3）protected（受保护的访问级别）：如果一个类的成员被 protected 修饰，那么这个成员可以被不同包下的派生类继承，但不能在这个派生类中直接访问。对于同一个包中的情况，protected 和 defaul 访问级别是完全相同的。

（4）public（公共访问级别）：如果一个成员或者一个外部类使用 public 访问控制符控制，那么这个类或者类的成员能被所有的类访问和继承，不管访问类与被访问类在不在同一个包中。

表 4-1 总结了上述访问级别。

表 4-1 访问控制级别

访问范围	private	default	protected	public
本类中	可访问	可访问	可访问	可访问
同一包中的其他类		可访问、可继承	可访问、可继承	可访问、可继承
不同包中的派生类			不可访问、可继承	可访问、可继承
不同包中非派生类				可访问、可继承
全局				可访问、可继承

需要指出的是，访问级别控制可以用来修饰类和类的成员，对于类的访问权限控制只能使用 public 权限和 default 权限，对于类的成员则可以使用上述全部 4 个访问权限。

下面通过一个例子来体会这 4 种访问控制级别的类成员的可访问性、可继承性的不同。

【例 4-17】 具有不同访问级别的类成员的可访问性和可继承性。

//SuperClass.java

```
package chapter4;
public class SuperClass {
    public void testPublic(){
        System.out.println("SuperClass 中的 public 方法");
    }
    protected void testProtected(){
        System.out.println("SuperClass 中的 protected 方法");
    }
    void testDefault(){
        System.out.println("SuperClass 中的 default 方法");
    }
    private void testPrivate(){
        System.out.println("SuperClass 中的 private 方法");
    }
    public static void main(String[]args){
        SuperClass sc=new SuperClass();   //本类内可以访问所有成员
        sc.testPublic();
        sc.testProtected();
        sc.testDefault();
```

```
            sc.testPrivate();
    }
}
```

//SamePackSubClass.java

```
package chapter4;
public class SamePackSubClass extends SuperClass{
    public static void main(String[]args){
        //同一包中的其他类可以访问 SuperClass 类的非私有成员
        SuperClass sc=new SuperClass();
        sc.testPublic();
        sc.testProtected();
        sc.testDefault();
        //sc.testPrivate();

        //同一包中的其他类可以继承 SuperClass 的非私有成员
        SamePackSubClass ss=new SamePackSubClass();
        ss.testPublic();
        ss.testProtected();
        ss.testDefault();
        //ss.testPrivate();
    }
}
```

//OtherPackSubClass.java

```
package chapter4.other;
import chapter4.SuperClass;
public class OtherPackSubClass extends SuperClass {
    public static void main(String[]args){
        //不同包中的派生类可以继承 SuperClass 的 public 和 protected 成员
        OtherPackSubClass os=new OtherPackSubClass();
        os.testPublic();
        os.testProtected();
        //os.testDefault();
        //os.testPrivate();
    }
}
```

//OtherPackOtherClass.java

```
package chapter4.other;
import chapter4.SuperClass;
public class OtherPackOtherClass {
    public static void main(String[]args){
```

```
        //不同包中的其他类内只可以访问 SuperClass 类的 public 成员
           SuperClass sc=new SuperClass();sc.testPublic();
        //sc.testProtected();
        //sc.testDefault();
        //sc.testPrivate();
    }
}
```

【案例 4-2】 银行存款程序设计

■ 案例描述

大家都有去银行存款的经历，有些时候一个人会拥有多个银行账户（假设至少有中国银行和工商银行的账户），银行存款程序模拟用户到银行存款的过程。程序模拟为某人开设某个银行的账户，不同银行根据自己的利率、时间等不同方式来计算用户存款之后的利息。

运行结果如图 4-21 所示。

```
账户信息动态：
银行名称：中国银行
姓名：张三
向中国银行存款：10000,存款期限为：2年
存款时间：Mon Oct 23 14:40:40 CST 2017
到期本息和为：10500.0
```

图 4-21 案例 4-2 运行结果

■ 案例目标

◇ 理解 "银行存款程序" 的设计思路。
◇ 理解多态的编程思想，能够独立完成类的设计。
◇ 掌握抽象类、抽象方法的定义和实现。
◇ 理解访问权限修饰符，能够合理使用访问权限修饰符对类进行封装。
◇ 能够独立完成 "银行存款程序" 的源代码编写、编译和运行。

■ 实现思路

分析案例描述，此银行存款程序需要描述银行账单 Bank 和客户 Customer。银行账单类 Bank 的成员包括：银行名称、存款利率、存款金额和利息属性，以及 "存款" 和 "计算本息" 方法。各家银行的存款和计算本息规则是不同的，因此方法体不确定，故可以将它们定义成抽象方法。也因此，将 Bank 类定义为抽象类，然后，在 Bank 类的派生类 BCBank 和 ICBCBank 中实现这两个抽象方法，以表示不同银行的存款过程和计算本息过程。客户类 Customer 需要定义 Bank 类型的引用成员变量，来模拟某客户持有的银行账单。

在测试类中通过多态技术为 Customer 类的 bank 属性进行赋值，并模拟存款过程。整个案例的设计思路如下：

（1）定义 Bank 抽象类代表银行账单，并添加银行名称、存款利率、存款金额和利息成员变量，定义抽象方法 save()和 caculateAmount()用来模拟银行存款和结算本息和。

（2）定义 Bank 抽象类的子类 BCBank 和 ICBCBank，代表中国银行和工商银行账单类，并实现抽象类的方法。

（3）定义代表客户的 Customer 类，Customer 类需要持有 Bank 类型的引用，代表客户的账户。

（4）编写测试程序，在 main 方法中模拟创建一个客户，通过多态的技术为客户创建一个银行账户，并模拟银行存款和结算的过程。

■ 实现代码

（1）Bank 抽象类。

//Bank.java

```java
package com.dlvtc.bank;
//银行账户父类定义
public abstract class Bank {
    protected String bankName;//银行名称
    protected double interestRate;//存款利率
    protected int acount;//账户存款金额
    protected double interest;//利息总和
    //获取银行名称
    public String getBankName(){
        return bankName;
    }
    //获取账户存款
    public int getAcount(){
        return acount;
    }
    //获取银行存款汇率
    public double getInterestRate(){
        return interestRate;
    }
    //获取利息总和
    public double getInterest(){
        return this.interest;
    }
    public abstract void save(int saveAcount, int time);//存款操作
    public abstract double caculateAmount();//计算本息和
}
```

（2）BCBank 类。

//BCBank.java

```java
package com.dlvtc.bank;
import java.util.Date;
//中国银行账户类定义
public class BCBank extends Bank {
```

```java
//默认构造方法,初始化银行名称和存款汇率
public BCBank(){
    this.bankName="中国银行";
    this.interestRate=0.025;
}
//用来初始化银行名称和银行汇率
public BCBank(String bankName, double interestRate){
    this.bankName=bankName;
    interestRate=interestRate;
}
/**
 * 中国用户存款操作
 * @param 存款金额
 * @param 存款时间
 */
public void save(int saveAcount, int time){
    System.out.println("向中国银行存款:"+saveAcount+",存款期限为:"+time+"年");
    System.out.println("存款时间:"+new Date());
    this.acount+=saveAcount;
    //中国银行计算利息
    this.interest+=saveAcount* this.interestRate* time;
}
/**
 * 中国银行计算本息和
 */
public double caculateAmount(){
    return this.acount+this.interest;
}
}
```

(3) ICBCBank 类。

//ICBCBank.java

```java
package com.dlvtc.bank;
import java.util.Date;
//工商银行账户类定义
public class ICBCBank extends Bank {
    //默认构造,初始化银行名称和利率
    ICBCBank(){
        this.bankName="工商银行";
        this.interestRate=0.03;
    }
    /**
```

```
 * 工商银行用户存款操作
 * @param 存款金额
 * @param 存款时间
 */
public void save(int saveAcount, int time){
    System.out.println("向工商银行银行存款:"+saveAcount+",存款期限为:"+time+"年");
    System.out.println("存款时间:"+new Date());
    this.acount+=saveAcount;
    //工商银行计算利息
    this.interest+=saveAcount* this.interestRate* time;
}
/**
 * 工商银行计算本息和
 */
public double caculateAmount(){
    return this.acount+this.interest;
}
}
```

(4) Customer 类。

```
//Customer.java
package com.dlvtc.customer;
import com.dlvtc.bank.Bank;
//客户类定义
public class Customer {
    private String name;        //用户名
    private Bank bank;          //银行账户(Bank 类型的引用变量)
    //默认构造方法
    public Customer(){}
    //构造方法
    public Customer(String name, Bank bank){
        this.name=name;
        this.bank=bank;
    }
    //getter、setter 方法
    public String getName(){
        return name;
    }
    public void setName(String name){
        this.name=name;
    }
    public Bank getBank(){
```

- 101 -

```java
        return bank;
    }
    public void setBank(Bank bank){
        this.bank=bank;
    }
}
```

（5）Demo4_2 测试类。

//Demo4_2.java

```java
package com.dlvtc.test;

import com.dlvtc.bank.BCBank;
import com.dlvtc.bank.Bank;
import com.dlvtc.customer.Customer;
public class Demo4_2{
    public static void main(String[]args){
        //实例化 Customer 对象
        Customer c1=new Customer();
        c1.setName("张三");
        Bank bcBank=new BCBank();
        c1.setBank(bcBank);//利用多态的原理为 c1 的 bank 属性赋值。
        System.out.println("账户信息动态:");
        System.out.println("银行名称:"+c1.getBank().getBankName());
        System.out.println("姓名:"+c1.getName());
        c1.getBank().save(10000, 2);
        System.out.println("到期本息和为:"+c1.getBank().caculateAmount());
    }
}
```

习 题 4

一、填空题

1. 在子类中定义与父类同名且返回值类型、参数完全相同的方法，称为_____。
2. 一个类的修饰符为_____时，说明该类不能被继承，即不能有子类。
3. 接口中声明的变量默认是 public、_____、_____修饰的。
4. _____方法是仅有方法声明，没有方法体的方法，该方法必须在_____类或_____中定义。
5. 在 Java 程序中，_____包中的类不需要导入，可以直接使用。

二、选择题

1. Father 和 Son 是两个 java 类，下列哪一选项正确的标识出 Father 是 Son 的父类？（   ）
   A．class Son implements Father   B．class Father implements Son
   C．class Father extends Son   D．class Son extends Father

2. final 修饰符修饰方法时，不能和以下哪个修饰符共用？（   ）
   A．public   B．static   C．abstract   D．synchronized

3. 下列有关抽象类与接口的叙述中正确的是哪一个？（   ）
   A．抽象类中必须有抽象方法，接口中也必须有抽象方法
   B．抽象类中可以有非抽象方法，接口中也可以有非抽象方法
   C．含有抽象方法的类必须是抽象类，接口中的方法必须是抽象方法
   D．抽象类中的变量定义时必须初始化，而接口中不是

4. 已知类关系如下，则下列语句正确的是（   ）。

| Class Employee{} |
| Class Manager extends Employee{} |
| Class Director extends Employee{} |

   A．Employee e=new Manager（ ）；   B．Director d=new Manager（ ）；
   C．Director d=new Employee（ ）；   D．Manager m=new Director（ ）；

5. 被声明为 private、protected 及 public 的类成员，在类的外部（   ）。
   A．只能访问到声明为 public 的成员
   B．只能访问到声明为 protected 和 public 的成员
   C．都可以访问
   D．都不能访问

模块 5
Java 异常处理

学习目标：

- 明确 Java 语言中异常的概念，了解异常的分类
- 熟悉常见的检查异常类和非检查异常类
- 理解 Java 异常处理机制，能编写异常处理程序
- 学会自定义异常类的定义和使用

5.1 异常及其分类

程序在编写和运行过程中难免会发生错误，Java 程序中的错误可以分为 3 类：语法错误、运行错误和逻辑错误。语法错误是因为没有遵循 Java 语言的语法规则而产生的，这种错误要在编译阶段排除，否则程序不能运行；运行错误是指程序在运行过程中抛出的一个使程序不能继续执行下去的错误，如数组下标越界、除数为 0、虚拟机崩溃；逻辑错误是指程序能正常运行，但是运行结果不是我们所期待的，如程序本来是求两个数的乘积，但因为表达式错误却得出两个数的差。

5.1.1 什么是异常

异常也叫 Exception，是一种程序运行过程中发生的错误，它会中断指令的正常执行。与另一种运行错误 Error 不同，程序中出现异常后，经过恰当的处理可以继续运行下去。下面通过一个简单的程序来介绍什么是异常。

【例 5-1】 存在异常的程序。

//Ex5_1.java

```java
public class Ex5_1{
    public static void main(String args[]){
        System.out.println("**********计算开始**********");
        int i=10,j=0;    //定义整型变量
        int temp=i/j;    //此处产生了异常
        System.out.println("两个数字相除的结果:"+temp);
        System.out.println("**********计算结束**********");
    }
}
```

程序中 i/j 的除数 j 为 0，无法正常进行除法运算而使程序终止。运行结果如图 5-1 所示。

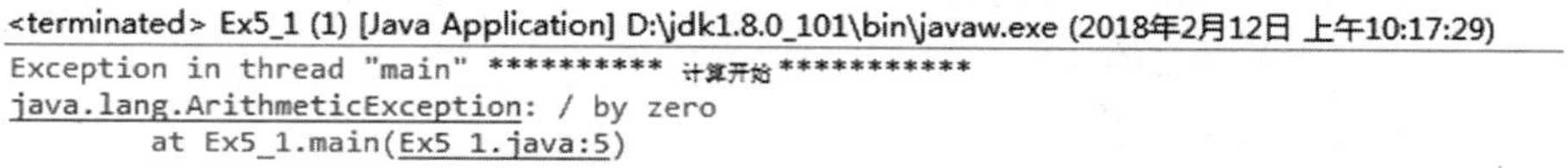

```
<terminated> Ex5_1 (1) [Java Application] D:\jdk1.8.0_101\bin\javaw.exe (2018年2月12日 上午10:17:29)
Exception in thread "main" ********** 计算开始 **********
java.lang.ArithmeticException: / by zero
        at Ex5_1.main(Ex5_1.java:5)
```

图 5-1　例 5-1 运行结果

输出的信息说明，在 main 方法中出现了类型为 java.lang.ArithmeticException 的异常（表示一个算术运算异常），异常的原因是 "/by zero"，即用 0 做除数。后面的信息表示调用 Ex5_1.main 方法时产生了异常（在程序 Ex5_1 的第 5 行）。

这种在程序运行过程中产生，使程序中止执行的错误就是异常。异常产生后，因为没有被处理，后面的语句不会被执行。

5.1.2　异常分类

异常类 Exception 与错误类 Error 都继承自可抛出类 Throwable，其层次结构如图 5-2 所示。

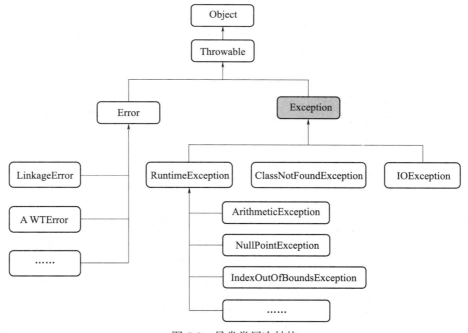

图 5-2　异常类层次结构

Throwable 类位于 java.lang 包中，其他大多数定义具体异常的子类均放在各自的功能包中，如输入/输出异常类 IOException 及其子类就位于 java.io 包中。

Throwable 的两个直接子类中，Error 代表程序中运行过程中产生的致命性错误，Exception 代表非致命性错误。Throwable 类中定义的成员方法均为公共的（public），因此所有异常类都可以使用这些成员方法。Throwable 类的构造方法是：

Throwable(String message)

该构造方法是以 message 的内容为错误信息串（即对错误信息的描述）来创建 Throwable 对象，并记录异常发生的位置。

Throwable 类中的常用方法，如表 5-1 所列。

表 5-1 Throwable 类常用方法

返回类型	方法名	功能描述
public String	getMessage()	返回字符串变量 message 的内容，该内容是对异常的描述信息
public String	toString()	返回当前对象包含的错误信息
public void	printStackTrace()	输出当前异常发生的地点和方法调用顺序

Error 是致命性的，如程序运行时磁盘空间不足、虚拟机错误、内存溢出等，这种严重的错误仅靠修改程序本身是不能恢复执行的；而异常 Exception 是非致命性的，如数组下标越界、除法表达式的分母为 0 等。这种不正常状态可通过异常处理，而使程序继续运行。

Java 程序中进行的异常处理，都是针对 Exception 类及其子类。Exception 类的子类分为两种：一种是 RuntimeException 类及其派生类，称为运行时异常，也叫非检查型异常；另外一部分是除 RuntimeException 类及其派生类之外的所有其他类，称为检查型异常。

（1）非检查型异常。

非检查型异常 RuntimeException 表示程序在设计中出现了问题。如在程序设计中，由于考虑不周而使数组下标超出了边界范围、用 0 做除数、引用了一个空值对象变量等，对于这类异常，如果程序设计过程正确，则该异常不会出现，因此编译器对这类异常在程序中是否进行了处理不进行检查。

常见的非检查型异常及其含义如表 5-2 所列。

表 5-2 非检查型异常类及其含义

异常类名	含义
ArithmeticException	算数运算异常，如除数为 0
NullPointerException	空指针异常，如对象没被实例化时访问对象的属性或方法
NegativeArraySizeException	创建带负维数大小的数组时，就会产生该类异常
ArrayIndexOutOfBoundsException	数组下标超出范围异常
UnknownTypeException	未知种类的类型异常

对于非检查型异常，要求程序员在调试程序时进行详细分析，并加以排除。程序中对这类异常一般不进行处理，而由系统检测并输出异常的内容。

（2）检查型异常。

检查型异常是指除 RuntimeException 类及其子类之外的其他异常。在 Java 程序编译时要对这类异常是否进行了处理进行检查。当编译器检查到程序中没有对这类异常进行处理时，会产生编译错误。

常见的检查型异常及其含义如表 5-3 所列。

表 5-3 检查型异常类及其含义

异常类名	含义
ClassNotFoundException	要加载的类或接口不存在异常
IOException	输入输出异常
FileNotFoundException	文件找不到异常
InterruptedException	线程的等待、休眠或占用状态被中断异常
SQLException	数据库访问错误或其他错误信息的异常

对于检查型异常，要求程序员在编写程序时必须明确表明如何处理，否则程序不能通过编译。

5.2 异常的处理

对于检查型异常，Java 要求程序中必须进行处理。具体处理方法有两种：捕获异常和声明抛出异常。

捕获异常

5.2.1 捕获异常

在程序中，通常使用 try…catch 语句对异常进行处理。语法结构如下：

```
try{
    //程序代码块
}catch(ExceptionSubClass1 e){
    //对 ExceptionSubClass1 异常的处理
}catch(ExceptionSubClass2 e){
    //对 ExceptionSubClass2 异常的处理
}
```

其中，在 try 代码块中编写可能发生异常的 Java 语句，catch 代码块中编写针对异常进行处理的代码。当 try 代码块中的程序发生了异常，系统会将这个异常的信息封装成一个异常对象，并将这个对象传递给与产生异常匹配的 catch 代码块。catch 代码块需要一个参数指明它所能接收的异常类型，这个参数的类型必须是 Exception 类或其子类。异常对象与 catch 后的异常类进行匹配的顺序是从上到下，异常对象一旦被某个 catch 捕获并处理，后面的各个 catch 块就不再起任何作用。

需要注意的是，程序中产生异常后，产生异常的语句所在的代码块后面的语句将不会被执行，而直接跳到 catch 语句进行异常的匹配判断。请看下面的程序。

```
try{
    c=a/b;
```

```
    System.out.println("try 语句块执行结束");
}catch(ArithmeticException){
    System.out.println("除数为 0,a/b 的结果无法求出!");
}
```

如果 b 为 0，则块中的程序产生 ArithmeticException 类的异常，后面的输出语句将不会被执行，程序自动转到 catch 执行 catch 块中的异常处理程序。

当存在多种可能的异常需要捕获时，一个 try 块可以应对多个 catch 块，那究竟会执行哪个 catch 块中的异常处理程序呢？这由 try 块中产生的异常对象与哪个 catch 块中捕获的异常相匹配来确定。如果多个 catch 块中要捕获的异常类有子类和超类的关系，则 catch 块中异常类的顺序应该将子类放在前面，将父类和祖先类放在后面。如果一个异常类的顺序放置不合理，则该 catch 块中的语句可能永远也不会被执行。例如：

```
try{
    //可能存在异常的代码
}catch(Exception e){
    //异常处理 1
}catch(IndexOutOfBoundsException){
    //异常处理 2
}
```

如果在程序中 try 块产生 IndexOutOfBoundsException 类的异常，则首先被第一个 catch 块捕获，因为 Exception 类是 IndexOutOfBoundsException 类的间接父类；后面的 catch 块永远没有机会到达，程序将出现 "Unreachable catch block…" 的错误。正确的顺序是 IndexOutOfBoundsException 异常类放在 Exception 类的前面来捕获。

在程序中，有时候希望有些语句无论程序是否产生异常都要执行，这时就可以在 try…catch 语句后，加一个 finally 代码块。接下来通过例子，来介绍 finally 的用法。

【例 5-2】 带有 **finally** 代码块的异常处理程序。

//Ex5_2.java

```
public class Ex5_2{
    public static void main(String[]args){
        try{
            int y=15/0;
            System.out.println(y);
        }catch(Exception e){
            System.out.println("捕获的异常为:"+e.getMessage());
        }finally{
            System.out.println("已经进入 finally 代码块");
        }
        System.out.println("退出 finally,继续执行");
    }
}
```

运行结果如图 5-3 所示。

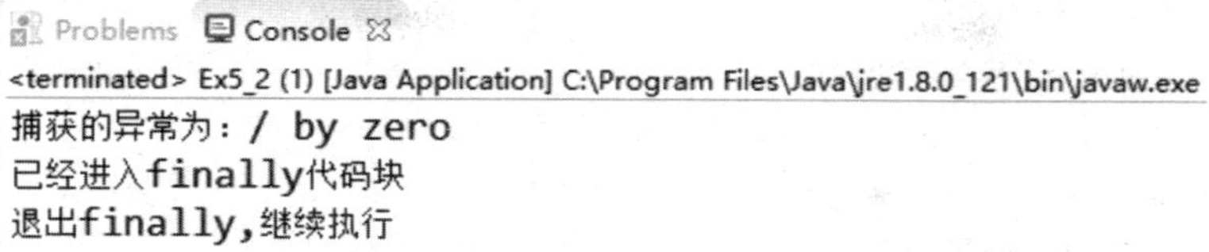

图 5-3　例 5-2 运行结果

通过运行结果我们可以知道，在出现异常的情况下，try 块中异常后面的语句不会被执行，但 finally 语句仍然会执行，正是由于这种特殊性，在程序设计时，经常会在 try…catch 后使用 finally 代码块来完成必须做的事情。例如释放系统资源、关闭数据库连接等操作。

需要注意的是，finally 中的代码块有一种情况不会被执行，那就是在 try…catch 中执行了 System.exit（0） 语句。System.exit（0） 表示退出 Java 虚拟机，虚拟机停止后，任何代码都不能再执行了。

5.2.2　抛出异常

如果在当前方法中对产生的异常不想进行处理，或者不能确切地知道该如何处理这一异常事件时，可以使用 throws 子句将异常抛出，交给该方法的调用者进行处理，当然调用者也可以继续将该异常抛出。throws 声明抛出异常的语法格式为：

```
返回值类型 方法名([参数1,参数2…]) throws <异常类1>[,<异常类2>…]{
    ……
}
```

如：

```
public void read()throws java.io.IOException{
    ……
}
```

read 方法内对 IOException 异常不进行处理，由该方法的调用者决定如何处理。IOException 异常类是 Java 程序中输入或输出信息时引发的异常。在 throws 子句中可以同时指明多个要抛出的异常，多个异常之间用逗号隔开。例如：

```
public static void main(String args[]) throws java.io.IOException,IndexOutOfBoundsException{
    ……
}
```

main 方法声明抛出 IOException 和 IndexOutBoundsException 异常（而不处理），如果在 main 方法中真的抛出了异常，则 Java 虚拟机将捕获该异常，在输出相关异常信息后，中止程序的进行。

注意：子类中如果重写了父类中的方法，则子方法中声明抛出的异常类只能是被重写方法中 throws 子句所抛出异常类的子集，也就是说，子类中重写的方法不能抛出比父类方法中更多的异常。例如：

```
class Father{
    void t()throws java.io.IOException{}
}
class Son extendsFather{
    void t()throws Exception{}
}
```

该程序的子类 Son 在重写父类的 t 方法时，声明抛出的异常比父类中 t 方法声明抛出的异常范围更大（因为 Exception 异常类是 IOException 异常类的父类），所以在编译程序时就会产生编译错误。

接下来通过例 5-3 来了解声明抛出异常和捕获异常的用法。

【例 5-3】声明抛出异常和捕获异常的程序例子。

//Ex5_3.java

```
public class Ex5_3{
    public static void main(String[]args){
            //下面定义了一个 try…catch 语句来捕获异常
            try{
                int result=divide(15,3);    //调用 divide()方法
                System.out.println(result);
            }catch(Exception e){            //对捕获到的异常进行处理
                e.printStackTrace();
            }
    }
    //下面的方法实现了两个整数相除，并使用 throws 关键字声明抛出异常
    public static int divide(int x,int y) throws Exception{
        int result=x/y;
        return result;
    }
}
```

运行结果如图 5-4 所示。

图 5-4 例 5-3 运行结果

程序中，由于使用了 try…catch 对 divide()方法进行了异常处理，所以程序可以正常编译通过，并输出运行结果 5。

5.3 自定义异常

在程序中除了经常使用的系统预定义异常类，如用 0 作除数、下标越界、数据格式错误、输入/输出异常等错误，在具体的开发过程中还会遇到系统没有定义的错误，例如，学生的成绩只能在 0~100 分之间、性别只可以是"男"或"女"，如果超出范围或取其他值，则认为出错。对于这种情况，程序员需要自己定义异常类。

1. 自定义异常类

自定义异常类必须继承 Exception 或其子类。格式为：

```
class 自定义异常类名 extends Exception{
    //异常类体;
}
```

在自定义的异常类中，一般要声明两个构造方法：一个是不带参数的构造方法；另一个是以字符串为参数的构造方法。带字符串参数的构造方法以该字符串参数表示对异常内容的描述，如果使用 getMessage()方法，则可以返回该字符串。

自定义异常类如果继承了 Exception，则视为检查型异常。在一个方法中如果有这类异常产生，就一定要声明抛出（throws），让该方法的调用者处理，或者在该方法中直接捕获并处理，否则程序在编译时就会产生错误，提示用户没有声明或处理异常。

2. 创建与抛出自定义异常

自定义异常的创建就是使用已定义好的异常类生成该类的一个实例。例如对于 MyException 异常类，可以使用如下的语句创建一个该类的异常：

```
MyException e=new MyException("这是自定义的一个异常类实例");
```

创建好的异常类对象，只有抛出后才可以被程序捕获。抛出创建的异常 e 时，要使用 throw 语句：

```
throw e;
```

如要抛出的异常只使用一次，则可以将以上两步用如下的简单格式书写：

```
throw new MyException("这是自定义的一个异常类实例");
```

请看下面的程序，理解自定义异常类的创建及使用。

【例 5-4】 自定义异常类的创建及使用。

//Ex5_4.java

```
public class Ex5_4{
    public static void main(String[]args){
        try{
            printLetter('2');
        } catch(NotLetterException e){
            System.out.println(e.getMessage());
        }
    }
```

```java
//定义方法 printLetter,声明该抛出 NotLetterException 异常
public static void printLetter(char c)throws NotLetterException{
    if(!(c>'a' && c<'z'||c>'A' && c<'Z')){
        throw new NotLetterException();
    }
    System.out.println("这个字母是:"+c);
  }
}
//自定义异常类 NotLetterException
class NotLetterException extends Exception{
    NotLetterException(){
        super("不是英文字符!");
    }
}
```

程序的运行结果如图 5-5 所示。

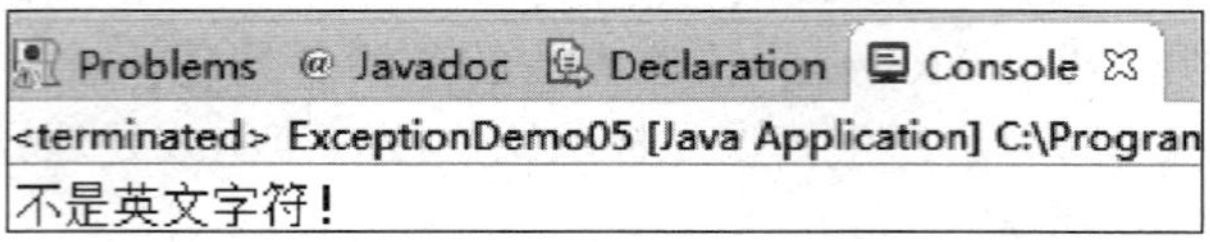

图 5-5　例 5-4 运行结果

程序中声明了自定义异常类 NotLetterException 继承自 Exception，是一种运行时异常，代表"不是英文字母"异常。在 printLetter 方法声明部分，使用 throws 声明方法抛出自定义异常，在方法内部判断参数 c 是否为英文字母，如不是，则用 throw 抛出 NotLetterException 类对象，表示程序中出现了这种错误。若已抛出错误，后面的代码就不再执行了。在方法中，因为调用了带有检查异常的方法 printLetter()，在程序中使用 try{}catch 语句进行了异常的捕获和处理。

【案例 5-1】 学生信息的录入

■ 案例描述

设计一个程序，从键盘上输入学生的姓名、性别、年龄、成绩等信息。要求对从键盘上输入的性别、年龄、成绩进行合法性判定：性别只能是"男"或"女"；年龄范围是 10~40；成绩范围为 0~100。

运行结果如图 5-6 所示。

综合案例：学生信息录入

■ 案例目标

◇ 理解"学生信息的录入"程序设计思路。
◇ 掌握自定义异常类的使用方法；能够在程序中完成异常处理。
◇ 学会使用 throw 抛出创建的异常。
◇ 能够独立完成"学生信息的录入"程序的编写、编译和运行。

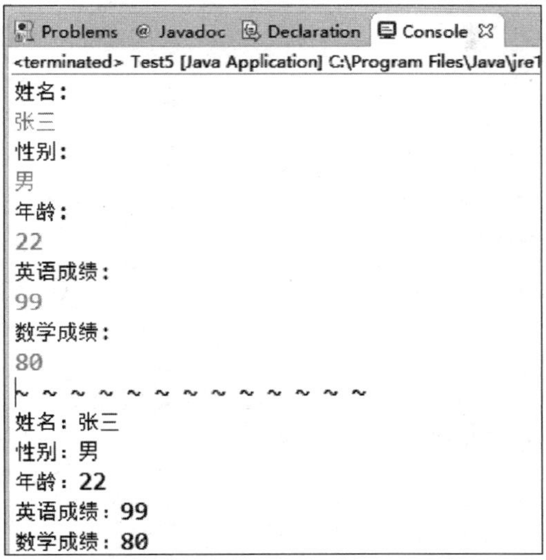

图 5-6 案例 5-1 运行效果

■ **实现思路**

分析案例描述，用 Student 类封装学生信息，包括姓名、性别、年龄、成绩属性。因为需要对性别、年龄、成绩的录入值做合法性判定，可以用 3 个自定义异常类代表性别、年龄、成绩不合法的情况，然后在录入学生信息的程序段做异常的捕获和处理。

（1）定义学生类 Student 封装学生信息。

（2）定义 3 个自定义异常类，性别异常类（SexException）、年龄异常类（AgeException）、成绩异常类（MarkException），分别代表性别、年龄及成绩不合法的异常。

（3）在录入信息的主方法中做合法性判断：性别如果不是"男"或"女"，抛出 SexException 异常；如果年龄大于 40 或者小于 10，抛出 AgeException 异常；如果成绩大于 100 或小于 0，就抛出 MarkException 异常，然后在异常处理程序块（即 catch 块）中进行处理。

（4）程序中如出现输入的学生信息不合法的情况，应抛出异常并提示用户重新输入。可以通过设置标志变量 flag 的方式确定是否需要重新输入，0 代表读入的学生信息没有错误，1 代表有错误，需要重新输入学生信息。

■ **参考代码**

（1）学生类 Student 和自定义异常类 AgeException、MarkException、SexException。

//Student.java

```java
public class Student{
    String name,sex;
    int age,englishMark,mathMark;
    //构造方法
    public Student(){
        super();
    }
    public Student(String name,String sex,int age,int englishMark,int mathMark){
```

```java
        super();
        this.name=name;
        this.sex=sex;
        this.age=age;
        this.englishMark=englishMark;
        this.mathMark=mathMark;
    }
    //显示学生信息
    protected void show(){
        System.out.print("~~~~~~~~~~~~\n");
        System.out.print("姓名:"+name+"\n 性别:"+sex+"\n 年龄:"+age);
        System.out.println("\n 英语成绩:"+englishMark+"\n 数学成绩:"+mathMark);
    }
}
//自定义异常类,代表年龄值不正确
class AgeException extends Exception{
    public AgeException(String message){
        super(message);
    }
}
//自定义异常类,代表分数不正确
class MarkException extends Exception{
    public MarkException(String message){
        super(message);
    }
}
//自定义异常类,代表性别不正确
class SexException extends Exception{
    SexException(String message){
        super(message);
    }
}
```

(2) 测试类 Test5。

//Test5.java

```java
import java.util.Scanner;
public class Test5{
    public static void main(String args[]){
        String[]info={"姓名","性别","年龄","英语成绩","数学成绩"};
        Scanner sc=new Scanner(System.in);
        Student student=new Student();
        String[]stu=new String[5];//保存输入的学生信息的数组
        //从键盘输入学生的信息
```

```java
int flag=0;//0 代表读入的学生信息没有错误,1 代表有错误
//依次读取学生姓名、性别、年龄、英语成绩、数学成绩到数组 stu 中
for(int i=0;i<stu.length;i++){
    try{
        System.out.print(info[i]+":\n");
        stu[i]=sc.next();
        //判断性别合法性
        if((i==1) && !(stu[i].equals("男")||stu[i].equals("女")))
            throw new SexException("性别输入不正确");
        //判断年龄合法性
        if(i==2 &&(Integer.parseInt(stu[i])>40
                ||Integer.parseInt(stu[i])<0))
            throw new AgeException("年龄输入的格式不正确");
        //判断成绩合法性
        if(i>2 &&(Integer.parseInt(stu[i])>100
                ||Integer.parseInt(stu[i])<0))
            throw new MarkException("成绩的输入格式不正确");
    } catch(MarkException e){
        System.out.print(e);
        flag=1;
    } catch(AgeException e1){
        System.out.print(e1);
        flag=1;
    } catch(SexException e2){
        System.out.print(e2);
        flag=1;
    }
    if(flag==1){
        System.out.println(",请重新输入");
        i--;
        flag=0;
    }
}
sc.close();
student.name=stu[0];
student.sex=stu[1];
student.age=Integer.parseInt(stu[2]);
student.englishMark=Integer.parseInt(stu[3]);
student.mathMark=Integer.parseInt(stu[4]);
student.show();
    }
}
```

习 题 5

一、填空题

1. _____类是所有异常类的父类，它有两个直接子类：_____和_____。
2. _____异常可以在编译阶段不处理，而_____异常在编译阶段必须明确处理方法。
3. java 中的自定义异常类必须继承_____类或其子类。
4. java 中用来抛出异常的关键字是_____。

二、选择题

1. 在异常处理中，将可能抛出异常的方法放在（   ）语句块中。
   A. throws   B. catch   C. try   D. finally
2. finally 语句块中的代码（   ）。
   A. 总是被执行   B. try 语句块后没有 catch 时，finally 语句块才会执行
   C. 异常发生时才执行   D. 异常没有发生时才被执行
3. 对于 try {…} catch 子句的排列方式，下列正确的一项是（   ）。
   A. 子类异常在前，父类异常在后   B. 父类异常在前，子类异常在后
   C. 只能有子类异常   D. 父类异常与子类异常不能同时出现
4. 使用 catch (Exception e) 的好处是（   ）。
   A. 只会捕获个别类型的异常   B. 捕获 try 语句块中产生的所有类型的异常
   C. 忽略一些异常   D. 执行一些程序

模块 6
Java 常用 API

学习目标：

- 认识 Java 类库结构并掌握 Java API 的使用方法
- 掌握基本数据类型类的使用方法
- 掌握 String 类、StringBuffer 类及 StringTokenizer 类中常用方法
- 掌握 Java 中日期类常用方法
- 掌握 Math 类、Random 类的使用方法

6.1 Java 类库

Java 有一系列功能强大的可重用类，分别在不同的包中，如：语言包 java.lang、输入/输出包 java.io、实用程序包 java.util、小应用程序包 java.applet、图形用户接口包 java.swing、java.awt 和网络包 java.net 等，如图 6-1 所示，其中，直角矩形框表示包，圆角矩形框表示包中的类。

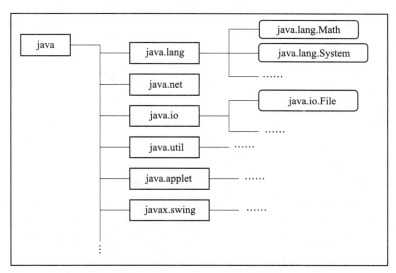

图 6-1 Java 工具包的层次结构

常用的 Java 包及其主要功能如表 6-1 所列。

表 6-1 Java 常用包

包名	主要功能
java.applet	提供了创建 applet 需要的所有类
java.awt	提供了创建用户界面以及绘制和管理图形、图像的类
java.io	提供了通过数据流、对象序列以及文件系统实现的系统输入/输出
java.lang	Java 编程语言的基本类库
java.math	提供了简明的整数算术以及十进制算术的基本方法
java.net	提供了用于实现网络通信应用的所有类
java.sql	提供了访问和处理来自于 Java 标准数据源数据的类
java.util	包括集合类、时间处理模式、日期时间工具等各类常用工具包

注：在 Java 程序中，除了 java.lang 外，其他的包都需要 import 语句引入之后才能使用。

6.2 数据类型包装类

数据类型包装类介绍

对于 Java 中的基本数据类型，如 long、int、short、byte、float、double、char 和 boolean，都有一个对应的数据类型类。各种数据类型类对应的基本类型表如表 6-2 所列。

表 6-2 数据类型包装类

基本数据类型	long	int	short	byte	float	double	char	boolean
数据类型包装类	Long	Integer	Short	Byte	Float	Double	Charracter	Boolean

1．Integer 类的常用属性

（1） static int MAX_VALUE 最大整型常量 2147483647。

（2） static int MIN_VALUE 最小整型常量-2147483648。

（3） static int SIZE 能表示的二进制位数 32。

2．Integer 和 Double 构造器

（1） Integer (int value) 以整数值构造整型对象。

（2） Integer (String s) 以数字字符串构造整型对象。

（3） public Double (double value) 以双精度浮点型构造对象。

（4） public Double (String s) throws NumberFormatException；以数字字符串构造双精度浮点型对象。除字符串末尾可有字符'f'或'd'外，只能包含负号、'.'或数值字符，否则会抛出数字格式异常（NumberFormatException）。

3．常用方法（见表 6-3）

表 6-3 Integer 类常用方法

返回类型	方法声明	功能描述
byte	byteValue()	返回整数的字节表示形式

续表

返回类型	方法声明	功能描述
short	shortValue()	返回整数的 short 表示形式
int	intValue()	返回整数的 int 表示形式
long	longValue()	返回整数的 long 表示形式
static int	parseInt(String s)	返回字符串的整数表示形式

【例6-1】输出整数567的各种进制数的表示。

//Ex6_1.java

```
public class Ex6_1{
    public static void main(String[]args){
        int n=567;
        System.out.println("十进制表示:"+n);
        System.out.println("二进制表示:"+Integer.toBinaryString(n));
        System.out.println("八进制表示:"+Integer.toOctalString(n));
        System.out.println("十二进制表示:"+Integer.toString(n,12));
        System.out.println("十六进制表示:"+Integer.toHexString(n));
    }
}
```

程序运行结果如下：

十进制表示:567
二进制表示:1000110111
八进制表示:1067
十二进制表示:3b3
十六进制表示:237

6.3 字 符 串

案例：可变字符串的编程应用

在应用程序中经常会用到字符串，所谓字符串就是指一连串的字符，它是由许多单个字符连接而成的。本节主要介绍用于字符串处理的类及其应用。字符串相关的类都放在 java.lang 包中，分为两大类：

String 类——创建后不能再修改和变动的字符串常量。

StringBuffer 类——创建之后可以再修改和变动的字符串变量。

6.3.1 String 类

String 是字符串常量类。它主要用于处理内容不会改变的字符串，String 对象在进行字符串处理时，会生成新的对象而不是改变原来的值，如：

String s = "hello";

S＝"Java";

语句执行时，会在堆内存重新创建字符串常量"Java"并通过 S 引用，而不是修改原来的"hello"。现在逐一介绍 String 类的构造方法跟其他方法的用法。

1．构造字符串对象

（1）String()　构造一个空的字符串对象。

（2）String (char chars[ ])　以字符数组 chars 的内容构造一个字符串对象。

（3）String (char chars[ ]　int startIndex, int numChars)，以字符数组 chars 中从 startIndex 位置开始的 numChars 个字符构造一个字符串对象。

（4）String (byte[ ] bytes)　以字节数组 bytes 的内容构造一个字符串对象。

（5）String (byte[ ] bytes, int offset, int length)　以字节数组 bytes 中从 offset 位置开始的 length 个字节构造一个字符串对象。

除了调用构造方法，字符串对象也可以在定义时直接赋值，如：String sl＝"hello"；这种方法创建字符串对象不一定分配堆内存，如果堆内存中已经存在字符串常量"hello"，则 sl 直接引用即可，不存在才创建。

2．String 类常用方法（见表 6-4）

表 6-4　String 类常用方法

返回类型	方法声明	功能描述
int	length()	此方法返回字符串的字符个数
char	charAt (int index)	此方法返回字符串中 index 位置上的字符
int	indexOf (char ch)	返回字符 ch 在字符串中第一次出现的位置
int	lastIndexOf (char ch)	返回字符 ch 在字符串中最后一次出现的位置

【例 6-2】生成一班 30 位同学的学号并按每行 5 个输出。

//Ex6_2.java

```
public class Ex6_2{
    public static void main(String[]args){
        int num=101;
        String str="201513";
        String[]studentNum=new String[30];
        for(int i=0;i<30;i++){
            studentNum[i]=str+num;
            num++;
        }
        for(int i=0;i<30;i++){
            System.out.print(studentNum[i]+"");
            if((i+1)%5==0)System.out.println("");
        }
    }
}
```

程序运行结果如下:

201513101	201513102	201513103	201513104	201513105
201513106	201513107	201513108	201513109	201513110
201513111	201513112	201513113	201513114	201513115
201513116	201513117	201513118	201513119	201513120
201513121	201513122	201513123	201513124	201513125
201513126	201513127	201513128	201513129	201513130

6.3.2 StringBuffer 类

StringBuffer 类和 String 类一样，也用来代表字符串，只是由于 StringBuffer 的内部实现方式和 String 不同，所以 StringBuffer 在进行字符串处理时，不生成新的对象，在内存使用上要优于 String 类。

所以在实际使用时，如果经常需要对一个字符串进行修改，例如插入、删除等操作，使用 StringBuffer 会更加适合。

在 StringBuffer 类中存在很多和 String 类一样的方法，这些方法在功能上和 String 类中的功能是完全一样的。

但是有一个最显著的区别：对于 StringBuffer 对象的每次修改都会改变对象自身，这点是与 String 类最大的区别。

1. 创建 StringBuffer 类对象

StringBuffer 对象的初始化和 String 类的初始化不一样，Java 提供有特殊的语法，而通常情况下使用构造方法进行初始化。

（1）StringBuffer()　　用于创建一个空的 StringBuffer 对象。

（2）StringBuffer (int length)　　以 length 指定的长度创建 StringBuffer 对象。

（3）StringBuffer (String str)　　用指定的字符串初始化创建 StringBuffer 对象。

例如：

```
StringBuffer s1=new StringBuffer();
StringBuffer s2=new StringBuffer("abc");
```

分别初始化出一个空的和内容为"abc"的 StringBuffer 对象。

需要注意的是，StringBuffer 和 String 属于不同的类型，也不能直接进行强制类型转换。

2. 常用方法

StringBuffer 类中的方法主要偏重于对字符串的变化，例如追加、插入和删除等（见表 6-5），这个也是 StringBuffer 类和 String 类的主要区别。

表 6-5　StringBuffer 类常用方法

返回类型	方法声明	功能描述
StringBuffer	insert(int offset, String str)	在指定位置插入字符串
int	length()	确定 StringBuffer 对象的长度

续表

返回类型	方法声明	功能描述
void	setCharAt(int pos, char ch)	使用 ch 指定的新值设置 pos 指定的位置上的字符
String	toString()	转换为字符串形式
StringBuffer	delete(int start, int end)	删除从 start 位置开始直到 end 的索引-1 位置的字符序列
StringBuffer	deleteCharAt (intpos)	此方法将删除 pos 指定的索引处的字符
StringBuffer	replace (int start, int end, String s)	使用字符串 s 替换从 start 到 end 的字符串

【例 6-3】 可变字符串应用示例。

//Ex6_3.java

```java
public class Ex6_3{
    public static void main(String[]args){
        String s="123";
        char[]a={'a','b','c'};
        StringBuffer sb1=new StringBuffer(s);
        sb1.append("you").append("are").append("boy");//追加字符序列
        System.out.println(sb1);
        StringBuffer sb2=new StringBuffer("你好");
        for(int i=0;i<10;i++){
            sb2.append(i);
        }
        System.out.println(sb2);
        sb2.delete(5,sb2.length());        //移除字符序列
        System.out.println(sb2);
        sb2.insert(3,a);                   //插入字符序列
        System.out.println(sb2);
        System.out.println(sb2.reverse());  //逆序
    }
}
```

程序运行结果如下：

123youareboy
你好 0123456789
你好 012
你好 0abc12
21cba0 好你

6.3.3 StringTokenizer 类

在分析一个字符串并将字符串分解成可被独立使用的单词时，可以使用 java.util 包中的 StringTokenizer 类。

1. StringTokenizer 类的构造器

（1）StringTokenizer（String str）构造一个用来解析 str 的 StringTokenizer 对象。Java 默认的分隔符是空格、制表符（\t）、换行符（\n）、回车符（\r）。

（2）StringTokenizer（String str, String delim）构造一个用来解析 str 的 StringTokenizer 对象，并提供一个指定的分隔符。

（3）StringTokenizer（String str, String delim, boolean returnDelims）构造一个用来解析 str 的 StringTokenizer 对象，并提供一个指定的分隔符，同时，指定是否返回分隔符。

2．常用方法（见表 6-6）

表 6-6　StringTokenizer 类常用方法

返回类型	方法声明	功能描述
int	countTokens()	返回标记的数目
boolean	hasMoreTokens()	检查是否还有标记存在
String	nextToken()	返回下一个标记
String	nextToken（String delimit）	根据 delimit 指定的分界符，返回下一个标记

【案例 6-1】统计单词个数

■ 案例描述

很多时候，我们需要进行文字统计工作，如统计一篇英文文章的单词数。请利用所学 API 类相关方法，编写程序统计单词个数。假设单词之间用空格、逗号（,）、句号（.）分开。

综合案例：统计单词个数

如统计字符串"I am a boy, you are a girl."的结果是：单词个数为 8。

■ 案例目标

◇ 学会分析统计单词个数程序实现的逻辑思路。
◇ 能够灵活使用字符串类 String、字符串分析器类 StringTokenizer。
◇ 能够独立完成程序的源代码编写、编译及运行。

■ 实现思路

字符串中单词个数的统计，关键是单词之间的分隔符。统计的基本原则是：分隔符出现即意味着新单词的出现。可以用两种方法实现单词统计：

方法 1　将 String 转换为 byte 数组，遍历数组，计算分隔符的数量，从而得到单词的数量。

方法 2　用 StringTokenizer 对象分析字符串，利用分隔符对字符串进行分割。

■ 参考代码

//CountWords.java

```java
import java.util.StringTokenizer;

public class CountWords{
    public static void main(String[]args){
        String s="I am a boy,you are a girl.";
        int num1=count1(s);
        int num2=count2(s);
        System.out.println("单词的总数是:"+num1);
        System.out.println("单词的总数是:"+num2);
    }
    //统计字符串中的单词个数—方法1
    public static int count1(String str){
        byte[]chars=str.getBytes();//把字符串转换为字节数组
        boolean newWord=true;//单词开始的标识,true- 新单词开始
        int num=0;//单词的个数
        for(int i=0;i<chars.length;i++){
            //遇到分隔符意味着新单词的开始。空格字符编码值为32
            if(chars[i]==32||(char) chars[i]==','||(char) chars[i]=='.'){
                newWord=true;   //单词开始
            } else if(newWord){
                num++;          //单词个数加1
                newWord=false;  //不再是新单词开始状态
            }
        }
        return num;
    }
    //统计字符串中的单词个数——方法2,用 StringTokenizer
    public static int count2(String str){
        StringTokenizer tk=new StringTokenizer(str,",.");
        int n=0;
        while(tk.hasMoreTokens()){
            tk.nextToken();
            n++;
        }
        return n;
    }
}
```

6.4 日 期 类

Java 语言的 Calendar（日历）、Date（日期）和 DateFormat（日期格式）组成了 Java 标准的一个基本但是非常重要的部分。

6.4.1 Date 类

在 JDK1.0 中，Date 类是唯一的一个代表时间的类，但是由于 Date 类不便于实现国际化，所以从 JDK1.1 版本开始，推荐使用 Calendar 类进行时间和日期处理。本节将简单介绍 Date 类的使用。

1. Date 类的构造器

（1）Date()——这个构造函数分配一个 Date 对象并将它初始化，使它表示其被分配的时间，精确到毫秒。

（2）Date (long date) ——这个构造函数分配一个 Date 对象并初始化，它代表指定的毫秒数，被称为"纪元"，即 1970 年 1 月 1 日 00：00：00 GMT 标准基准时间。

2. Date 类常用方法（见表 6-7）

表 6-7 Date 类常用方法

返回类型	方法声明	功能描述
boolean	after (Date when)	测试，此日期是否在指定日期之后
boolean	before (Date when)	测试，此日期是否在指定日期之前
int	compareTo (Date anotherDate)	比较两个日期的顺序
boolean	equals (Object obj)	比较两个日期是否相等
long	getTime()	返回自 1970 年 1 月 1 日 00：00：00 GMT 此 Date 对象表示的毫秒数
void	setTime (long time)	设置此 Date 对象 1970 年 1 月 1 日 00：00：00 GMT 以后，代表一个时间点 time 毫秒
String	toString()	将 Date 对象转换为形式的字符串

【例 6-4】 使用 Date 类获取系统当前时间和日期。

//Ex6_4.java

```
import java.util.Date;
public class Ex6_4{
    public void getSystemCurrentTime(){
        System.out.println ("系统当前时间="+System.currentTimeMillis());
    }
    public void getCurrentDate(){
        //创建并初始化一个日期(初始值为当前日期)
        Date date=new Date();
        System.out.println ("现在的日期是＝"+date.toString());
        System.out.println ("自 1970 年 1 月 1 日 0 时 0 分 0 秒至今所经历的毫秒数＝"+date.getTime());
```

```
    }
    public static void main(String[]args){
        Ex6_4 nowDate=new Ex6_4();
        nowDate.getSystemCurrentTime();
        nowDate.getCurrentDate();
    }
}
```

程序运行结果如下：

系统当前时间=1507451434515

现在的日期是=Sun Oct 08 16:30:34 CST 2017

自 1970 年 1 月 1 日 0 时 0 分 0 秒开始至今所经历的毫秒数=1507451434530

6.4.2 Calendar 类

Calendar 日期处理类，用来处理日期的设置，获取相应的年、月、日，通过传入 Date 对象，获取想要的相关数据，或者获得用 Calendar 处理后想要的数据。

案例：利用 Calendar 类输出本月月历

注意：

- 月份——一月是 0，二月是 1，……十二月是 11
- 星期——周日是 1，周一是 2，……，周六是 7

Calendar 类可以将取得的时间精确到毫秒。但是，这个类本身是一个抽象类，从之前学习到的知识可以知道，如果要想使用一个抽象类，则必须依靠对象的多态性，通过子类进行父类的实例化操作，Calendar 的子类是 GregorianCalendar 类，获得代表当前日期的日历对象，如：

Calendar calendar=Calendar.getInstance();

1. 类常量

Calendar 类中的部分常量如表 6-8 所列，分别表示日期的各个数字。

表 6-8 Calendar 常量

序号	常量	类型	描述
1	public static final int YEAR	int	取得年
2	public static final int MONTH	int	取得月
3	public static final int DAY_OF_MONTH	int	取得日
4	public static final int HOUR_OF_DAY	int	取得小时，24 小时制
5	public static final int MINUTE	int	取得分
6	public static final int SECOND	int	取得秒
7	public static final int MILLISECOND	int	取得毫秒

2. 构造器

（1） protected Calendar()，以系统默认的时区构建 Calendar。
（2） protected Calendar（TimeZone zone，Locale aLocale），以指定的时区构建 Calendar。

3. 常用方法

除了以上提供的全局常量外，Calendar 还提供了如表 6-9 所列的常用方法。

表 6-9　Calendar 类常用方法

返回类型	方法声明	功能描述
void	set(int year, int month, int date)	设置年、月、日
void	set(int year, int month, int date, int hour, int minute, int second)	设置年、月、日、时、分、秒
void	setTime(Date date)	以给出的日期设置时间
int	get(int field)	返回给定日历字段的值
static Calendar	getInstance()	用默认或指定的时区得到一个对象

【例 6-5】使用 Calendar 类输出当前月的日历。

//Ex6_5.java

```
import java.util.Calendar;
public class Ex6_5{
    public static void main(String[]args){
        Calendar c=Calendar.getInstance();//获得当前时间
        c.set(Calendar.DATE,1);//设置代表的日期为 1 号
        int start=c.get(Calendar.DAY_OF_WEEK);//获得 1 号是星期几
        int maxDay=c.getActualMaximum(Calendar.DATE);//获得当前月的最大日期数
        //输出标题
        System.out.println("星期日\t星期一\t星期二\t星期三\t星期四\t+星期五\t星期六");
        for(int i=1;i <start;i++){
            System.out.print("\t");//输出开始的空格
        }
        for(int i=1;i <=maxDay;i++){//输出该月中的所有日期
            System.out.print( i+"\t");//输出日期数字
            if((start+i- 1) % 7==0){//判断是否换行
                System.out.println();
            }
        }
        System.out.println();//换行
    }
}
```

该示例的功能是输出当前系统时间所在月的日历，例如，当前系统时间是 2017 年 11 月 8 日，则输出 2017 年 11 月的日历。

该程序实现的原理：首先获得该月 1 号是星期几，然后获得该月的天数，最后使用流程控制实现按照日历的格式进行输出即可。程序运行结果如下：

星期日	星期一	星期二	星期三	星期四	星期五	星期六
			1	2	3	4
5	6	7	8	9	10	11
12	13	14	15	16	17	18
19	20	21	22	23	24	25
26	27	28	29	30		

6.4.3 GregorianCalendar 类

GregorianCalendar 是 Calendar 的一个具体子类，提供了世界上大多数国家/地区使用的标准日历系统。GregorianCalendar 是一种混合日历，可由调用者通过调用 setGregorianChange() 来更改起始日期。

案例：计算 21 世纪闰年

1．常用构造器

（1）GregorianCalendar() 以当地默认的时区和当前时间创建对象。如北京时间时区为 Asia/Beijing。

（2）GregorianCalendar (int year，int momth，int date) 用指定的 year、month、date 创建对象。

（3）GregorianCalendar (int year，int month，int day，int hour，int minute，int seeond) 用指定的 year、month、day 和 hour、minute、seeond 创建对象。

2．常用方法

其方法主要继承于父类 Calendar。

【例 6-6】计算并输出 21 世纪的闰年，以及程序的执行时间。

//Ex6_6.java

```
import java.util.GregorianCalendar;
public class Ex6_6{
    public static void main(String[]args){
        GregorianCalendar gCalendar=new GregorianCalendar();
        int i=0;
        long millis=gCalendar.getTimeInMillis();
        System.out.println("21 世纪闰年如下:");
        for(int year=2000;year<2100;year++){
            if(gCalendar.isLeapYear(year)){
                System.out.print(year+"");
                i++;
                if(i % 5==0)
                    System.out.println();
```

```
            }
        }
        System.out.print("程序运行时间为:");
        millis=System.currentTimeMillis()- millis;
        System.out.println(millis+"微秒");
    }
}
```

程序运行结果如下：

```
21 世纪闰年如下：
2000   2004   2008   2012   2016
2020   2024   2028   2032   2036
2040   2044   2048   2052   2056
2060   2064   2068   2072   2076
2080   2084   2088   2092   2096
程序运行时间为:10 微秒
```

6.5 数据操作类 Math 与 Random

6.5.1 Math 类

java.lang.Math 类中包含 E 和 PI 两个静态常量，以及进行科学计算的类（static）方法，可以直接通过类名调用。

1. 属性

（1） static final double E=2.718281828459045；

（2） static final double PI=3.141592653589793；

2. 常用方法（见表 6-10）

表 6-10　Math 类常用方法

返回类型	方法声明	功能描述
int	max(int a,int b)	返回两个 int 值中最大的那一个
double	abs(double a)	返回一个 double 值的绝对值
double	acos(double a)	返回一个值的反余弦值，返回的角度范围从 0.0 到 pi
double	asin(double a)	返回一个值的反正弦，返回的角度范围在 - pi/2 到 pi/2
double	ceil(double a)	返回最小的 double 值，大于或等于参数，并等于一个整数
double	floor(double a)	返回最大的 double 值，小于或等于参数，并等于一个整数

【例 6-7】 Math 类的各种方法的示例。

//Ex6_7.java

```java
public class Ex6_7{
    public static void main(String[]args){
        /*---------下面是大小相关的运算---------*/
        System.out.println("最大值 Math.max(2.3,4.5):"+Math.max(2.3,4.5));
        System.out.println("最小值 Math.min(1.2,3.4):"+Math.min(1.2,3.4));
        System.out.println("伪随机数 Math.random():"+Math.random());

        /*---------下面是三角运算---------*/
        System.out.println("弧度转换为角度 Math.toDegrees(1.57):"+Math.toDegrees(1.57));
        System.out.println("角度转换为弧度 Math.toRadians(90):"+Math.toRadians(90));

        /*---------下面是取整运算---------*/
        System.out.println("小于取整 Math.floor(-1.2 ):"+Math.floor(-1.2));
        System.out.println("大于取整 Math.ceil(1.2):"+Math.ceil(1.2));
        System.out.println("四舍五入取整 Math.round(2.3):"+Math.round(2.3));

        /*---------下面是乘方、开方、指数运算---------*/
        System.out.println("平方根 Math.sqrt(2.3):"+Math.sqrt(2.3));
        System.out.println("立方根 Math.cbrt(9):"+Math.cbrt(9));

        /*---------下面是符号相关的运算---------*/
        System.out.println("绝对值 Math.abs(-4.5):"+Math.abs(-4.5));
        System.out.println("符号赋值 Math.copySign(1.2,-1.0):"+Math.copySign(1.2,-1.0));
    }
}
```

程序运行结果如图 6-2 所示：

```
最大值Math.max(2.3 , 4.5)：4.5
最小值Math.min(1.2 , 3.4)：1.2
伪随机数Math.random()：0.9824809604366158
弧度转换角度Math.toDegrees(1.57)：89.95437383553926
角度转换为弧度Math.toRadians(90)：1.5707963267948966
小于取整Math.floor(-1.2 )：-2.0
大于取整Math.ceil(1.2)：2.0
四舍五入取整Math.round(2.3)：2
平方根Math.sqrt(2.3)：1.51657508881031
立方根Math.cbrt(9)：2.080083823051904
绝对值Math.abs(-4.5)：4.5
符号赋值Math.copySign(1.2, -1.0)：-1.2
```

图 6-2　［例 6-7］运行结果

6.5.2 Random 类

Random 类属于 java.util 包。Random 类中实现的随机算法是伪随机的，也就是有规则的随机。在进行随机时，随机算法的起源数字称为种子数（seed），在种子数的基础上进行一定的变换，从而产生需要的随机数字。

案例：利用 Random 类实现模拟摇奖程序

相同种子数的 Random 对象，相同次数生成的随机数字是完全相同的。也就是说，两个种子数相同的 Random 对象，第一次生成的随机数字完全相同，第二次生成的随机数字也完全相同。这点在生成多个随机数字时需要特别注意。

1. 构造器

（1）Random()——以当前系统时钟的时间（毫秒数）为种子构造对象，该构造器产生的随机数序列不会重复。

（2）Random (long seed) ——以 seed 为种子构造对象。

2. 常用方法（见表 6-11）

表 6-11 Random 类常用方法

返回类型	方法声明	功能描述
void	setSeed(long seed)	设置种子数
void	nextBytes(byte[ ]bytes)	产生一组随机字节数放入字节数组 bytes 中
int	nextInt()	返回下一个 int 伪随机数
int	nextInt(int n)	返回下一个 0~n（包括 0 但不包括 n）之间的 int 伪随机数
long	nextLong()	返回下一个 long 伪随机数
float	nextFloat()	返回下一个 0.0~1.0 之间的 float 伪随机数
double	nextDouble()	返回下一个 0.0~1.0 之间的 double 伪随机数

【例 6-8】 Random 类的使用——模拟摇奖程序。
//Ex6_8.java

```
import java.util.Random;
public class Ex6_8{
    public static void main(String[]args){
        String product="矿泉水,打火机,雨伞,指甲刀,没中奖";
        String[]p=product.split(",");
        Random ran=new Random();
        int i=ran.nextInt(5);
        System.out.println("奖品是:"+p[i]);
    }
}
```

程序运行结果：

奖品是:打火机

【案例 6-2】 随机安排座位号

■ 案例描述

综合案例：随机安排座位号

生活中，有时需要为某考试或活动的参与人员随机安排座位号。请应用所学知识，编写一个 Java 程序，为 n 个参加考试的人员生成考号并随机安排考场座位号。要求如下。

● 从键盘输入考场号和考生人数，考号由"考场号+考生顺序号"组成，如：考场号 2017101，考生人数 30，则考号为 201710101～201710130。

● 座位号总数与考生数相同，且从 1 号开始。如前面考生数为 30，则座位号为 1～30；为考生分配的座位号是随机的，不允许出现重复或超出座位号范围的情况。

● 按考号顺序输出考号和座位号，格式如下：

考号:201710101,座位号:n(随机值)

运行结果如图 6-3 所示：

请输入考场号：
20170101
请输入本考场考生数：
10
考号：2017010101,座位号：4
考号：2017010102,座位号：2
考号：2017010103,座位号：9
考号：2017010104,座位号：3
考号：2017010105,座位号：5
考号：2017010106,座位号：8
考号：2017010107,座位号：10
考号：2017010108,座位号：1
考号：2017010109,座位号：6
考号：2017010110,座位号：7

图 6-3 ［案例 6-2］运行结果

■ 案例目标

◇ 学会"随机安排座位号"程序的实现思路。
◇ 熟悉字符串类 String 的操作。
◇ 掌握 Random 类的编程应用。
◇ 正确使用二维数组和循环控制语句。

■ 实现思路

分析案例描述和要求可知，本案例程序主要有 3 个任务：按考场号和考生数生成顺序的考号；为考号生成唯一的随机座位号；输出考号及对应的座位号。可以为前两个任务分别定义一个方法实现，然后在主方法中调用这两个方法，再实现输出。

(1) 定义方法 produceTestNumbers (int n，int[]a)，为考场 n 生成顺序考号，存于 a。

(2) 定义方法 produceRandomNumbers (int[]b)，为考生生成随机座位号，存于 b。

(3) 在主方法中：

用 Scanner 类的 readInt()方法从键盘读入考场编号和考生数；

模块 6 Java 常用 API

声明二维数组 int[2][n]stu，stu[0] 存储考号，stu[1] 存储该考生的座位号；
调用方法 produceTestNumbers 为考场生成考生号；
调用方法 produceRandomNumbers 为考生生成随机座位号；
遍历数组 stu 输出考生信息。

■ 参考代码

//Test6_2.java

```java
import java.util.Random;
import java.util.Scanner;

public class Test6_2{
    public static void main(String[]args){
        //从键盘输入考场编号和考生数
        Scanner sc=new Scanner(System.in);
        System.out.println("请输入考场号:");
        int tid=sc.nextInt();//从键盘输入考场号 tid
        System.out.println("请输入本考场考生数:");
        int n=sc.nextInt();//从键盘输入考生数
        //二维数组存储考号和座位号:tester[0]保存考号,tester[1]保存座位号
        int[][]tester=new int[2][n];
        produceTestNumbers(tid,tester[0]);//生成考生号
        produceRandomNumbers(tester[1]);//生成随机座位号
        //遍历数组输出考号和座位号
        for(int i=0;i<n;i++){
            System.out.println("考号:"+tester[0][i]+",座位号:"+tester[1][i]);
        }
        sc.close();
    }
    //按考场号 s 和考生数 n 生成顺序的考号,保存在数组 test 中
    public static void produceTestNumbers(int s,int[]arr){
        for(int i=0;i<arr.length;i++){
            if(i<9){//为末两位是 10 以下的考号序号补足空位 0,考号从 01 开始
                arr[i]=Integer.parseInt(s+"0"+(i+1));
            } else{
                arr[i]=Integer.parseInt(s+""+(i+1));
            }
        }
    }
    //产生 arr.length 个不同的随机数存入数组,随机数范围是 1~arr.length
    public static void produceRandomNumbers(int[]arr){
        Random ra=new Random();
```

```
        int i=0;
        int n=a.length;//产生随机数的个数
        //产生 n 个值为 1~n 之间的不同的随机数
        LO:while(i<n){
            int m=ra.nextInt(n+1);//产生一个 0~n 之间的随机整数
            if(m==0)
                continue;//若产生的随机数为 0,则重新产生随机数
            for(int j=0;j<i;j++)//若产生的随机数已存在,则重新产生随机数
                if(arr[j]==m)
                    continue LO;
            arr[i]=m;
            i++;//将随机数存入数组,继续产生下一个随机数
        }
    }
}
```

习 题 6

一、填空题

1. 在 Java 中定义了两个类来封装对字符串的操作，它们分别是_____和_____。
2. Math 类中用于计算所传递参数平方根的是_____。
3. Math 类中有两个静态常量 PI 和 E，分别代表数字常量_____和_____。
4. Java 中的用于产生随机数的类是_____，它位于_____包中。
5. 已知 sb 为 StringBuffer 的一个实例，且 sb.toString()的值为"abcde"，则执行 sb.reverse()后，sb.toString()的值为_____。

二、选择题

1. 先阅读下面的程序片段：
   String str="abccdefcdh";
   String [] arr=str.split("c");
   System.out.println(arr.length);
   程序执行后，打印的结果是？（   ）
   A. 2   B. 3   C. 4   D. 5
2. 以下都是 Math 类的常用方法，其中用于计算绝对值的方法是哪个？（   ）
   A. ceil()   B. floor()   C. abs()   D. random()
3. Random 对象能够生成以下哪种类型的随机数？（   ）
   A. int   B. string   C. double   D. A 和 C
4. String s="abcdecba"，则 s.substring(3,4) 返回哪个字符串？（   ）

A. cd B. de C. d D. e

5. 要产生［20，999］之间的随机整数可以使用以下哪个表达式？（　　　）

A.（int）（20+Math.random（）* 97）; B. 20+（int）（Math.random* 980）;

C.（int） Math.random（）* 999; D. 20+（int） Math.random* 980;

模块 7

集合类

学习目标：

- 了解 Java 集合类，明确单列集合和双列集合特点
- 掌握 ArrayList、LinkedList、HashSet、TreeSet 单列集合
- 学会用 Iterator 迭代器及 foreach 循环对集合遍历的编程方法
- 掌握 HashMap、TreeMap 双列集合，能编程实现双列集合元素的存取
- 学会使用 Collections、Arrays 工具类操作集合和数组

7.1 集合概述

7.1.1 集合的概念和分类

程序中可以通过数组来保存多个对象，但有时无法确定到底需要保存多少个对象，此时数组将不再适用，因为数组的长度不可变。为了保存这些数目不确定的对象，JDK 提供了一系列特殊的类，这些类可以存储任意类型的对象，并且长度可变，统称为集合。这些类都位于 java.util 包中，使用时一定要注意导入对应的包，否则会出现异常。

Java 集合框架类介绍

集合按照其存储结构可以分为两大类，即单列集合 Collection 和双列集合 Map，这两种集合的特点如下。

1. Collection

单列集合类的根接口，用于存储一系列符合某种规则的对象，这些对象也称为 Collection 的元素。一些 Collection 允许有重复的元素，而另一些则不允许；一些 Collection 是有序的，而另一些则是无序的。它有两个重要的子接口，分别是 List 和 Set。

其中，List 的特点是元素有序并且可重复；Set 的特点是元素无序并且不可重复。List 接口的主要实现类有 ArrayList 和 LinkedList，Set 接口的主要实现类有 HashSet 和 TreeSet。

2. Map

双列集合类的根接口，用于存储具有键（Key）、值（Value）映射关系的元素，每个元素都包含一对键值，使用 Map 集合时可以通过指定的 Key 找到对应的 Value，例如，根据一个学生的学号就可以找到对应的学生。Map 接口的主要实现类有 HashMap 和 TreeMap。

本章所要介绍的集合类可以用一张简要的集合框架图来表示，如图 7-1 所示。

图 7-1 中虚线边框的是接口类型，比如 Collection、List、Set、Map 等，而实线边框的是实现类，比如 ArrayList、LinkedList、HashMap 等。

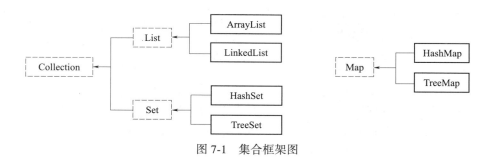

图 7-1 集合框架图

7.1.2 Collection 接口

Collection 作为单列集合的根接口,定义了单列集合通用的一些方法,这些方法可用于操作所有的单列集合,如表 7-1 所列。

表 7-1 Collection 接口的方法

返回类型	方法声明	功能描述
boolean	add (Object o)	向集合中添加一个元素
void	clear()	移除此集合中的所有元素
boolean	contains (Object o)	判断该集合中是否包含某个元素
boolean	isEmpty()	判断该集合是否为空
Iterator	Iterator()	返回在该集合的迭代器,用于遍历集合元素
boolean	remove (Object o)	从此集合中移除指定元素的单个实例
int	size()	返回此集合元素个数

表 7-1 中所列举的方法,都来自 Java API 文档,初学者可以通过查询 API 文档来学习这些方法的具体用法。

7.2 List 接口

List 接口继承自 Collection 接口,通常将实现了 List 接口的对象称为 List 集合。在 List 集合中,元素的存入顺序和取出顺序一致,允许出现重复的元素,所有的元素以一种线性方式进行存储。在程序中可以通过索引来访问集合中的指定元素。

List 不但继承了 Collection 接口中的全部方法,还增加了一些根据元素索引来操作集合的特有方法,如表 7-2 所列。所有的 List 实现类都可以通过调用这些方法对集合元素进行操作。

表 7-2 List 集合常用方法表

返回类型	方法声明	功能描述
void	add (int index,Object element)	将元素 element 插入到 List 集合的 index 处
Object	get (int index)	返回集合索引 index 处的元素

续表

返回类型	方法声明	功能描述
Object	remove (int index)	删除 index 索引处的元素
int	indexOf (Object o)	返回对象 o 在 List 集合中出现的位置索引
int	lastIndexOf (Object o)	返回对象 o 在 List 集合中最后一次出现的位置索引
List	subList (int fromIndex，int toIndex)	返回从索引 fromIndex（包括）到 toIndex（不包括）处所有元素集合组成的子集合

7.2.1 ArrayList 集合

ArrayList 是 List 接口的一个实现类，每个 ArrayList 实例都有一个容量。该容量是指用来存储列表元素的数组的大小。随着向 ArrayList 中不断添加元素，其容量也自动增长。因此，ArrayList 集合可以看作是一个大小可变的数组。ArrayList 集合继承了父类 Collection 和 List 中大部分的方法，其中 add() 方法和 get()方法用于实现元素的存取，接下来通过一个例子来介绍 ArrayList 集合如何存取元素。

ArrayList 集合的使用

【例 7-1】ArrayList 集合使用。

//Ex7_1.java

```java
import java.util.*;
public class Ex7_1{
    public static void main(String[]args){
        ArrayList alist=new ArrayList();//创建 ArrayList 集合
        ArrayList blist=new ArrayList();
        alist.add("a1");//向集合中添加元素
        alist.add("a2");
        alist.add("a3");
        blist.add("b1");
        blist.add("b2");
        System.out.println("1)alist:"+alist);        //输出集合元素
        alist.addAll(1,blist);                       //将 blist 添加到 alist
        System.out.println("2)alist:"+alist);
        alist.remove(2);                             //删除索引为 2 的元素
        alist.set(3,"c1");                           //替换索引为 3 的元素
        //输出集合元素及其长度
        System.out.println("3)alist:"+alist+"长度:"+alist.size());
        //输出指定范围的元素
        System.out.println("索引 1 至 2 的子集合是:"+alist.subList(1,3));
    }
}
```

运行结果如图 7-2 所示。

```
1)alist: [a1, a2, a3]
2)alist: [a1, b1, b2, a2, a3]
3)alist: [a1, b1, a2, c1] 长度: 4
索引1至2的子集合是: [b1, a2]
```

图 7-2　例 7-1 运行结果

ArrayList 集合在增加或删除元素时，需要创建新的数组，效率比较低，因此不适合做大量的增删操作。但它可以通过索引的方式来访问元素，因此，使用 ArrayList 集合很适合查找元素。

注意：

（1）在编译例 7-1 时，会得到如图 7-3 所示的警告，意思是说在使用 ArrayList 集合时并没有显式指定集合中存储什么类型的元素，会产生安全隐患，这个问题与泛型安全机制有关。泛型相关的知识后面会详细讲解，现在无需考虑。

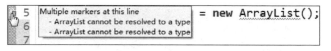

图 7-3　例 7-1 编译时出现警告

（2）在编写程序时，要使用 import java.util.ArrayList 语句导入包，否则程序将会编译失败，显示类找不到，如图 7-4 所示。

图 7-4　例 7-1 修改后编译报错

7.2.2　LinkedList 集合

LinkedList 是 List 接口的另一个实现类，它克服了 ArrayList 集合在增删元素时效率较低的缺点。该集合内部采用一个双向循环链表，链表中的每一个元素都通过引用的方式来连接它的前一个元素（即前驱）和后一个元素（即后继）。当插入一个新元素时只需要修改元素之间的这种引用关系即可，删除一个结点也是如此。正因为这样的存储结构，所以 LinkedList 集合对于元素的增删操作具有很高的效率，LinkedList 集合增加元素和删除元素的过程如图 7-5 所示。

LinkedList 集合的概念和增删操作

LinkedList 集合常用方法的操作

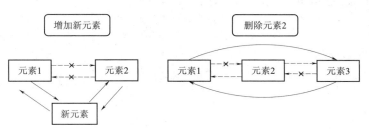

图 7-5　LinkedList 集合增删元素过程示意图

LinkedList 集合专门针对元素的增删操作定义了一些特有的方法，如表 7-3 所列。

表 7-3 LinkedList 集合常用方法表

返回类型	方法声明	功能描述
void	add(int index，E element)	将元素 element 添加到列表中的 index 处
void	addFirst(Object o)	将指定元素添加到此列表的开头
void	addLast(Object o)	将指定元素添加到此列表的结尾
Object	getFirst()	返回此列表的第一个元素
Object	getLast()	返回此列表的最后一个元素
Object	removeFirst()	移除并返回此列表的第一个元素
Object	removeLast()	移除并返回此列表的最后一个元素

表 7-3 中列出的方法主要针对集合中的元素进行增加、删除和获取操作，下面通过例 7-2 来介绍这些方法的使用。

【例 7-2】 LinkedList 集合的使用
//Ex7_2.java

```java
import java.util.* ;
public class Ex7_2{
    public static void main(String[]args){
        LinkedList link=new LinkedList();    //创建 LinkedList 集合
        link.add("a");
        link.add("b");
        link.add("c");
        link.add("d");
        System.out.println(link.toString());    //取出并打印该集合中的元素
        link.add(3,"e");                         //向该集合中指定位置插入元素
        link.addFirst("f");                      //向该集合第一个位置插入元素
        System.out.println(link);
        System.out.println(link.getFirst());     //取出该集合中第一个元素
        System.out.println(link.getLast());      //取出该集合中最后一个元素
        link.remove(3);                          //移除该集合中指定位置的元素
        link.removeLast();                       //移除该集合中最后一个元素
        System.out.println(link);
    }
}
```

运行结果如图 7-6 所示。

```
[a, b, c, d]
[f, a, b, c, e, d]
f
d
[f, a, b, e]
```

图 7-6　例 7-2 运行结果

7.2.3　Iterator 迭代器

Iterator 是用于对集合进行迭代的迭代器接口。在程序开发中，经常需要遍历集合中的所有元素。Iterator 主要用于迭代访问（即遍历）集合中的元素。它的主要方法如表 7-4 所列。

集合的遍历：
使用 Iterator 迭代器

表 7-4　Iterator 常用方法表

返回类型	方法声明	功能描述
boolean	hasNext()	如果仍有元素可以迭代，则返回 true
Object	next()	返回迭代的下一个元素
void	remove()	从集合中移除 next 方法返回的最后一个元素

下面通过一个例子来学习如何使用 Iterator 迭代器遍历集合中的元素，假设学校购买一批图书，书名存储在一个集合中且有重复值，现在一本名为《计算机导论》的图书不需购买，这时需要在遍历集合时找出该书名并将其删除。

【例 7-3】 Iterator 迭代器遍历集合。

```
//Ex7_3.java
import java.util.*;
public class Ex7_3{
    public static void main(String[]args){
        ArrayList books=new ArrayList();         //创建 ArrayList 集合
        books.add("Java 程序设计");
        books.add("操作系统");
        books.add("计算机导论");
        books.add("数据结构");
        books.add("计算机导论");
        Iterator it=books.iterator();             //获得 Iterator 对象
        while(it.hasNext()){                      //判断该集合是否有下一个元素
            Object bk=it.next();                  //获取该集合中的元素
            if("计算机导论".equals(bk)){          //判断该元素是否为"计算机导论"
                it.remove();                      //删除该集合中的元素
            }
```

```
        }
        System.out.println(books);
    }
}
```

运行结果如图 7-7 所示。

[Java程序设计，操作系统，数据结构]

图 7-7　例 7-3 运行结果

Iterator 迭代器对象在遍历集合时，用指针指向集合中的元素，下面通过一个图例来描述 Iterator 对象迭代元素的过程，如图 7-8 所示。

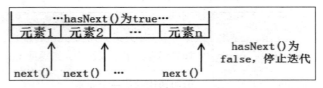

图 7-8　遍历元素过程图

在图 7-8 中，在调用 Iterator 的 next()方法之前，迭代器的指针指向第一个元素，当第一次调用迭代器的 next()方法时，将指针指向的第一个元素返回，迭代器的指针向后移动一位，指向第二个元素，再次调用 next()方法时，将指针指向的第二个元素返回，迭代器的指针向后移动一位，以此类推，直到迭代器的指针指向 null，则 hasNext()方法返回 false，表示到达了集合的末尾，遍历终止。

注意：如果进行迭代时，用其他方式而不是 Iterator 迭代器自身的方法，修改了迭代器所指向的集合，则迭代器的行为是不确定的。比如迭代时调用了集合对象的方法删除元素，会出现异常。将例 7-3 中第 14 行代码替换成 books.remove(bk) 来演示这种异常，代码如下：

```
if("计算机导论".equals(bk)){
    books.remove(bk);
}
```

运行结果如图 7-9 所示。

```
Exception in thread "main" java.util.ConcurrentModificationException
        at java.util.ArrayList$Itr.checkForComodification(ArrayList.java:859)
        at java.util.ArrayList$Itr.next(ArrayList.java:831)
```

图 7-9　运行结果

程序运行时迭代器对象抛出了并发修改异常 ConcurrentModifcationException。出现异常的原因是调用集合对象的方法删除元素，会导致迭代器预期的迭代次数发生改变，则迭代器的行为不确定。

7.2.4 foreach 循环

集合的遍历：使用 foreach 循环

foreach 循环是 JDK5.0 的新特征之一，用于遍历数组或集合中的元素。foreach 循环是 for 循环的特殊简化版本，但是并不能完全取代 for 循环，任何的 foreach 循环都可以改写为 for 循环。其具体语法格式如下：

```
for(容器中元素类型 临时变量:容器对象){
    执行语句
}
```

从上面的格式可以看出，与 for 循环相比，foreach 循环不需要获得容器的长度，也不需要根据索引访问容器中的元素；与 Iterator 相比，foreach 循环无须调用 hasNext()和 next()方法，它会自动遍历容器中的每个元素。接下来通过一个案例对 foreach 循环进行详细介绍。

【例 7-4】 使用 foreach 循环遍历数组和集合。
//Ex7_4.java

```java
import java.util.ArrayList;
public class Ex7_4{
    public static void main(String[]args){
        int arr[]={2,3,1};                      //创建数组 arr
        ArrayList alist=new ArrayList();//创建 ArrayList 集合
        alist.add("a1");                        //向 ArrayList 集合中添加字符串元素
        alist.add("a2");
        alist.add("a3");
        for(int x:arr){                         //使用 foreach 循环遍历数组元素
            System.out.println(x);              //输出数组元素
        }
        for(Object o:alist){                    //使用 foreach 循环遍历 ArrayList 对象
            System.out.println(o);              //输出集合元素
        }
    }
}
```

运行结果如图 7-10 所示。

图 7-10 例 7-4 运行结果

foreach 循环也有它的局限性，当遍历数组和集合时，只能访问数组和集合中的元素，不能对元素进行修改，但使用普通 for 循环可以。

7.2.5 泛型

1. 什么是泛型

首先，通过一个例子，介绍什么是泛型，以及为什么要使用泛型。

【例 7-5】 不使用泛型的集合操作。

泛型及其应用

```
//Ex7_5.java
import java.util.*;
public class Ex7_5{
    public static void main(String[]args){
        ArrayList alist=new ArrayList();        //创建 ArrayList 集合
        alist.add("Adam");                       //添加字符串对象
        alist.add("Eve");
        alist.add(1);                            //添加 Integer 对象
        for(Object obj:alist){                   //遍历集合
            System.out.println((String) obj);    //强制转换成 String 类型并输出
        }
    }
}
```

运行结果如图 7-11 所示。

```
Adam
Eve
Exception in thread "main" java.lang.ClassCastException: java.lang.Integer cannot be cast to java.lang.String
    at clei.c11.Example01.main(Example01.java:10)
```

图 7-11 例 7-5 运行结果

上面这个例子主要反映出两个问题：

（1）将一个对象存入集合中，集合不会记住此对象的类型，当再次从集合中取出此对象时，该对象的编译类型变成了 Object 类型，但其运行时，对象依然为其本身类型。

（2）在取出元素时，如果需要人为的强制类型转换到具体的目标类型，就很容易出现 java.lang.ClassCastException 异常。

那么，有没有什么办法可以解决上述问题呢？答案就是——泛型，即参数化类型（parameterized type）。一提到参数，最熟悉的就是定义方法时有形参，然后调用此方法时传递实参。同理，参数化类型就是将类型定义成参数形式（可以称之为类型形参），然后在使用时传入具体的、实际的类型（类型实参）。

泛型可以限定方法操作的数据类型，在定义集合类时，使用"<参数化类型>"的方式指定该类中方法操作的数据类型。对本例中的 ArrayList 集合，具体格式如下：

ArrayList<参数化类型> 对象名=new ArrayList<参数化类型>();

接下来对例 7-5 中的第 4 行代码进行修改，如下所示：

ArrayList<String>alist=new ArrayList<String>();   //创建集合对象并指定泛型为 String

上面这种写法就限定了 ArrayList 集合只能存储 String 类型元素，将改写后的程序再次编译，程序在编译时就会出现错误提示，如图 7-12 所示。

```
7  Multiple markers at this line
8    - The method add(int, String) in the type ArrayList<String> is not applicable for the arguments (int)
     - Type safety: The method add(Object) belongs to the raw type ArrayList. References to generic type ArrayList<E> should be parameterized
```

图 7-12 例 7-5 修改后运行结果

下面使用泛型对刚才的程序例 7-5 进行改写，如例 7-6 所示。

【例 7-6】 使用泛型的集合操作。

//Ex7_6.java

```java
import java.util.ArrayList;
public class Ex7_6{
    public static void main(String[]args){
        ArrayList<String> alist=new ArrayList<String>();//创建 ArrayList 集合,使用泛型
        alist.add("Adam");            //添加字符串对象
        alist.add("Eve");
        //alist.add(1);               //编译出错,不能添加 Integer 对象
        for(String str:alist){        //遍历集合
            System.out.println(str);
        }
    }
}
```

运行结果如图 7-13 所示。

```
Adam
Eve
```

图 7-13 例 7-6 运行结果

2. 自定义泛型

其实类和方法都可以自定义泛型。那么，什么情况下需要自定义泛型类和泛型方法呢？下面通过一个例子来演示这种情况。

【例 7-7】 不使用自定义泛型类的程序。

//Ex7_7.java

```java
class Container{                      //创建 Container 类
    private Object n;
    public Container(Object n){       //有参构造函数
        this.n=n;
    }
    public Object get(){              //定义一个 get()方法用于获取数据
        return n;
    }
}
```

```
}
public class Ex7_7{
    public static void main(String[]args){
        Container box=new Container(10);    //创建 Container 对象
        Integer n=box.get();                //取出数据
        System.out.println(n);
    }
}
```

运行结果如图 7-14 所示。

图 7-14 例 7-7 运行结果

从运行结果可以看出，程序在编译时就报错，这是因为创建 Container 类对象时存入了一个整型数 10，而后面取出这个数据时，将该数据赋值给 Integer 类型的变量 n，出现了类型不匹配的错误。为了解决这个问题，就可以使用自定义泛型。

接下来通过一个例子来学习如何自定义泛型。

【例 7-8】使用自定义泛型类的程序。

//Ex7_8.java

```
class Container <T>{                //创建 Container 类
    private T n;
    public Container(T n){          //有参构造函数
        this.n=n;
    }
    public T get(){                 //定义一个 get()方法用于获取数据
        return n;
    }
}
public class Ex7_8{
    public static void main(String[]args){
        Container<Integer> box=new Container<Integer>(10);   //创建 Container 对象
        Integer n=box.get();        //取出数据
        System.out.println(n);
    }
}
```

运行结果如图 7-15 所示。

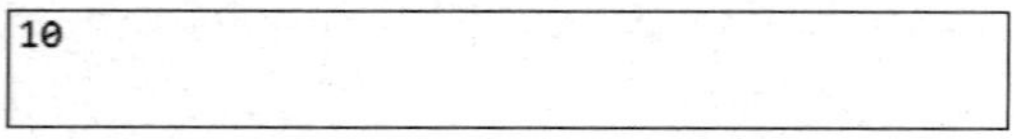

图 7-15 例 7-8 运行结果

例 7-8 中，在定义 Container 类时，声明了参数类型为 T，在创建类对象时通过<Integer>将参数 T 指定为 Integer 类型，构造函数实参为 10，后面 box.get()方法取出的数据也是 Integer 类型，将该数据赋值给 Integer 类型的变量 n，类型匹配运行成功。自定义泛型在编译阶段就能发现类型是否匹配的问题，提醒程序员及时解决问题。

【案例 7-1】 图书查询程序设计

■ 案例描述

我们去图书馆借阅时，都会先查询一下是否有自己想要的图书。本案例要求使用所学知识编写一个图书查询程序。该程序通过输入数字 1 或 2，选择不同的功能：1——可以显示所有图书名称；2——可以根据输入的图书名称查询图书馆是否有这本书，如果有，提示此图书存在，否则提示此图书不存在。

程序运行结果如图 7-16 和图 7-17 所示。

```
请输入数字选项：1.显示所有图书，2.查询指定图书。
1
*从ArrayList检索对象*
Java程序设计
计算机导论
操作系统
数据结构
Web开发技术
UML设计及应用
```

图 7-16　案例 7-1 运行结果 1

```
请输入数字选项：1.显示所有图书，2.查询指定图书。
2
请输入要查询的图书名称：
数据结构
图书：数据结构——存在。
```

图 7-17　案例 7-1 运行结果 2

■ 案例目标

◇ 学会分析"图书查询"程序实现的设计思路。
◇ 理解并掌握用 List 集合完成数据的添加、遍历和查找的方法。
◇ 理解并掌握用 foreach 循环遍历集合的编程方法。
◇ 能够独立完成"图书查询"程序的源代码编写、编译及运行。

■ 实现思路

分析案例描述，可以通过书名字符串表达要查询的图书，也可以定义图书类描述图书，假设通过字符串表达图书信息。由于案例中只需要记录图书名称，可以用一个单列集合对象来存放图书名称，然后对该集合进行查找和遍历就可以了。

（1）首先，定义图书列表类 BookList，封装保存图书信息的 ArrayList 集合对象 bookArray，在构造方法中创建该集合对象。

（2）在 BookList 类中定义 3 个成员方法：add()实现添加图书信息功能；display()实现显

示所有图书名称功能；find()实现根据读者输入的图书名称查询图书是否存在的功能。

（3）最后编写测试类，在其 main 方法中创建 BookList 对象、用 switch 分支语句实现根据用户输入不同选择不同的功能的效果。

■ 实现代码

（1）图书列表类 BookList。

//BookList.java

```java
import java.util.*;
public class BookList{
    ArrayList bookArray;        //存放图书名称的集合
    public BookList(){          //构造方法
        bookArray=new ArrayList();
    }
    //向 ArrayList 添加元素
    public void add(){
        bookArray.add("Java 程序设计");
        bookArray.add("计算机导论");
        bookArray.add("操作系统");
        bookArray.add("数据结构");
        bookArray.add("Web 开发技术");
        bookArray.add("UML 设计及应用");
    }
    //显示 ArrayList
    public void display(){
        System.out.println("*从 ArrayList 检索对象*");
        for(Object obj:bookArray){      //通过增强 for 循环遍历集合
            System.out.println(obj);
        }
    }
    //查询 ArrayList
    public void find(){
        System.out.println("请输入要查询的图书名称:");
        String bn="";
        Scanner sc=new Scanner(System.in);
        bn=sc.next();        //将键盘输入的数据赋给 bn
        for(Object obj:bookArray){
            if(obj.equals(bn)){  //判断集合中的元素是否和输入的书名相等
                System.out.println("图书:"+bn+"——存在。");
                return;
            }
        }
        System.out.println("图书:"+bn+"——不存在。");
    }
}
```

(2)测试类 BookListTest。
//BookListTest.java

```java
public class BookListTest{
    public static void main(String[]args){
        BookList blist=new BookList();
        int n;
        blist.add();
        System.out.println("请输入数字选项:1.显示所有图书,2.查询指定图书。");
        Scanner sc=new Scanner(System.in);
        n=sc.nextInt();        //输入数字选项
        switch(n){             //通过 switch 结构选择不同的功能
            case 1:   blist.display();break;
            case 2:   blist.find();
        }
    }
}
```

7.3 Set 接口

Set 接口和 List 接口都继承自 Collection 接口。与 List 接口不同，Set 接口不允许出现重复元素，集合中的元素位置无序，有且只有一个值为 null 的元素。

Set 接口主要有 HashSet 和 TreeSet 两个实现类。其中，HashSet 是根据对象的哈希值来确定元素在集合中的位置，因此具有良好的存取和查找性能；TreeSet 是以二叉树的方式来存储元素，它可以对集合中的元素进行排序。

7.3.1 HashSet 集合

HashSet 存储的元素是不可重复的，并且元素都是无序的。Set 集合与 List 集合存取元素的方式相同，此处不再详述，下面通过一个例子来演示 HashSet 集合的用法。

【例 7-9】HashSet 集合的使用。
//Ex7_9.java

```java
import java.util.*;
public class Ex7_9{
    public static void main(String[]args){
        HashSet set=new HashSet();          //创建 HashSet 集合
        set.add("Kevin");                   //向该 Set 集合中添加字符串
        set.add("Mary");
        set.add("Eve");
        set.add("Mary");                    //向该 Set 集合中添加重复元素
        set.add("Jack");
        Iterator it=set.iterator();         //获取 Iterator 对象
```

```
        while (it.hasNext()){           //通过 while 循环,判断集合中是否有元素
            Object obj=it.next();       //通过迭代器的 next()方法获取元素
            System.out.println(obj);
        }
        System.out.println("please input the name:");
        Scanner sc=new Scanner(System.in);   //从键盘输入要查询的名字
        String name=sc.next();
        if(set.contains(name))               //判断集合中是否存在此名字
            System.out.println(name+"is exist.");
        else
            System.out.println(name+"is not exist.");
        set.remove("Kevin");                 //从集合中删除 Kevin
        System.out.println("Kevin is removed.now the set is:"+set);
    }
}
```

运行结果如图 7-18 所示。

```
Jack
Mary
Eve
Kevin
please input the name:
Mary
Mary is exist.
Kevin is removed.now the set is:[Jack, Mary, Eve]
```

图 7-18 例 7-9 运行结果

HashSet 集合是如何做到添加的元素不出现重复的呢？关键是存入对象的 hashCode()和 equals()方法：向 HashSet 中存入对象时，首先调用存入对象的 hashCode()方法获得对象的哈希值，然后根据对象的哈希值计算出一个存储位置。如果该位置上没有元素，则将元素存入；如果该位置上已有元素，则调用 equals()方法比较这两个元素是否相同，如果不相同，则通过探测再散列的方法找到一个新的不冲突的存储位置，将该元素存入集合；如果相同，说明是重复元素，则不存入集合。

向 HashSet 集合中存入元素时，为了保证 HashSet 正常工作，要求被存入对象应重写 hashCode()和 equals()方法。如例 7-9 中将字符串存入 HashSet 时，String 类已经重写了 hashCode()和 equals()方法。但是如果将没有重写这两个方法的 Person 对象存入 HashSet，结果又如何呢？下面通过一个例子来进行演示。

【例 7-10】 在 HashSet 中存入没有重写 hashCode( )和 equals( )方法的对象。

```
//Ex7_10.java
import java.util.*;
class Person{
    String id;
    String name;
```

```
        public Person(String id,String name){        //创建构造方法
            this.id=id;
            this.name=name;
        }
        public String toString(){                    //重写 toString()方法
            return id+":"+name;
        }
    }
    public class Ex7_10{
        public static void main(String[]args){
            HashSet hs=new HashSet();                //创建 HashSet 集合
            Person p1=new Person("1","John");        //创建 Person 对象
            Person p2=new Person("2","Eva");
            Person p3=new Person("2","Eva");
            hs.add(p1);
            hs.add(p2);
            hs.add(p3);
            System.out.println(hs);
        }
    }
```

运行结果如图 7-19 所示。

```
[1:John, 2:Eva, 2:Eva]
```

图 7-19 例 7-10 运行结果

在例 7-10 中，向 HashSet 集合存入 3 个 Person 对象，并将这 3 个对象迭代输出。如图 7-19 所示的运行结果中出现了两个相同的人员信息"2: Eva"，二者为重复元素，本不应该同时出现在 HashSet 集合中。出现这种情况是因为在定义 Person 类时没有重写 hashCode()和 equals()方法。下面对例 7-10 中的 Person 类进行改写，假设只要 id 相同，就是同一个人员，改写后的代码如例 7-11 所示。

【例 7-11】在 **HashSet** 中存入重写了 **hashCode( )** 和 **equals( )** 方法的对象。
//Ex7_11.java

```
    import java.util.*;
    class Person{
        private String id;
        private String name;
        public Person(String id,String name){
            this.id=id;
            this.name=name;
        }
```

```java
        //重写 toString()方法
        public String toString(){
            return id+":"+name;
        }
        //重写 hashCode 方法
        public int hashCode(){
            return id.hashCode();            //返回 id 属性的哈希值
        }
        //重写 equals 方法
        public boolean equals(Object obj){
            Person p=(Person) obj;    //将对象强转为 Person 类型
            return    this.id==p.id; //返回判断结果
        }
}
public class Ex7_11{
    public static void main(String[]args){
        HashSet hs=new HashSet();              //创建 HashSet 对象
        Person p1=new Person("1","John");      //创建 Person 对象
        Person p2=new Person("1","Regan");
        Person p3=new Person("2","Eva");
        Person p4=new Person("2","Eva");
        Person p5=new Person("3","Eva");
        hs.add(p1);    //向集合存入对象
        hs.add(p2);
        hs.add(p3);
        hs.add(p4);
        hs.add(p5);
        System.out.println(hs);    //打印集合中的元素
    }
}
```

运行结果如图 7-20 所示。

```
[3:Eva, 2:Eva, 1:John]
```

图 7-20 例 7-11 运行结果

7.3.2 TreeSet 集合

TreeSet 是一个有序的 Set 集合，具有 Set 的属性和方法。它支持一系列的导航方法。比如查找与指定目标最匹配项。它能被复制，支持序列化。它内部采用自平衡的排序二叉树来存储元素。

所谓二叉树就是每个结点最多有两棵子树，即二叉树中的每个结点至多

TreeSet 集合的概念

有两个子结点，且每个子结点都有各自的位置关系，通常左侧的子结点称为"左子树"，右侧的子结点称为"右子树"，以只有 3 个结点的二叉树为例，其所有形态如图 7-21 所示。

TreeSet 集合的使用

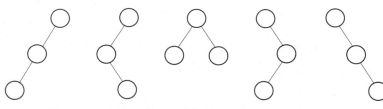

图 7-21　3 个结点的二叉树的所有形态

二叉树的种类很多，TreeSet 集合内部使用的是自平衡的排序二叉树，它的特点是存储的元素会按照大小排序，并能去除重复元素。例如，向一个 TreeSet 集合依次存入 8 个元素：10、7、12、9、1、12、11、27，其存储结构会形成一个排序二叉树的形态，如图 7-22 所示。

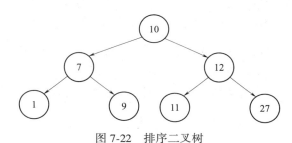

图 7-22　排序二叉树

从图 7-22 可以看出，向 TreeSet 集合依次存入元素时，先将第 1 个存入的元素放在二叉树的顶端，之后存入的元素与第一个元素比较，如果小于第一个元素就将该元素放在左子树上，如果大于第 1 个元素，就将该元素放在右子树上，以此类推，按照左子树元素小于右子树元素的规则进行排序。当二叉树中已经存入一个值为 12 的元素时，再向集合中存入一个值为 12 的元素，TreeSet 会把重复的元素去除。

TreeSet 集合的常用方法如表 7-5 所示。

表 7-5　TreeSet 中定义的方法

返回类型	方法声明	功能描述
boolean	add(Object o)	将指定的元素添加到集合（如果该元素不存在于集合）
Comparator<? super E>	comparator()	返回对此集合中的元素进行排序的比较器；如果此集合使用其元素的自然顺序，则返回 null
boolean	contains(Object o)	如果此集合包含指定的元素，则返回 true
Object	first()	返回此集合中当前第一个（最低）元素
Object	last()	返回此集合中当前最后一个（最高）元素

下面通过一个例子来演示 TreeSet 对元素的操作过程。

【例 7-12】TreeSet 集合的使用。

//Ex7_12.java

```java
import java.util.*;
public class Ex7_12{
    public static void main(String[]args){
        TreeSet ts=new TreeSet();        //创建 TreeSet 集合
        ts.add("Tom");                   //向 TreeSet 集合中添加元素
        ts.add("Eve");
        ts.add("Lucy");
        ts.add("Eve");
        ts.add("Susan");
        ts.add("Jane");
        Iterator it=ts.iterator();       //获取 Iterator 对象
        while(it.hasNext()){
            System.out.println(it.next());
        }
        System.out.println("集合逆序视图:"+ts.descendingSet());
        System.out.println("集合中最小值:"+ts.first());
        System.out.println("集合中最大值:"+ts.last());
    }
}
```

运行结果如图 7-23 所示。

```
Eve
Jane
Lucy
Susan
Tom
集合逆序视图:[Tom, Susan, Lucy, Jane, Eve]
集合中最小值:Eve
集合中最大值:Tom
```

图 7-23　例 7-12 运行结果

在 TreeSet 集合中存放 Person 类型对象时，如果 Person 类没有实现 Comparable 接口，则 Person 类型的对象将不能进行比较，这时，TreeSet 集合就不知道按照什么规则对 Person 对象进行排序。因此，为了在 TreeSet 集合中存放 Person 对象，必须使 Person 类实现 Comparable 接口，如例 7-13 所示。

【例 7-13】在 TreeSet 集合中存储实现 Comparable 接口的对象。

//Ex7_13.java

```java
import java.util.*;
class Person implements Comparable{      //定义 Person 类实现 Comparable 接口
```

```java
    String name;
    int age;
    public Person(String name,int age){        //创建构造方法
        this.name=name;
        this.age=age;
    }
    public String toString(){                  //重写 Object 类的 toString()方法,返回描述信息
        return name+":"+age;
    }
    public int compareTo(Object obj){          //重写 Comparable 接口的 compareTo 方法
        Person p=(Person) obj;                 //将比较对象强转为 Person 类型
        if(this.age >p.age ){                  //判断二者 age 的大小
            return 1;
        }
        if(this.age==p.age ){
            return this.name.compareTo(p.name);   //若 age 相等,则按 name 比较大小
        }
        return -1;
    }
}
public class Ex7_13{
    public static void main(String[]args){
        TreeSet ts=new TreeSet();              //创建 TreeSet 集合
        ts.add(new Person("Tom",21));          //向集合中添加元素
        ts.add(new Person("Eve",20));
        ts.add(new Person("Lucy",21));
        ts.add(new Person("Eve",20));
        Iterator it=ts.iterator();
        while(it.hasNext()){
            System.out.println(it.next());
        }
    }
}
```

运行结果如图 7-24 所示。

```
Eve:20
Lucy:21
Tom:21
```

图 7-24 例 7-13 运行结果

例 7-13 中,Person 类实现了 Comparable 接口中的 compareTo()方法。在 compareTo()方法中,首先对 age 进行比较,根据比较结果返回-1 和 1,若 age 相同,再对 name 进行比较。

从运行结果可以看出，人员首先按年龄排序，年龄相同时会按姓名排序。

7.4 Map 接口

在生活中，每个人都有唯一的身份证号，通过身份证号可以查询到个人的信息，二者是一对一的关系。在 Java 程序中，Map 接口可以存储这种具有对应关系的数据。Map 接口是一种双列集合，它的每个元素都包含一个键对象 Key 和一个值对象 Value，键和值对象之间存在一种对应关系，称为映射。Map 中的 key 可无序，不允许重复。Value 可无序，允许重复。一个映射不能包含重复的键；每个键最多只能映射一个值。Map 接口的常用方法如表 7-6 所列。

表 7-6 Map 集合常用方法表

返回类型	方法声明	功能描述
void	put(Object key, Object value)	将指定的值与此映射中的指定键关联（可选操作）
Object	get(Object key)	返回指定键所映射的值
boolean	containsKey(Object key)	如果此映射包含指定键的映射关系，则返回 true
boolean	containsValue(Object value)	如果此映射将一个或多个键映射到指定值，则返回 true
Set	keySet()	返回此映射中包含的键的 Set 视图
Collection<V>	values()	返回此映射中包含的值的 Collection 视图
Set<Map.Entry<K, V>>	entrySet()	返回此映射中包含的映射关系的 Set 视图

Map 接口最常用的实现类有 HashMap 和 TreeMap，接下来针对这两个类进行详细的讲解。

7.4.1 HashMap 集合

HashMap 集合是基于哈希表的 Map 接口的实现类。它用于存储键值映射关系，允许使用 null 值和 null 键，但必须保证不出现重复的键。HashMap 集合不保证映射的顺序，下面通过例 7-14 来学习 HashMap 的用法。

HashMap 集合的使用

【例 7-14】HashMap 的使用。
//Ex7_14.java

```
import java.util.*;
public class Ex7_14{
    public static void main(String[]args){
        Map m=new HashMap();//创建 Map 对象
        m.put("1","Tom");     //存储键和值
```

```
            m.put("2","Helen");
            m.put("3","Lily");
            m.put("3","Mary");
            for(int i=1;i<=3;i++){
                String si=new String();
                System.out.println(i+":"+m.get(si.valueOf(i)));//根据键获取值
            }
            System.out.println(m);
            if(m.containsKey("3"))
                System.out.println("Key:3 is exist");
            else
                System.out.println("Key:3 is not exist");
            if(m.containsValue("Lily"))
                System.out.println("Value:Lily is exist");
            else
                System.out.println("Value:Lily is not exist");
        }
}
```

运行结果如图 7-25 所示。

```
1: Tom
2: Helen
3: Mary
{3=Mary, 2=Helen, 1=Tom}
Key:3 is exist
Value:Lily is not exist
```

图 7-25　例 7-15 运行结果

因为 Map 集合中的键具有唯一性，程序中向 Map 集合存储两个具有相同键值 3 的元素 Lily 和 Mary，从图 7-26 可以看出，Map 中只有 3 个元素，因为后添加的值 Mary 覆盖了前面的值 Lily，证明 Map 中的键是唯一的，不能重复。即：键相同，值覆盖。

在程序开发中，经常需要遍历 Map 中所有的键值对，有两种方式可以实现，第一种方式就是先遍历 Map 集合中所有的键，再根据键获取相应的值，下面通过例 7-15 演示这种遍历方式。

【例 7-15】遍历 Map 集合方式 1。

//Ex7_15.java

```
import java.util.*;
public class Ex7_15{
    public static void main(String[]args){
        Map m=new HashMap();         //创建 Map 对象
        m.put("1","Tom");            //存储键和值
        m.put("2","Helen");
```

```
        m.put("3","Lily");
        Set keySet=m.keySet();         //获取键的集合
        Iterator it=keySet.iterator(); //获取 Iterator 对象
        while(it.hasNext()){           //迭代键的集合
            Object key=it.next();
            Object value=m.get(key);   //获取每个键所对应的值
            System.out.println(key+":"+value);
        }
    }
}
```

运行结果如图 7-26 所示。

```
3:Lily
2:Helen
1:Tom
```

图 7-26 例 7-16 运行结果

在例 7-15 中，通过调用 Map 对象的 keySet()方法，获得存储在 Map 中的所有键的 Set 集合，再通过 Iterator 迭代 Set 集合的每一个元素，即每一个键，通过调用 get (Object key) 方法，根据键获取对应的值。

第二种遍历方式是先获取集合中所有的映射关系，然后从映射关系中取出键和值。下面通过例 7-16 来演示这种遍历方式。

【例 7-16】 遍历 Map 集合方式 2。

//Ex7_16.java

```
import java.util.*;
public class Ex7_16{
    public static void main(String[]args){
        Map m=new HashMap();           //创建 Map 集合
        m.put("1","Tom");               //存储键和值
        m.put("2","Helen");
        m.put("3","Lily");
        Set entrySet=m.entrySet();
        Iterator it=entrySet.iterator();           //获取 Iterator 对象
        while(it.hasNext()){
            Map.Entry en=(Map.Entry)(it.next());//获取集合中键值对映射关系
            Object key=en.getKey();                //获取 Entry 中的键
            Object value=en.getValue();            //获取 Entry 中的值
            System.out.println(key+":"+value);
        }
    }
}
```

运行结果如图 7-27 所示。

```
3:Lily
2:Helen
1:Tom
```

图 7-27　例 7-17 运行结果

在例 7-16 中，通过调用 Map 对象的 entrySet()方法，获得存储在 Map 中的所有映射的 Set 集合，这个集合存放了 Map.Entry 类型的元素（Entry 是 Map 接口内部类），每个 Map.Entry 对象代表 Map 中的一个键值对，然后迭代 Set 集合，获得每一个映射对象，并分别调用映射对象的 getKey()和 getValue()方法获取键和值。

在 Map 中，还提供了一个 values()方法，通过这个方法可以直接获取 Map 中存储所有值的 Collection 集合，下面通过例 7-17 来演示。

【例 7-17】遍历 Map 集合方式 3——获取值集合 Collection。

```java
//Ex7_17.java
import java.util.*;
public class Ex7_17{
    public static void main(String[]args){
        Map m=new HashMap();           //创建 Map 集合
        m.put("1","Tom");              //存储键和值
        m.put("2","Helen");
        m.put("3","Lily");
        Collection v=m.values();       //获取 Map 中所有值的集合
        Iterator it=v.iterator();
        while(it.hasNext()){
            Object value=it.next();
            System.out.println(value);
        }
    }
}
```

运行结果如图 7-28 所示。

```
Lily
Helen
Tom
```

图 7-28　例 7-18 运行结果

在例 7-17 中，通过调用 Map 的 values()方式获取包含 Map 中所有值的 Collection 集合，然后迭代出集合中的每一个值。

注意：HashMap 集合迭代出来的元素顺序和存入的顺序不同。如果想让这二者顺序一致，可以使用 Java 中提供的 LinkedHashMap 类。

7.4.2 TreeMap 集合

在 JDK 中，Map 接口还有一个常用的实用类 TreeMap。TreeMap 集合也是用来存储键值映射关系的，不允许出现重复的键，该映射根据其键的自然顺序进行排序，或者根据创建映射时提供的 Comparator 进行排序，具体取决于使用的构造方法。在 TreeMap 中是通过二叉树的原理来保证键的唯一性，这与 TreeSet 集合存储的原理一样。下面通过例 7-18 来介绍 TreeMap 的具体用法。

TreeMap 集合的使用

【例 7-18】TreeMap 集合的使用。

```java
//Ex7_18.java
import java.util.*;
public class Ex7_18{          //创建 TreeMap 测试类
    public static void main(String[]args){
        TreeMap tm=new TreeMap();
        tm.put("1","Tom");
        tm.put("2","Helen");
        tm.put("3","Lily");
        Set keySet=tm.keySet();             //获取键的集合
        Iterator it=keySet.iterator();      //获取 Iterator 对象
        while(it.hasNext()){                //判断是否存在下一个元素
            Object key=it.next();           //取出元素
            Object value=tm.get(key);       //根据获取的键找到对应的值
            System.out.println(key+":"+value);
        }
    }
}
```

运行结果如图 7-29 所示。

```
1:Tom
2:Helen
3:Lily
```

图 7-29　例 7-19 运行结果

7.5　集合及数组工具类

在实际项目开发中，针对集合和数组的操作非常频繁，例如，将集合中的元素排序、从集合中查找某个元素、对数组进行排序、查找、复制、替换等。针对这些常见操作，JDK 提供了集合工具类 Collections 和数组工具类 Arrays，专门用来操作集合和数组，它们位于 java.util 包中。

这两个类提供了大量的静态方法，可以很方便地对集合和数组元素进行操作。推荐使用这些静态方法来完成集合和数组的操作，这样既快捷又不会发生错误。

使用工具类 Collections 实现集合的排序

7.5.1 Collections 工具类

集合工具类 Collections 提供了对集合进行排序、查找和替换等操作的静态方法。

使用工具类 Collections 实现集合的查找替换

1．排序操作

Collections 类中提供了一系列方法用于对 List 集合进行排序，如表 7-7 所列。

表 7-7　Collections 常用方法表 1

返回类型	方法声明	功能描述
static <T> boolean	addAll (Collection<? super T> c, T… elements)	将所有指定元素添加到指定的 Collection 中
static void	reverse (List<?> list)	反转指定列表中元素的顺序
static void	shuffle (List<?> list)	使用默认随机源对指定列表进行置换（模拟玩扑克中的"洗牌"）
static void	sort (List<T> list)	根据元素的自然顺序对指定列表按升序进行排序
static void	swap (List<?> list, int i, int j)	将指定列表中 i 处元素和 j 处元素进行交换

下面通过例 7-19 来介绍表中各方法的使用。

【例 7-19】用 Collections 工具类对集合排序。

//Ex7_19.java

```
import java.util.*;
public class Ex7_19{
    public static void main(String[]args){
        ArrayList list=new ArrayList();
        Collections.addAll(list,"C","H","E","N");   //添加元素
        System.out.println("排序前:"+list);         //输出排序前的集合
        Collections.reverse(list);                  //反转集合
        System.out.println("反转后:"+list);
        Collections.sort(list);                     //按自然顺序排列
        System.out.println("按自然顺序排序后:"+list);
        Collections.shuffle(list);                  //打乱顺序,洗牌
        System.out.println("洗牌后:"+list);
    }
}
```

运行结果如图 7-30 所示。

```
排序前：[C, H, E, N]
反转后：[N, E, H, C]
按自然顺序排序后：[C, E, H, N]
洗牌后：[E, N, C, H]
```

图 7-30　例 7-20 运行结果

2. 查找、替换操作

Collections 类还提供了一些常用方法用于查找、替换集合中的元素，如表 7-8 所列。

表 7-8　Collections 常用方法表 2

返回类型	方法声明	功能描述
static int	binarySearch（List list, Object key）	使用二分搜索法搜索指定列表，以获得指定对象的索引，查找的列表必须是有序的
static Object	max（Collection col）	根据元素的自然顺序，返回给定集合中最大的元素
static Object	min（Collection col）	根据元素的自然顺序，返回给定集合中最小的元素
static boolean	replaceAll（List list, Object oldVal, Object newVal）	使用 newVal 替换列表中所有的 oldVal

下面通过例 7-20 来演示如何查找、替换集合中的元素。

【例 7-20】 用 Collections 工具类对集合查找、替换元素。

//Ex7_20.java

```java
import java.util.*;
public class Ex7_20{
    public static void main(String[]args){
        ArrayList list=new ArrayList();
        Collections.addAll(list,-1,3,7,5,7);
        System.out.println("集合中的元素:"+list);
        System.out.println("集合中的最大元素:"+Collections.max(list));
        System.out.println("集合中的最小元素:"+Collections.min(list));
        Collections.replaceAll(list,7,6);        //将集合中的 7 用 6 替换掉
        System.out.println("替换后的集合:"+list);
    }
}
```

运行结果如图 7-31 所示。

```
集合中的元素：[-1, 3, 7, 5, 7]
集合中的最大元素：7
集合中的最小元素：-1
替换后的集合：[-1, 3, 6, 5, 6]
```

图 7-31　例 7-21 运行结果

使用工具类 Arrays 实现数组的排序查找

7.5.2 Arrays 工具类

数组工具类 Arrays 提供了对数组元素进行排序、查找、复制、替换等操作的静态方法，如表 7-9 所列。

使用工具类 Arrays 实现数组的复制填充

表 7-9　Arrays 常用方法表

返回类型	方法声明	功能描述
static int	binarySearch (Object[ ]a, Object key)	使用二分查找法在指定的数组中查找指定的值。若找到，则返回该值的索引
static int [ ]	copyOfRange (int [ ] original, int from, int to)	将指定数组的指定范围复制到一个新数组
static void	fill (Object[ ]a, int fromIndex, int toIndex, Object val)	将指定的元素值分配给指定类型数组指定范围中的每个元素
static void	sort (Object[ ]a)	根据元素的自然顺序对指定对象数组按升序进行排序
static String	toString (int[ ]a)	返回指定数组内容的字符串表示形式

1．排序和查找数组元素

【例 7-21】 用 **Arrays** 工具类对数组进行排序和查找。

//Ex7_21.java

```java
import java.util.*;
public classEx7_21{
    public static void main(String[]args){
        int[]a={6,9,3,5,1 };            //初始化一个数据
        System.out.print("排序前:");
        printArray(a);                   //打印原数组
        Arrays.sort(a);                  //调用 Arrays 的 sort 方法排序
        System.out.print("排序后:");
        printArray(a);
        System.out.print("请输入要查找的元素:");
        Scanner sc=new Scanner(System.in);    //接收键盘输入的数据
        int n=sc.nextInt();              //将数据转换为整型赋值给 n
        int index=Arrays.binarySearch(a,n);//查找指定元素 n
        System.out.println("元素"+n+"的索引是:"+index);//输出元素 n 的索引位置
    }
    public static void printArray(int[]a){   //定义打印数组方法
        System.out.print("[");
        for(int i=0;i<a.length;i++)
```

```
            if(i! =a.length- 1){
                System.out.print(a[i]+",");
            } else{
                System.out.println(a[i]+"]");
            }
        }
    }
}
```

运行结果如图 7-32 所示。

```
排序前：[6, 9, 3, 5, 1]
排序后：[1, 3, 5, 6, 9]
请输入要查找的元素：6
元素6的索引是：3
```

图 7-32　例 7-22 运行结果

2. 实现复制和填充数组元素

在程序开发中，有时只需要使用数组中的部分元素，这种情况可以使用 Arrays 工具类的 copyOfRange (int [ ] original, int from, int to) 方法将数组中指定范围的元素复制到一个新的数组中，该方法的参数 original 表示被复制的数组，from 表示被复制元素的初始索引（包括），to 表示被复制元素的最后索引（不包括）。

如果需要用一个值填充数组中的所有元素，可以使用 Arrays 的 fill (Object [ ] a, Object val) 方法，该方法可以将指定的值赋给数组中的每一个元素，下面通过例 7-22 来介绍如何复制和填充数组元素。

【例 7-22】用 Arrays 工具类复制和填充数组元素。
//Ex7_22.java

```
import java.util.*;
public class Ex7_22{
    public static void main(String[]args){
        int[ ]a= {6,9,3,5,1 };
        int[ ]b=Arrays.copyOfRange(a,1,7);   //复制数组 a 指定元素到数组 b
        for(int i=0;i<b.length;i++){         //遍历输出数组 b
            System.out.print(b[i]+"");
        }
        System.out.println();
        Arrays.fill(b,4,6,7);                //用 7 填充数组中最后两个值
        for(int i=0;i<b.length;i++){         //遍历输出数组 b
            System.out.print(b[i]+"");
        }
    }
}
```

运行结果如图 7-33 所示。

```
9 3 5 1 0 0
9 3 5 1 7 7
```

图 7-33　例 7-23 运行结果

【案例 7-2】　学生成绩排序程序设计

■　**案例描述**

教师经常需要对学生的考试成绩进行整理和排序。本案例要求使用所学知识编写一个学生成绩排序程序。该程序可以将录入的学生成绩保存到集合中，进行备份、升序排序、反转顺序等操作。

运行结果如图 7-34 所示。

```
请输入学生成绩，输入-1结束：
81
72
93
55
66
-1
输入结束，成绩列表为：[81, 72, 93, 55, 66]
*将内容复制到另一个数组*
gradeCopy:[81, 72, 93, 55, 66]
成绩列表（排序）：[55, 66, 72, 81, 93]
成绩列表（反转）：[93, 81, 72, 66, 55]
```

图 7-34　案例 7-2 运行结果

■　**案例目标**

◇　学会分析"学生成绩排序"程序的设计思路。
◇　理解并掌握使用工具类 Collections 完成集合的排序、反转等操作的方法。
◇　能够独立完成"学生成绩排序"程序的源代码编写、编译及运行。

■　**实现思路**

通过对案例描述的分析可知，需要在程序中用一个集合对象存放学生成绩，并对该集合进行复制、排序、反转操作，然后遍历输出集合元素值。可以使用 ArrayList 集合保存数据，并使用集合工具类 Collections 的静态方法完成对所需的集合操作。

（1）定义成绩集合类 GradeList，该类包含用于保存学生成绩的 ArrayList 集合对象作为成员变量，在构造方法中创建集合对象。

（2）在 Gradelist 类中定义成员方法 add()用于录入学生成绩；sort()用于将成绩升序排序；reverse()用于反转集合中成绩的顺序；copy()用于复制集合中的元素。

（3）最后编写测试类，在其 main 方法中创建 GradeList 对象，输入一组学生成绩，对其进行备份、升序排序、反转顺序等操作。

■　**实现代码**

（1）成绩集合类 GradeList。

```java
//GradeListTest
import java.util.*;
class GradeList{
    ArrayList gradeArray;        //存放成绩的集合
    List gradeCopy;
    GradeList(){                 //构造方法
        gradeArray=new ArrayList();
    }
    //向 ArrayList 添加元素
    void add(){
        int n=0;
        System.out.println("请输入学生成绩,输入-1结束:");
        Scanner sc=new Scanner(System.in);
        n=sc.nextInt();          //将键盘输入的数据赋给 n
        while(n! =-1){
            gradeArray.add(n);
            n=sc.nextInt();
        }
        System.out.println("输入结束,成绩列表为:"+gradeArray);
    }
    //对 ArrayList 进行排序
    void sort(){
        Collections.sort(gradeArray);
        System.out.println("成绩列表(排序):"+gradeArray);
    }
    //反转 ArrayList
    void reverse(){
        Collections.reverse(gradeArray);
        System.out.println("成绩列表(反转):"+gradeArray);
    }
    //复制到另一个 List
    void copy(){
        System.out.println("*将内容复制到另一个数组*");
        if(! gradeArray.isEmpty()){
            gradeCopy=new ArrayList(gradeArray);
            System.out.println("gradeCopy:"+gradeCopy);
        }
        else{
            System.out.println("gradeArray 为空!");
        }
    }
}
```

（2）测试类 GradeListTest。

```java
//GradeListTest.java
public class GradeListTest{
    public static void main(String[]args){
        GradeList glist=new GradeList();
        int n;
        glist.add();
        glist.copy();
        glist.sort();
        glist.reverse();
    }
}
```

习 题 7

一、填空题

1. 集合按照存储结构的不同可分为单列集合和双列集合，单列集合的根接口是_____，双列集合的根接口是_____。
2. List 集合的特点是_____，Set 集合的特点是_____。
3. Map 集合中的元素都是成对出现的，并且都是以_____、_____的映射关系存在。
4. List 集合的主要实现类有_____、_____，Set 集合的主要实现类有_____、_____；Map 集合的主要实现类有_____、_____。
5. java.util 包中提供了一个专门用来操作集合的工具类，这个类是_____，还提供了一个专门用于操作数组的工具类，这个类是_____。

二、选择题

1. Java 语言中，集合类都位于以下哪个包中？（　　）
   A．java.util   B．java.lang
   C．java.array   D．java.collections
2. 要想集合中保存的元素没有重复并且按照一定的顺序排列，可以使用以下哪个集合？（　　）
   A．LinkedList   B．ArrayList
   C．hashSet   D．TreeSet
3. 获取单列集合中元素的个数可以使用以下哪个方法？（　　）
   A．length()   B．size()
   C．get (int index)   D．add (Object obj)
4. 使用 Iterator 时，判断是否存在下一个元素可以使用以下哪个方法？（　　）

A. next( ) B. hash( )
C. hasPrevious( ) D. hasNext( )

5. 以下哪些方法是LinkedList集合中定义的？（多选）（　　）

A. getLast( ) B. getFirst( )
C. remove (int index) D. next( )

6. 要想保存具有映射关系的数据，可以使用以下哪些集合？（多选）（　　）

A. ArrayList B. TreeMap
C. HashMap D. TreeSet

模块 8
Java 流式 I/O 技术

学习目标：

- 了解 Java 流式 I/O，熟悉常用 I/O 流分类
- 熟悉文件操作，能使用 File 类访问文件系统
- 掌握字节流、字符流特点及基本用法
- 熟悉转换流和过滤流，能在程序中正确使用
- 了解对象流、管道流等流类特点和用法

8.1 流式 I/O 概述

8.1.1 Java I/O 简介

输入/输出处理是程序设计中非常重要的环节，如从键盘或传感器读入数据、从文件中读取数据或向文件中写入数据、从网络中读取或写入数据等。Java 把这些不同类型的输入、输出抽象为"流"，所有的输入/输出以流的形式进行处理。

"流"是一个很形象的概念，指连续的单项的数据传输。流用来连接数据传输的起点与终点，是与具体设备无关的一种中间介质。当程序需要读取数据的时候，就会创建一个通向数据起点（数据源）的输入流，这个数据源可以是键盘、文件或网络连接；当程序需要写入数据的时候，则创建一个通向数据终点（目的地）的输出流。

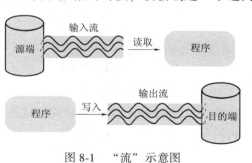

需要注意的是，这里的输入/输出是相对于程序而言的。从输入流中读取（read）数据到程序称为"输入"，而从程序向输出流中写入（write）数据称为"输出"。如图 8-1 所示。

图 8-1 "流"示意图

8.1.2 I/O 流的分类

Java 提供了丰富的流类以支持各种输入/输出功能，这些流类都位于 java.io 包中，称为 I/O 流类。I/O 流类有很多种，从不同角度考虑可以分成不同的类别：按照流操作数据的不同，可以分为字节流和字符流，字节流所操作的数据都是以字节（8bit）的形式传输，而字符流所操作的数据都是以字符（16bit）的形式传输。按照传输的方向不同又可以分为输入流和输出流，程序从输入流中读取数据，向输出流中写入数据。I/O 流的具体分类如图 8-2 所示。

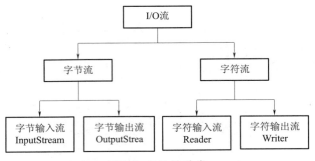

图 8-2 I/O 流分类

字节输入流 InputStream、字节输出流 OutputStream、字符输入流 Reader 和字符输出流 Writer 都是抽象类，所有的 I/O 流类都是从它们派生而来的。这些派生的 I/O 流类按照流是否直接与特定的数据源或目的相连，又可以分为节点流和处理流（也叫过滤流）。节点流与特定的数据源或目的（节点）直接相连，并从节点读写数据；而处理流是对一个已存在的流进行封装和处理，通过处理流的功能调用实现数据读/写。

8.2 文件操作类

在学习 Java 的流式操作之前，先介绍一下文件操作类 File 和 RandomAccessFile。

8.2.1 File 类

File 类是 java.io 包中唯一代表磁盘文件和目录的类。File 类提供了一种与机器无关的方式来描述一个文件对象的属性，每个 File 类对象表示一个磁盘文件或目录，其对象属性包含了文件或目录的相关信息，如名称、长度和文件个数等，调用 File 类的方法可以完成对文件或目录的管理操作（如常见和删除等）。用于创建 File 对象的构造方法有 3 个：

- File(String filename);
- File(String directoryPath,String filename);
- File(File f,String filename);

其中，filename 是文件名字或绝对路径，directoryPath 是文件的绝对路径，f 是代表一个目录的文件对象。用 File 类创建一个目录和文件可以使用各种方法。

（1）分别创建目录和文件。

File dir=new File("D:/java/tt/");
File file=new File("D:/java/tt/file1.txt");

（2）先创建一个目录，然后将描述目录的对象作为参数传递给 File 对象的构造方法。

File dir=new File("D:/java/tt/");
File file=new File(dir,"file1.txt");

（3）将文件路径和文件名分开作为两个参数提供给构造方法。

File file=new File("D:/java/tt/","file1.txt");

注意：在程序中最好不要使用绝对路径，这样可能会造成程序无法在其他机器上正常运行。可以使用相对路径的方法，如：File file=new File ("file1.txt")；这样程序就可以在当前系统运行目录下创建 file.txt 文件。这样创建的文件与目录路径无关，在 Windows 或 Linux 等其他系统上都可以运行。

File 类本身并不是流，但可以通过 File 对象创建一个对应于特定文件的流对象。File 类包含很多方法，如：获取文件属性的方法以及删除、重命名文件等方法，但不包含读写文件内容的方法。表 8-1 为 File 类常用的方法。

表 8-1　File 类常用方法

返回类型	方法名	功能描述
String	getName()	获取文件的名字
boolean	delete()	删除 File 对象对应的文件或目录，若成功删除则返回 true，否则返回 false
boolean	canRead()	判断文件是否可读。可读返回 true，否则返回 false
boolean	canWrite()	判断文件是否可写。可写返回 true，否则返回 false
boolean	exits()	判断文件是否存在。如果存在返回 true，否则返回 false
long	length()	获取文件的长度（单位时字节）
String	getPath()	返回 File 对象对应的路径
String	getAbsolutePath()	获取文件的绝对路径
String	getParent()	获取文件的父目录
boolean	isFile()	判断文件是否是文件，如果是返回 true，否则返回 false
boolean	isDirectory()	判断文件是否是目录，如果是返回 true，否则返回 false
String[]	list()	列出指定目录的全部内容，只列出名称
File[]	listFiles()	返回包含 File 对象所有子文件和子目录的 File 数组

下面通过两个例子来熟悉如何通过 File 类操作文件和目录。

【例 8-1】使用 File 类操作文件——创建、删除、读取文件属性。
//Ex8_1.java

```java
import java.io.File;
import java.io.IOException;
import java.util.Date;
public class Ex8_1{
    public static void main(String[]args)throws IOException{
        File file=new File("d:/java/1.txt");
```

```
        if(file.exists()){           //判断文件是否存在
            file.delete();            //如已存在则删除它
        }else{
            file.createNewFile();     //不存在则创建新文件
        }
        System.out.println("- - - - - - - - - - - - - - - - - - - - - - - - - - - - - - - - - ");
        System.out.println("文件绝对路径:"+file.getAbsolutePath());
        System.out.println("文件是否存在:"+file.exists());
        System.out.println("文件是否可读:"+file.canRead());
        System.out.println("文件是否可写:"+file.canWrite());
        System.out.println("是否目录:"+file.isDirectory());
        System.out.println("是否绝对路径:"+file.isAbsolute());
        System.out.println("是否隐藏:"+file.isHidden());
        System.out.println("父目录是:"+file.getParent());
        System.out.println("上次修改时间:"+new Date(file.lastModified()));
    }
}
```

程序第一次运行的结果如图 8-3 所示，第二次运行结果如图 8-4 所示。

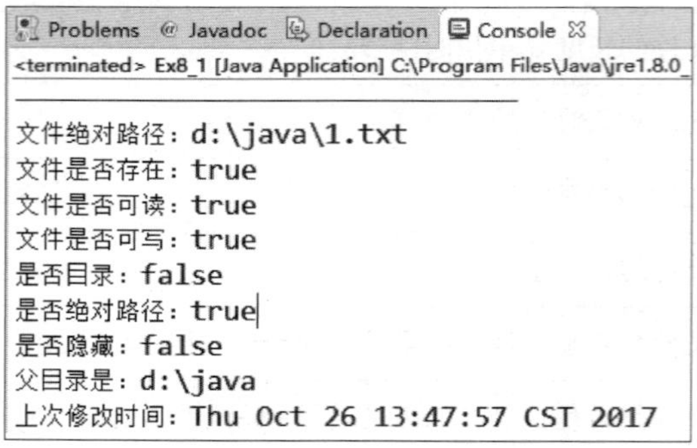

图 8-3 例 8-1 第 1 次运行结果 1

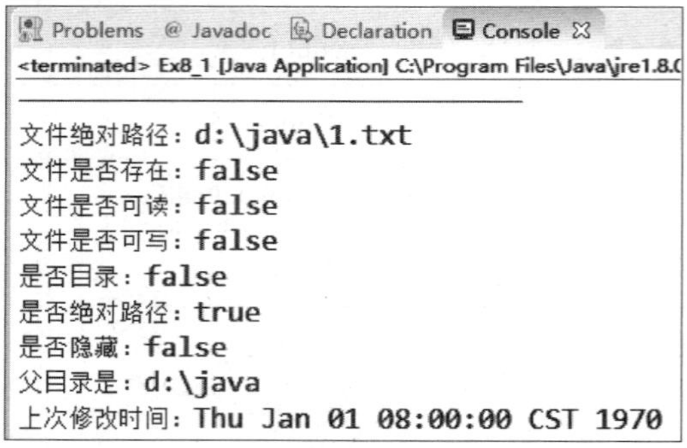

图 8-4 例 8-1 第 2 次运行结果 2

第一次执行程序时，因为文件尚不存在，判断文件是否存在后物理文件被创建出来，所以后面判断文件是否存在、是否可读、是否可写的结果均为"true"，如图 8-3 所示。而再次运行程序时，因为文件已经存在，判断后执行删除操作，所以文件是否存在、是否可读、是否可写的结果都变成了"false"，如图 8-4 所示。

【例 8-2】 使用 **File** 类操作目录——创建、删除、遍历目录。

//Ex8_2.java

```
1.  import java.io.File;
2.  import java.io.FilenameFilter;
3.  import java.io.IOException;
4.
5.  public class Ex8_2{
```

模块 8　Java 流式 I/O 技术

```
6.    public static void main(String[]args)throws IOException{
7.        File dir=new File("D:/java");        //创建 dir 对象
8.        if(! dir.exists())        //若 dir 代表的物理文件或目录不存在,则创建物理目录
9.            dir.mkdir();
10.       File file=null;
11.       for(int i=0;i<3;i++){        //在 dir 目录下创建 3 个.txt 文件
12.           file=new File(dir,i+".txt");
13.           file.createNewFile();
14.       }
15.       for(int i=0;i<2;i++){        //在 dir 目录下创建 2 个.java 文件
16.           file=new File(dir,"A"+i+".java");
17.           file.createNewFile();
18.       }
19.       System.out.println(dir.getAbsolutePath()+"目录下的所有文件包括:");
20.       File[]files=dir.listFiles();
21.       for(File f:files){
22.           System.out.println(f.getName());        //输出文件名
23.           f.delete();        //删除文件
24.       }
25.       System.out.println("目录删除操作是否成功:"+dir.delete());
26.   }
27. }
```

程序的运行结果如图 8-5 所示。

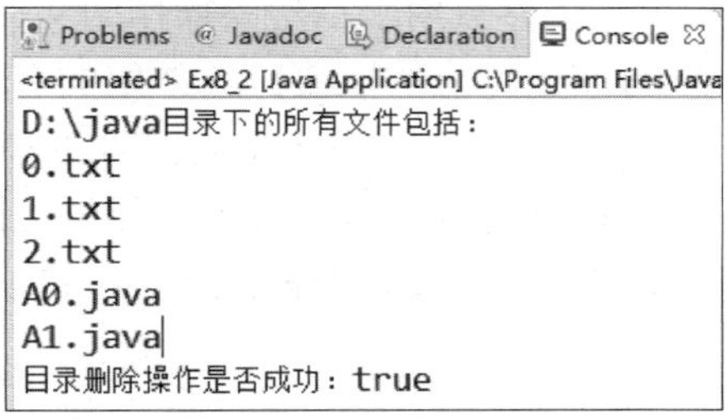

在遍历一个目录时,有时只需要获取目录下某个类型的文件。针对这种需求,File 类提供了一个重载的 list（FilenameFilter filter）方法,该方法接收一个 FilenameFilter 类型的参数。FilenameFilter 是一个接口,叫文件过滤器,包含的抽象方法 accept（File dir, String name）表示测试指定文件是否应该包含在某一文件列表中。在调用 list()方法时,需

图 8-5　例 8-2 运行结果

要实现文件过滤器,在 accept()方法中做出判断,从而获得指定类型的文件。例如,修改例 8-2 程序,遍历指定目录下所有扩展名为".txt"文件的代码如下。

```
……(前略,【例 8-2 中第 1~18 行】)
19.    System.out.println(dir.getAbsolutePath()+"目录下的所有.txt 文件有:");
20.    FilenameFilter filter=new FilenameFilter(){        //创建过滤器对象
21.        public boolean accept(File dir,String name){        //实现 accept()方法
22.            File fs=new File(dir,name);
23.            //如果文件名以.txt 结尾返回 true,否则返回 false
24.            if(fs.isFile()&&name.endsWith(".txt")){
25.                return true;
```

- 173 -

```
26.            }else{
27.                return false;
28.            }
29.        }
30.    };
31.    File[]files=dir.listFiles(filter);//获得过滤后的所有文件
32.    ……(后略,【接例 8-2 中第 21 行】)
```

修改后的第 20 行定义了 FilenameFilter 文件过滤器对象 filter，并且实现了 accept()方法。修改后程序的运行结果如图 8-6 所示。

请注意，运行结果的最后一行显示目录删除不成功，原因是加入过滤器后获取到的 files 数组中只包含 dir 目录下的 txt 文件而不是所有，dir 中被删除的文件也只是这些，即执行删除 dir 时，目录非空，删除失败。

图 8-6 例 8-2 修改后的运行结果

8.2.2 RandomAccessFile 类

随机访问文件类 RandomAccessFile 可以实现对磁盘文件的随机读/写。有两个构造方法可以用来创建 RandomAccessFile 对象：

RandomAccessFile(File file,String mode);
RandomAccessFile(String name,String mode);

第一个参数用来指定要操作的文件，第二个参数 mode 用来指定打开文件的方式。参数 mode 有四个可能的取值，最常用的有两个，分别是 r 和 rw，其中 r 表示以只读的方式打开文件，此时如果对 RandomAccessFile 对象执行写操作，就会抛出 IOException 异常；rw 表示以"读/写"的方式打开文件，如果文件不存在，则会自动创建文件。

如表 8-2 所列是 RandomAccessFile 类的常用方法。

表 8-2 RandomAccessFile 类常用方法

返回值	方法	描述
void	close()	关闭文件
long	length()	读取文件的长度
int	read()	从文件中读取一个字节的数据
byte	readByte()	从文件中读取一个字节
char	readChar()	从文件中读取一个字符（2 个字节）
double	readDouble()	从文件中读取一个双精度浮点值（8 个字节）
float	readFloat()	从文件中读取一个单精度浮点值（4 个字节）
int	ReadInt()	从文件中读取一个 int 值（4 个字节）
String	ReadLine()	从文件中读取一个文本行

续表

返回值	方法	描述
long	readlong()	从文件中读取一个长整型值（8个字节）
short	readShort()	从文件中读取一个短整形值（2个字节）
string	readUTF()	从文件中读取一个 UTF 字符串
void	seek(long position)	定位读取位置
int	skipByte(int n)	在文件中跳过给定数量的字节
void	write()	写 b.length 个字节到文件
void	writeByte()	向文件中写入一个字节
void	writeChar()	向文件中写入一个字符
void	writeDouble()	向文件中写入一个双精度浮点值
void	writeFloat()	向文件中写入一个单精度浮点值
void	writeInt()	向文件中写入一个 int 值
void	writeLong()	向文件中写入一个长整型 int 值
void	writeShort()	向文件中写入一个短整型 int 值
void	writeUTF()	写入一个 UTF 字符串

下面来看一个使用 RandomAccessFile 类进行文件读/写操作的例子。

【例 8-3】 用 **RandomAccessFile** 类读/写文件。

//Ex8_3.java

```
1   import java.io.*;
2   public class Ex8_3{
3       public static void main(String[]args){
4           try{
5               RandomAccessFile fs=new RandomAccessFile("tt.dat","rw");
6               fs.setLength(0);
7               for(int i=0;i<200;i++)
8                   fs.writeInt(i);
9               System.out.println("current file length is"+fs.length());
10              fs.seek(0);
11              System.out.println("The first number in the file is"+fs.readInt());
12              fs.seek(4*4);
13              System.out.println("The fifth number in the file is"+fs.readInt());
14              fs.seek(5*4);
15              System.out.println("The sixth number in the file is"+fs.readInt());
16              fs.seek(19*4);
17              System.out.println("The twenty number in the file is"+fs.readInt());
18              fs.writeFloat(123.21f);
```

```
19              fs.seek(fs.length());
20              fs.writeInt(999);
21              System.out.println("Now the file length is"+fs.length());
22              fs.seek(200*4);
23              System.out.println("The last number in the file is"+fs.readInt());
24              fs.seek(20*4);
25              System.out.println("The twenty first number in the file is"+fs.readFloat());
26              fs.seek(21*4);
27              System.out.println("The twenty- one first number in the file is"+fs.readInt());
28              fs.close();
29         }catch(IOException e){
30              System.out.println("IOException occurred.");
31              e.printStackTrace();
32         }
33     }
34  }
35 }
```

程序中创建了一个 RandomAccessFile 对象对文件进行读取和写入操作。程序首先将 0~200 个数写入文件中，再通过 seek()方法操作文件指针。第 10 行，将指针移到第 0 个位置，然后读取第一个整型值为 0（一个整型值占 4 个字节）；第 12 行，将指针移到第 16 个字节的位置，然后读取的是第五个整型值为 4。在程序第 18 行向文件中写入一个单精度浮点值 123.21f，文件长度由原来的 800 个字节变成了 804 个字节，原来第 20 个数字变成了第 21 个数。

程序的运行结果如图 8-7 所示。

```
current file length is 800
The first number in the file is 0
The fifth number in the file is 4
The sixth number in the file is 5
The twenty number in the file is 19
Now the file length is 804
The last number in the file is 999
The twenty first number in the file is 123.21
The twenty-one first number in the file is 21
```

图 8-7　Ex8_3 运行结果

【案例 8-1】 文件检索系统

■ 案例描述

编写一个文件检索系统程序，实现对文件的检索。可以按文件名中包含的关键字检索，或按文件后缀名检索。程序运行初始界面如图 8-8 所示。

综合案例：文件检索系统

输入 1 后，显示图 8-9，输入要检索文件的位置，单击"确定"按钮，显示图 8-10，输入检索关键字，单击"确定"按钮，则列出所有包含 0 的文件名，如图 8-11 所示。

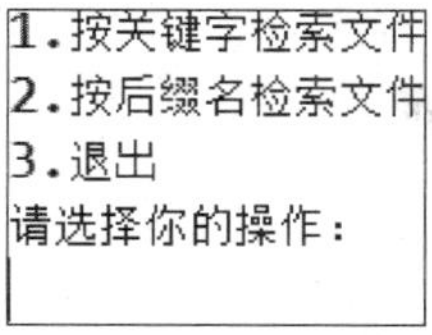

图 8-8　文件检索系统主界面　　　　图 8-9　输入检索目录

图 8-10　输入检索关键字　　　　图 8-11　检索结果

按文件名后缀检索的过程与按关键字检索类似。

- **案例目标**
  ◇ 学会分析"文件检索系统"程序的实现思路。
  ◇ 认识 javax.swing.jOptionPane，实现输入对话框。
  ◇ 掌握 File 类，熟悉文件遍历的实现方法。
  ◇ 熟悉文件名过滤器 FilenameFilter 在程序中的用法。
  ◇ 能够根据思路独立完成文件检索系统程序源代码的编写。

- **实现思路**

分析案例可知，需要定义两个检索方法，分别实现按关键字检索和按文件名后缀检索。此外，还需要定义一个退出系统的方法，这三个分支选择可以在主方法中用 switch 结构实现。

检索方法的实现关键是文件名过滤器 FilenameFilter，对指定目录下的所有文件进行遍历，并过滤文件名，然后将符合过滤条件的文件名返回给方法调用者；另外，如果目录下还包含子目录，文件名的检索将变得复杂，可以对每一个子目录进行递归式文件遍历和检索，所以，检索方法设计为递归调用可以很好地解决这个复杂的问题。

（1）在主方法中用 switch...case 结构实现主界面的三分支，各分支调用不同的方法。

（2）定义按关键字检索方法 searchByKey()，方法中接收用户输入的检索位置（目录），以及检索文件的关键字。可以使用 JOptionPane.showInputDialog("String")以图形化的方式显示用户输入界面，让用户以更友好的方式输入目录和关键字；再进行遍历和过滤并返回结果。

（3）按后缀名检索 searchBySuffix()的实现与 searchByKey()相似，只是要考虑多个后缀名的检索情况。两个检索方法中都有列出过滤结果的功能，为了代码的清晰和功能模块化，可以将这个列出过滤结果定义为一个方法 listFiles()，并通过方法重载分别定义两种不同的列出功能，如列出按照关键字（String）过滤的结果和按多个后缀字符串（String[]）过滤的结果。

（4）退出功能的实现可以更友好，如在退出系统之前，输出"您已经退出系统了，谢谢使用"。

- **参考代码**

//FileSearch.java

```java
import java.io.*;
import java.util.ArrayList;
import java.util.Scanner;
import javax.swing.JOptionPane;
/*
 * 文件检索系统
 */
public class FileSearch{
    public static void main(String args[])throws Exception{
        Scanner sc=new Scanner(System.in);
        System.out.println("1.按关键字检索文件");
        System.out.println("2.按后缀名检索文件");
        System.out.println("3.退出");
        while(true){
            System.out.println("请选择你的操作:");
            int in=sc.nextInt();
            switch(in){
                case 1:     searchByKey();break;
                case 2:     searchBySuffix();   break;
                case 3:     exit();
                default:    System.out.println("您的输入有误,请重新输入!");
            }
        }
    }
    /*
     * 按关键字检索文件
     */
    public static void searchByKey(){
        String path=JOptionPane.showInputDialog("请输入要检索文件的位置");
        File dir=new File(path);
        if(!dir.exists()||! dir.isDirectory()){
            System.out.println(path+"不是有效目录");
            return;
        }
        String key=JOptionPane.showInputDialog("请输入文件名检索关键字");
        //获取检索目录下所有包含文件名关键字的文件
        ArrayList<String>fileNames=FileUtils.listFiles(dir,key);
        //输出所有文件名中包含检索关键字的文件名
        for(String fileName:fileNames){
            System.out.println(fileName);
        }
    }
    /*
```

```java
 * 按后缀名检索文件
 */
public static void searchBySuffix(){
    String path=JOptionPane.showInputDialog("请输入要检索文件的位置");
    File dir=new File(path);
    if(!dir.exists()||! dir.isDirectory()){
        System.out.println(path+"不是有效目录");
        return;
    }
    String suffix=JOptionPane.showInputDialog("请输入要检索文件的后缀名"
                                        +"(可多个,逗号分隔)");
    String[]suffixArray=suffix.split(",");//获取后缀名字符串
    //获取检索目录下所有指定后缀名的文件
    ArrayList<String>fileNames=FileUtils.listFiles(dir,suffixArray);
    for(String fileName:fileNames){
        System.out.println(fileName);
    }
}
/*
 * 退出
 */
public static void exit(){
    System.out.println("您已经退出系统,谢谢使用!");
    System.exit(0);
}
}
//文件工具类,定义重载的静态方法 listFiles()实现文件过滤
class FileUtils{
    //按特定字符串过滤文件
    public static ArrayList<String>listFiles(File dir, final String key){
        //定义过滤器 filter---匿名内部类方式
        FilenameFilter filter=new FilenameFilter(){
            public boolean accept(File dir,String name){//实现 accept()方法
                File fs=new File(dir,name);
                //如果文件名包含关键字返回 true,否则返回 false
                if(fs.isFile()&&name.contains(key)){
                    return true;
                }else{
                    return false;
                }
            }
        };
```

```java
        //获取指定目录下包含关键字的的文件名列表
        ArrayList<String>list=fileDir(dir,filter);
        return list;
    }
    public static ArrayList<String>listFiles(File file,final String[]suffixArray){
        //定义过滤器 filter--- 匿名内部类方式
        FilenameFilter filter=new FilenameFilter(){
            public boolean accept(File dir,String name){//实现 accept()方法
                File fs=new File(dir,name);
                //如果文件名以后缀字符串结尾 返回 true,否则返回 false
                if(fs.isFile()){
                    for(String suffix:suffixArray){
                        if(name.endsWith("."+suffix)){
                            return true;
                        }
                    }
                }
                return false;
            }
        };
        //获取指定目录下指定后缀名关的文件名列表
        ArrayList<String>list=fileDir(file,filter);
        return list;
    }
    /*
     * 递归方式获取过滤后的文件名列表
     * @param dir 要过滤的 File 对象
     * @param filter 过滤器 FilenameFilter
     * @return 过滤器过滤后的文件名列表
     */
    private static ArrayList<String>fileDir(File dir,FilenameFilter filter){
        ArrayList<String>list=new ArrayList<String>();
        File[]files=dir.listFiles(filter);//dir 经过滤后的文件数组
        for(File file:files){
            list.add(file.getAbsolutePath());
        }
        File[]filesAll=dir.listFiles();//dir 下所有文件的数组
        for(File file:filesAll){
            if(file.isDirectory()){
                ArrayList<String>every=fileDir(file,filter);
                list.addAll(every);
            }
```

```
            }
        return list;
    }
}
```

8.3 字 节 流

8.3.1 字节输入流 InputStream

字节流简介

字节流是以字节序列的形式读/写数据。从输入设备或文件中读取数据使用的字节流称为输入流。InputStream 是这种输入字节流的父类，它拥有所有输入字节流的公共方法，是一个抽象类。而所有它的子类，在继承并且实现这些公共方法的同时，根据输入源的不同，又实现了不同的特殊方法。InputStream 类和子类的关系如图 8-12 所示。

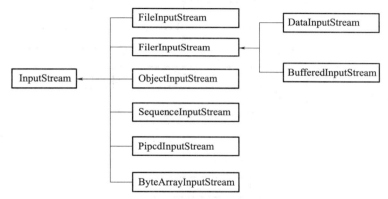

图 8-12 InputStream 类关系图

在图 8-12 中，给出了 InputStream 类的 6 个直接子类，它们是 FileInputStream、FilterInputStream、ObjectInputStream、SequenceInputStream、PipedInputStream 和 ByteArrayInputStream 类。其中，ObjectInputStream 类用来负责从输入流中读取数据，其他子类中的 FileInputStream、PipedInputStream 和 ByteArrayInputStream 类分别用来定义文件、管道和字节数组输入源的输入流，SequenceInputStream 类可以将多个输入流连接到一个输入流，而 FilterInputStream 类本身是一个过滤流，它和它的子类扩展了数据的输入方法。表 8-3 列举了 InputStream 类的主要成员方法。

表 8-3 InputStream 类的主要成员方法

返回值类型	方法名称	功能
int	available()	判断是否可以从此输入流读取数据，若可以，则返回此次读取的字节数
int	read()	从输入流中读取单个字节到程序内存区。如果已到达流末尾，则返回值-1

续表

返回值类型	方法名称	功能
int	read(byte buf[])	从输入流中读取一定数量的字节并将其存储在缓冲区数组 buf 中,以 int 型值返回实际读取的字节数
void	reset()	将流重新定位到初始位置
void	close()	关闭此输入流并释放与该流关联的所有系统资源

8.3.2 字节输出流 OutputStream

与 InputStream 类一样,OutputStream 类一样是一个抽象类。它作为所有字节流输出类的父类,拥有所有的公共操作,而特殊操作则由子类来分别完成,如图 8-13 所示。

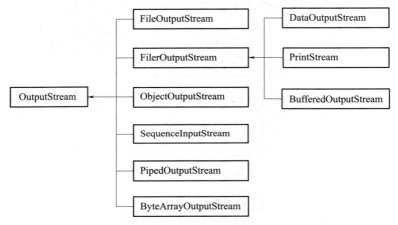

图 8-13 OutputStream 类关系图

OutputStream 类有 5 个直接子类:FileOutputStream、FilterOutputStream、ObjectOutputStream、PipedOutputStream、ByteArrayOutputSteam 类。与输入流一样,ObjectOutputStream 类用于将数据直接写入输出流,FileOutputStream、PipedOutputStream、ByteArrayOutputStream 类的数据目标分别是文件、管道和字节数组。FilterOutputStream 类和它的子类扩展了输入流方式,System.out 中的 print() 和 println() 方法就是它其中一个子类 PrintStream 中的方法。表 8-4 为 OutputStream 类的主要成员方法。

表 8-4 OutputStream 类的主要成员方法

返回值类型	方法名称	功能
int	write(int b)	将整形数 b 的低 8 位作为单个字节写入输出流
int	write(byte buf[])	将字节数组写入输出流
void	flush()	刷新输出流,并强制将所有缓冲区的字节写入外设
void	close()	关闭此输出流并释放与该流关联的所有系统资源

8.3.3 文件字节流

1. 文件字节输入流 FileInputStream

本节从文件中读取数据并将数据写入文件,即文件的读/写。FileInputStream 是 InputStream 的子类,它是操作文件的字节输入流,专门用来读取文件中的数据。由于从文件读取数据是重复的操作,因此需要通过循环语句来实现数据的持续读取。FileInputStream 的构造方法如下:

FileInputStream(File file);
FileInputStream(String name);

打开一个文件创建 FileInputStream,该文件通过 File 类对象或代表文件名的字符串指定。下面来看一个使用 FileInputStream 对文件进行读取操作的例子。

【例 8-4】 用字节输入流 **FileInputStream** 读取文件数据。

请首先在 D:/目录下创建一个文本文件 abc.txt,在文件中输入内容"abcdefg"。

//Ex8_4.java

```java
import java.io.*;
public class Ex8_4{
    public static void main(String[]gs)throws Exception{
        FileInputStream in=new FileInputStream("d:/abc.txt");//创建一个文件字节输入流
        int b=0;                    //定义一个 int 类型的变量 b,记住每次读取的一个字节
        while(b!=-1){               //-1 代表文件末尾
            b=in.read();            //变量 b 记住读取的一个字节
            System.out.println(b);  //输出读取到的字节 b
        }
        in.close();
    }
}
```

运行结果如图 8-14 所示。

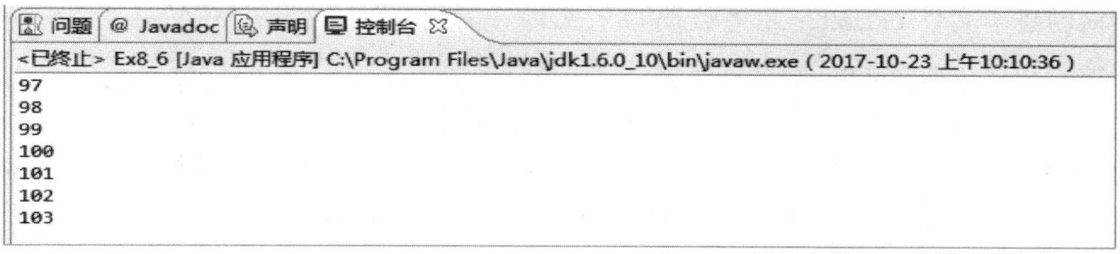

```
97
98
99
100
101
102
103
```

图 8-14 例 8-4 运行结果

需要注意的是,在读取文件数据时,必须保证文件是存在并且可读的,否则会抛出文件找不到的异常 FileNotFoundException。

2. 文件字节输出流 FileInputStream

与 FileInputStream 对应的是 FileOutputStream。FileOutputStream 是 OutputStream 的子类,

它是操作文件的字节输出流，它继承了 OutputStream 类的所有方法，并且实现了抽象方法 write()，专门用于把数据写入文件。FileOutputStream 的构造方法如下：

```
FileOutputStream(String name)throws IOException;
FileOutputStream(String name,boolean append)throws IOException;
FileOutputStream(File file)throws IOException;
FileOutputStream(File file,boolean append)throws IOException;
```

为 name 或 file 所指定的文件创建一个输出流，参数 append 指定文件是否以追加方式写入。如果 append 为 true，新写入文件的数据将追加在文件末尾；如果 append 为 false，则现有的内容将被覆盖。第 1 和第 3 个构造方法默认是覆盖方式的。需要注意的是，如果不能打开文件，将抛出一个 I/OException 异常。来看一个 FileOutputStream 使用的例子。

【例 8-5】用 FileOutputStream 将数据写入文件。

//Ex8_5.java

```java
import java.io.*;
public class Ex8_5{
    public static void main(String[]args)throws Exception{
        //创建文件字节输出流
        FileOutputStream out=new FileOutputStream("d:/1/def.txt");
        String str="JAVA 程序设计";
        byte[]b=str.getBytes();
        for(int i=0;i<b.length;i++){
            out.write(b[i]);
        }
        out.close();
    }
}
```

运行结果如图 8-15 所示。会在 D:/1/目录下创建一个新的文本文件 def.txt。

从运行结果可以看出，通过 FileOutputStream 写数据时，自动创建了文件 def.txt，并将数据写入文件。需要注意的是，如果是通过 FileOutStream 向一个已经存在的文件中写入数据。若希望在已存在的文件内容之后追加

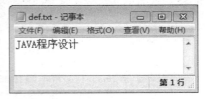

图 8-15　例 8-5 创建的文件

新内容，则可使用 FileOutputStream 的构造函数 FileOutputStream (String filename, boolean append) 来创建文件输出流对象，并把 append 参数的值设置为 true。

【例 8-6】在文件末尾追加数据。

//Ex8_6.java

```java
import java.io.*;
public class Ex8_6{
    public static void main(String[]args)throws Exception{
```

```
OutputStream out=new FileOutputStream("d:/1/def.txt",true);
String str=",是我的最爱!";
byte[ ]b=str.getBytes( );
for(int i=0;i<b.length;i++){
    out.write(b[i]);
}
    out.close( );
}
}
```

运行结果如图 8-16 所示。

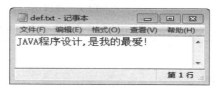

图 8-16　例 8-6 程序运行结果

8.4　字　符　流

在 Java 语言中，字符流的实现分别由抽象类 Reader 和抽象类 Writer 实现完成。字符流的处理过程与字节流的最大区别在于它拥有自己的编码和解码过程。在 Java 语言中，这个过程采用 Unicode 编码，每个字符占 16 位，即 2 字节，所以每次读/写操作以 2 字节为单位。在读取过程中，Java 语言还承担在 Unicode 编码与本地机器编码之间的转换。

8.4.1　字符输入流 Reader

字符输入流 Reader 是一个抽象类。它是所有以字符为单位的输入流的父类，如图 8-17 所示。

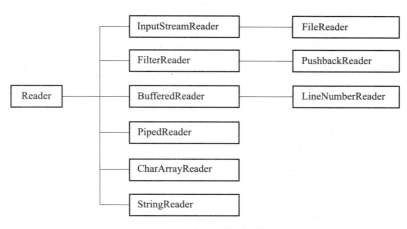

图 8-17　Reader 类关系图

Reader 类定义了所有字符输入流应该实现的大部分成员方法,如表 8-5 所列。

表 8-5　Reader 类中提供的部分成员方法

返回值类型	方法名称	功能
int	read()	从流中读取一个字符,并以 int 类型的形式返回。如果读到文件的尾部,返回 -1
int	read(char cbuf[])	从流中读取字符并存入 char 型数组 cbuf 中,返回值代表真正读取的字符个数
long	skip(long n)	跳过流中 n 个字符,该成员方法返回跳过的字符个数。如果到达流的尾部,或者由于输入错误终止处理,该值将小于 n
boolean	ready()	如果预读取的流已经准备就绪,返回 true,否则返回 false
void	close()	关闭该流并释放与之关联的所有资源

8.4.2　字符输出流 Writer

在 Java 语言中,与 Reader 对应的抽象类是 Writer 类,它是所有以字符为单位的输出流的父类,如图 8-18 所示。

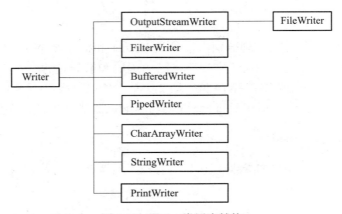

图 8-18　Writer 类层次结构

Writer 类一共有 7 个子类。BufferedWriter 类将本文写入字符输出流,它拥有一个字符缓冲区,并且大小可以指定,用于缓冲各个字符,从而提供单个字符、数组和字符串的高效写入。CharArrayWriter 类实现一个可用作 Writer 的字符缓冲区。缓冲区会随输入流中写入数据而自动增长。可以使用 toString() 等方法获取数据。FilterWriter 类用于写入已过滤的字符流的抽象类。OutputStreamWriter 类具有将字符直接写入输出流对象的能力,它的子类 FileWriter 可以将字符直接写入文件中。PipedWriter 类是与 PipedReader 类对应的字符流,利用它们可以在程序运行时的两个线程之间传递数据。StringWriter 类可以用来回收在字符串缓冲区中的输出来构造字符串。PrintWriter 类是向文本输出流打印对象的格式化表现形式。

Writer 定义了字符输出流在实现写操作时需要的大部分成员方法,如表 8-6 所列。当然,其中的方法还需要它的子类具体实现后才能够使用。

模块 8　Java 流式 I/O 技术

表 8-6　Writer 类成员方法

返回值类型	方法名称	功能
void	write(int c)	将字符 c 写入到输出流
void	write(char cbuf[ ])	将 char 类型数据 cbuf 中的所有字符写入到输出流
void	write(String str)	将字符串 str 中的所有字符写入到输出流
void	flush( )	刷新输出流的缓冲
writer	append(char c)	将指定字符 c 添加到输出流
void	close( )	关闭输出流，但在这之前会先刷新它

8.4.3　文件字符流

文件字符流包括文件字符输入流 FileReader 和文件字符输出流 FileWriter，其使用方法和文件字节流相似。下面两个程序是先写入文件再读取文件，因此先介绍文件字符输出流 FileWriter。

1. 文件字符输出流 FileWriter

FileWriter 是 OutputStreamWriter 的子类，它是操作文件的字符输出流，继承了 OutputStreamWriter 类的所有方法，并且实现了抽象方法 write()，专门用于把数据写入文件。FileWriter 的构造方法如下：

```
FileWriter(String name)throws IOException;
FileWriter(String name,boolean append)throws IOException;
FileWriter(File file)throws IOException;
FileWriter(File file,boolean append)throws IOException;
```

为 name 或 file 所指定的文件创建一个字符输出流，参数 append 指定文件是否以追加方式写入，默认是覆盖方式的。如果不能打开文件，将抛出一个 IOException 异常。下面通过一个应用程序来说明 FileWriter 的使用方法。

【例 8-7】向文件中写入字符。

//Ex8_7.java

```
import java.io.*;
public class Ex8_7{
    public static void main(String[]args)throws Exception{
        //创建一个 FileWriter 对象用于向文件中写入数据,默认改写方式打开文件
        FileWriter writer=new FileWriter("d:/1/tt.txt");
        String str="program\r\nI love Java~";
        writer.write(str);         //将字符数据写入到文本文件中
        writer.write("\r\n");      //将输出语句换行
        writer.close();            //关闭写入流,释放资源
    }
}
```

程序运行结束后，会在 D:/1/目录下生成一个 tt.txt 文件，打开此文件会看到如图 8-19 所示的内容。

图 8-19 例 8-7 程序生成的文件内容

FileWriter 同 FileOutputStream 一样，如果指定的文件不存在，就会先创建文件，再写入数据；如果文件存在，则会首先清空文件中的内容，再进行写入。如果想在文件尾追加数据，需要以追加的方式打开文件。

2．文件字符输入流 FileReader

FileReader 是 OutputStreamReader 的子类，它是操作文件的字符输入流，继承了 OutputStreamReader 类的所有方法，并且实现了抽象方法 read()，专门用于读出数据。FileReader 的构造方法如下：

FileReader(File file);
FileReader(String name);

下面来看一个使用 FileReader 对文件进行读取操作的例子。

【例 8-8】使用字符输入流读取文件中的字符。

//Ex8_8.java

```java
import java.io.*;
public class Ex8_8{
    public static void main(String[]args)throws Exception{
        //创建一个 FileReader 对象用来读取文件中的字符
        FileReader reader=new FileReader("tt.txt");
        int ch;                                 //定义一个变量用于记录读取的字符
        while((ch=reader.read())! =- 1){        //循环判断是否读取到文件的末尾
            System.out.print((char)ch);         //不是字符流末尾就转为字符打印
        }
        reader.close();//关闭文件读取流,释放资源
    }
}
```

运行结果如图 8-20 所示。

图 8-20 例 8-8 程序运行结果

例 8-8 实现了读取例 8-7 创建的文件（D:/1/tt.txt）的功能。首先创建一个 FileReader 对象与文件关联，将已经存在的 tt.txt 文件内容通过 while 循环，每次从文件中读取一个字符并

输出，实现了文件内容的读取。但 read()方法读取的数据是 int 的值，如果想取得字符需进行强制类型转换。

8.4.4 缓冲流

前面的程序中，利用文件字节流或文件字符流对文件进行读/写操作，read()方法或 write()方法都是逐个字节或字符地处理数据，效率很低；尤其是大量地与外设（硬盘、键盘、显示器……）之间进行读/写操作，会严重降低程序运行速度。Java 编程中可以用缓冲流来提高 I/O 效率。

缓冲流是一种包装流类，以 Buffered 开头，分为包装字符流的 BufferedReader 和 BufferedWriter 类，以及包装字节流的 BufferedInputStream 与 BufferedOutputSteam 类。

缓冲流类的构造方法如下：

BufferedReader(Reader in,int size):缓冲字符输入流
BufferedWriter(Writer out,int size):缓冲字符输出流
BufferedInputStream(InputStream in,int size):缓冲字节输入流
BufferedOutputStream(OutputStream out,int size):缓冲字节输出流

其中参数 size 指定缓冲区大小，如果不设置 size，则使用默认大小的缓冲区。

在使用 BufferedOutputSteam 或 BufferedWriter 进行输出时，数据首先写入缓冲区。当缓冲区满时，其中的数据写入缓冲流所处理的输出流 out。缓冲输出流的方法 flush()可以强制将缓冲区的内容全都写入输出流。

表 8-7~表 8-10 列出了缓冲字符流 BufferedReader、BufferedWriter 和缓冲字节流 BufferedInputStream、BufferedOutputStream 的常用方法。

表 8-7 BufferedReader 常用方法

返回值类型	方法名称	功能
int	read()	读取单个字符
int	read(char []cbuf, int off, int len)	将字符读入数组的某一部分
String	readLine()	读取一个文本行
long	skip(long n)	跳过 n 个字符
void	close()	关闭该流

表 8-8 BufferedWriter 常用方法

返回值类型	方法名称	功能
void	Write(int c)	写入单个字符
void	write(char []cbuf, int off, int len)	写入字符数组的某一部分
void	write(String s, int off, int len)	写入字符串的某一部分
void	newLine()	写入一个行分隔符
void	flush()	刷新该流的缓冲
void	close()	关闭该流

表 8-9　BufferedInputSteam 常用方法

返回值类型	方法名称	功能
int	read()	从输入流读取下一个数据字节
int	read(byte [ ]b, int off, int len)	从给定的偏移量开始将各字节读取到指定的 byte 数组中
void	close()	关闭此输入流并释放与该流关联的所有系统资源

表 8-10　BufferedOutputSteam 常用方法

返回值类型	方法名称	功能
void	Write(int b)	将指定的字节写入此缓冲的输出流
void	write(byte [ ]b, int off, int len)	将 byte 数组中从 off 开始的 len 个字节写入流
void	flush()	刷新此缓冲的输出流

来看一个用缓冲字节流实现文件读/写操作的程序例子。

【例 8-9】 文件的复制。

//Ex8_9.java

```
import java.io.*;
public class Ex8_9{
    public static void main(String[]args){
        //创建 File 类对象代表要复制的源文件和目标文件
        File src=new File(args[0]);
        File des=new File(args[1]);
        try{
            copy(src,des);          //复制文件
            System.out.println(des.length()+"字节已被复制,文件复制成功!");
        }catch(IOException e){
            System.out.println("文件复制失败!");
        }
    }
    //文件复制
    public static void copy(File src,File des)throws IOException{
        //通过字符缓冲流对字符流类进行操作,提高读写效率
        BufferedReader br=new BufferedReader(new FileReader(src));
        BufferedWriter bw=new BufferedWriter(new FileWriter(des));
        String str;
        //每次读取一行,写入缓冲区
        while((str=br.readLine())! =null){
            bw.write(str);
            bw.newLine();
```

```
        }
        br.close();
        bw.close();    //关闭流,缓冲区中的数据会被写入文件
    }
}
```

程序中用命令行参数 args[0]、args[1] 作为要复制的源文件和目标文件的名字,执行程序时请为命令行参数 args 设置值 (Run→Run configurations…),如图 8-21 所示。

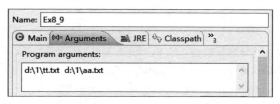

图 8-21 为例 8-9 程序设置命令行参数值

程序执行后,若 D:\1\tt.txt 文件存在,则会在 D:\1\下赋值出内容完全相同的文件 aa.txt,并提示文件复制成功;若文件 tt.txt 不存在,则会提示"文件复制失败"。

需要注意的是,当用上面的程序复制非文本类型文件时,可能会发生复制错误。例如,复制一个图片文件可能会造成复制后的文件打不开。非文本类型的文件不可以用字符流进行读/写操作。想想如何用缓冲字节流实现非文本文件的复制?编程试一下。

8.4.5 转换流

I/O 流分为字节流和字符流。有时用户希望在程序中用字符流来完成读/写操作,但某些输入/输出是以字节流的方式来设计的。例如,标准输入流 System.in 对应于键盘输入,是一个 InputStream 对象;而标准输出流 System.out 对应于显示器输出(或者由主机环境或用户指定的另一个输出目标),是 PrintStream(OutputStream 的间接子类)对象。要想在程序中用字符流完成数据的读/写,则需要先将其包装成字符流,转换流类 InputStreamReader 和 OutputStreamWriter 可以实现这个功能。

转换流也是一种包装流类,其中 OutputStreamWriter 是对 OutputStream 的包装,它本身是 Writer 的子类,可以将一个字节输出流包装成字符输出流;而 InputStreamReader 是对 InputStream 的包装,它是 Reader 的子类,可以将一个字节输入流包装成字符输入流。

下面来看如何借助转换流实现控制台数据到文件的快速读/写。

【例 8-10】 控制台数据到文件的快速读/写

//Ex8_10.java

```
import java.io.*;

public class Ex8_10{
    public static void main(String[]args){
        File file=new File("d:/1/1.txt");
        try{
```

```java
            readFromKeyboard(file);    //从键盘读取数据存入文件 file
        }catch(IOException e){
            System.out.println("从键盘读取数据到文件操作失败!");
        }
        try{
            writeToScreen(file);       //将文件 file 中的数据输出
        }catch(IOException e){
            System.out.println("从文件读取数据写入显示器失败!");
        }
    }
    //该方法用字符缓冲输入流链从标准输入流 System.in 读取数据,存入文件 file
    public static void readFromKeyboard(File file)throws IOException{
        //转换流 InputStreamReader 对标准输入流 System.in 进行包装,得到字符流 reader
        Reader reader=new InputStreamReader(System.in);
        //用缓冲流提高读/写效率
        BufferedReader br=new BufferedReader(reader);
        BufferedWriter bw=new BufferedWriter(new FileWriter(file));
        String line;
        while((line=br.readLine())!=null){
            if("over".equals(line)){
                break;            //以"over"作为结束输入的标识
            }
            bw.write(line);
            bw.newLine();
            bw.flush();
        }
        bw.close();
        br.close();
    }
    //该方法将文件中的数据读出,并用字符缓冲输出流链将数据写入标准输出流 System.out
    public static void writeToScreen(File file)throws IOException{
        //用转换流 OutputStreamWriter 对标准输出流 System.out 进行包装,得到字符流 writer
        //对其他字节输出流的包装方法类似
        Writer writer=new OutputStreamWriter(System.out);
        //用缓冲流提高读/写效率
        BufferedWriter bw=new BufferedWriter(writer);
        BufferedReader br=new BufferedReader(new FileReader(file));
        String line;
        while((line=br.readLine())!=null){
            //将从文件中读入的数据写入 bw 包装的标准输出流 System.out
                bw.write(line);
            bw.newLine();
```

```
            bw.flush();
        }
        bw.close();
        br.close();
    }
}
```

程序运行调用 readFromKeyboard (file) 方法，等待用户在控制台输入数据，以 over 结束输入，输入的数据将保存到 D:\1\ 文件夹下的 1.txt 文件中；调用 writeToScreen (file) 方法，将 1.txt 文件中的内容读出并显示在控制台上。程序的运行结果和 1.txt 文件的内容如图 8-22 所示。

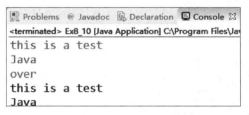 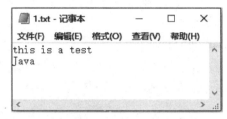

图 8-22　例 8-10 运行结果和 1.txt 文件

这个程序实现了字节流和字符流的转换。将字节流转换为字符流，在程序中可以实现直接用字符流的方法来完成读/写。需要注意的是，在使用转换流时，只能针对操作文本文件的字节流进行转换，如果字节流操作的是一张图片，此时转换为字符流就会造成数据丢失。

【案例 8-2】 简易文本文件编辑器

■ **案例描述**

本案例编写一个简易文本文件编辑器程序，以命令行方式提供几个记事本功能选择，实现在本地新建文件、打开文件和修改文件内容等功能。初始运行结果如图 8-23 所示。

综合案例：简易文本文件编辑器

■ **案例目标**

◇ 学会分析"简易文本文件编辑器"程序的实现思路。
◇ 掌握字符缓冲流、文件字符流操作本地文件的方法。
◇ 能够独立完成简易文件编辑器程序源代码的编写。

■ **实现思路**

将所有文件编辑器功能封装在类 FileEditor 中，在类中定义 5 个静态方法实现主菜单中的新建文件、打开文件、修改文件、保存文件以及退出功能；因多个方法中操作的文件内容有关联，所以在 FileEditor 中设置 String 型静态变量 path 以保存文件路径、message 保存文件内容。具体如下：

（1）定义 FileEditor 类，声明静态变量 path（String 型）和 mes-

```
1.新建文件
2.打开文件
3.修改文件
4.保存文件
5.退出
请选择你的操作：
```

图 8-23　文本文件编辑器主界面

sage(String 型）以保存文件绝对路径和文件内容。

（2）定义静态方法 createFile()，创建文件、并通过控制台输入要录入到文件中的内容。

（3）定义静态方法 openFile()，打开已存在的文件，并在文件尾追加内容。

（4）定义静态方法 editFile()，通过已经输入的被替换的内容，在原文件中查找，找到后替换成修改后的内容。

（5）定义静态方法 saveFile()，将已经打开或修改的文件保存到原路径下。如果没有打开文件则输出文字"请先新建文件或者打开文件"。

（6）定义静态方法 exit()，实现退出系统功能。

（7）在 main 方法中实现主界面的显示输出和分支判断等操作，用 switch 语句实现多分支判断，并将其放在循环体中以实现文件编辑器功能的多次选择。

■ 参考代码

//FileEditor.java

```java
import java.io.*;
import java.util.Scanner;
/*
 * 文本文件编辑器程序,实现文本文件的新建、打开、修改、保存功能
 */
public class FileEditor{
    private static String path;              //保存文件的绝对路径
    private static String message="";        //保存文件内容

    public static void main(String args[])throws IOException{
        Scanner sc=new Scanner(System.in);
        System.out.println("1.新建文件");
        System.out.println("2.打开文件");
        System.out.println("3.修改文件");
        System.out.println("4.保存文件");
        System.out.println("5.退出");
        int in=0;
        while(true){
            System.out.println("请选择你的操作:");
            in=sc.nextInt();
            switch(in){
                case 1:    createFile();   break;
                case 2:    openFile();     break;
                case 3:    editFile();     break;
                case 4:    saveFile();     break;
                case 5:    exit();
                default:   System.out.println("您的输入有误,请重新输入!");
            }
```

```java
        }
    }
    /*
     *新建文件,从控制台输入内容。输入 end 结束。方法私有化,确保只能在类内访问
     */
    private static void createFile(){
        message="";                              //先清空保存文件内容的字符串
        Scanner sc=new Scanner(System.in);
        System.out.println("请输入文件内容,结束请输入 end:");
        StringBuffer sb=new StringBuffer();      //暂存每次读入的文本行
        String input=sc.nextLine();              //读取第一行文本
        //判断是否结束读取过程    end
        while(! input.equals("end")){
            sb.append(input+"\r\n");             //追加读入的文本及回车换行符到 sb
            input=sc.nextLine();                 //再读一行
        }
        message=sb.toString();    //将读入的数据保存到 message
    }
    /*
     *打开文件。如果文件存在,则在文件末尾追加文件内容;如果文件不存在,则显示"请选择文本文件"
     */
    public static void openFile()throws IOException{
        message="";//先清空文件内容
        Scanner sc=new Scanner(System.in);
        System.out.println("请输入要打开的文件的位置和文件名:");
        path=sc.nextLine();
        //对 txt 格式的文件路径过滤,只接收 txt 文本文件的打开
        if(path! =null &&!path.endsWith(".txt")){
            System.out.println("请选择文本文件!");
            return;
        }
        FileReader in=new FileReader(path);
        char[]chars=new char[1024];
        int len=0;
        StringBuffer sb=new StringBuffer();
        while((len=in.read(chars))! =-1){
            sb.append(chars);
        }
        message=sb.toString();
        System.out.println("这个文件的内容是:\r\n"+message);
        in.close();
```

```java
}
/*
 * 修改文件内容。通过字符串替换形式实现
 */
public static void editFile(){
    if(message==""&&path==null){
        System.out.println("请先新建文件或者打开文件");
        return;
    }
    Scanner sc=new Scanner(System.in);
    System.out.println("请输入要修改的内容,(以\"修改的目标文字:修改后的文字\"格式)"
                    +",停止修改请输入 end");
    String input="";
    while(! input.equals("end")){
        input=sc.nextLine();
        if(input! =null&&input.length()>0){
            //把输入的字符串根据":"拆分成数组
            String[ ]editMessage=input.split(":");
            if(editMessage!=null&&editMessage.length>1){
                //替换内容
                message=message.replace(editMessage[0],editMessage[1]);
            }
        }
    }
    System.out.println("修改后的文件内容:\r\n"+message);
}
/*
 * 保存文件
 */
public static void saveFile()throws IOException{
    Scanner sc=new Scanner(System.in);
    FileWriter fw=null;
    if(path !=null){
        fw=new FileWriter(path);
    }else{
        System.out.println("请输入文件保存的绝对路径:");
        path=sc.nextLine();
        if(!path.toLowerCase().endsWith(".txt")){
            path+=".txt";
        }
        fw=new FileWriter(path);
    }
```

```
            fw.write(message);
            fw.close();
            message="";
            path=null;
        }
        public static void exit(){
            System.out.println("您已经退出系统,谢谢使用!");
            System.exit(0);
        }
    }
}
```

8.5 其他 I/O 流

对象输入输出流简介

前面几节已经介绍了 I/O 中几个比较重要的流,在 I/O 流体系中还有很多其他的 I/O 流,本节将介绍这些常见的 I/O 流。

8.5.1 对象输入/输出流

程序运行时,会在内存中创建多个对象,然而程序结束后,这些对象便被当作垃圾回收了。如果希望永久保存这些对象,则可以将对象转为字节数据写入到硬盘上,这个过程称为对象序列化。为此,JDK 提供了 ObjectOutputStream(对象输出流)来实现对象的序列化。当对象进行序列化时,必须保证该对象实现 Serializable 接口,否则程序会出现 NotSerializableException 异常。

使用对象流写入或读出对象时,要保证对象是序列化的。这是为了保证能把对象写入到文件,并能再把对象读回到程序中。一个类如果实现了 Serializable 接口,那么这个类创建的对象就是所谓序列化的对象。所谓"对象序列化",简单一句话:使用它可以像存储文本或者数字一样简单地存储对象。

如果程序在执行过程中突然遇到断电或者其他的故障导致程序终止,那么对象当前的工作状态也会丢失,这对于有些应用来说是可怕的。用对象序列化就可以解决这个问题,因为它可以将对象的全部内容保存于磁盘的文件,这样对象执行状态也就被存储了,到需要时还可以将其从文件中按原样再读取出来,这样就解决了数据丢失问题。对象序列化可以这样简单实现:为需要被序列化的对象实现 Serializable 接口,该接口没有需要实现的方法,implements Serializable 只是为了标注该对象是可被序列化的,然后使用一个输出流(如 FileOutputStream)来构造一个 ObjectOutputStream(对象流)对象,接着使用 ObjectOutputStream 对象的 writeObject(Object obj)方法就可以将参数为 obj 的对象写出(即保存其状态),要恢复的话则用输入流。

【例 8-11】将 Student 对象序列化,保存在硬盘上。

//Ex8_11.java

```
import java.io.*;
public class Ex8_11{
    public static void main(String[]args)throws Exception{
```

```
            Student p=new Student("n1","lihua",22);//创建一个 Person 对象
            System.out.println("---------写入文件前----------");
            System.out.println("Student 对象的 id:"+p.getId());//打印 Student 对象的 id
            System.out.println("Student 对象的 name:"+p.getName());
            //打印 Student 对象的 name
            System.out.println("Student 对象的 age:"+p.getAge());
            //打印 Student 对象的 age
            //创建文件输出流对象,将数据写入 ob.txt 文件中
            FileOutputStream fos=new FileOutputStream("ob.txt");
            //创建对象输出流对象,用于处理输出流对象写入的数据
            ObjectOutputStream oos=new ObjectOutputStream(fos);
            //将 Person 对象输出到输出流中
            oos.writeObject(p);
    }
}
class Student implements Serializable{
        private String id;
        private String name;
        private int age;
        public Student(String id,String name,int age){
            super();
            this.id=id;
            this.name=name;
            this.age=age;
        }
        public String getId(){
            return id;
        }
        public String getName(){
            return name;
        }
        public int getAge(){
            return age;
        }
}
```

程序运行结果如图 8-24 所示。

```
---------写入文件前----------
Student对象的id:n1
Student对象的name:lihua
Student对象的age:22
```

图 8-24　例 8-11 程序运行结果

例 8-11 中,首先将 Student 对象进行实例化,然后通过调用 ObjectOutputStream 的 writeObject(Object obj) 方法将 Student 对象写入 ob.txt 文件中,从而将 Student 对象的数据永久地保存在文件中,这个过程就是对象的序列化。当程序运行结束后,会发现在当前目录下自动生成了一个 objectStream.txt 文件,该文件便记录了 Student 对象的数据。

Student 对象被序列化后会生成二进制数据保存在 ob.txt 文件中,通过这些二进制数据可以恢复序列化之前的 Java 对象,此过程称为反序列化。JDK 提供了 ObjectInputStream 类(对象输入流),它可以实现对象的反序列化。接下来通过例 8-12 来演示。

【例 8-12】 对象反序列化实例。

//Ex8_12.java

```java
import java.io.*;
public class Ex8_12{
    public static void main(String[]args)throws Exception{
        //创建文件输入流对象,用于读取指定文件的数据
        FileInputStream fis=new FileInputStream("ob.txt");
        //创建对象输入流,并且从指定的输入流中读取数据
        ObjectInputStream ois=new ObjectInputStream(fis);
        //从 objectStream.txt 中读取 Person 对象
        Student p=(Student)ois.readObject();
        System.out.println("---------从文件中读取后---------");
        System.out.println("Student 对象的 id:"+p.getId());
        System.out.println("Student 对象的 name:"+p.getName());
        System.out.println("Student 对象的 age:"+p.getAge());
    }
}
```

Student 类定义同例 8-11,此处省略。

运行结果如图 8-25 所示。

图 8-25 例 8-12 运行结果

例 8-12 中,通过调用 ObjectInputStream 的 readObject() 方法将文件 objectStream.txt 的 Person 对象读取出来,这个过程就是反序列化。通过图 8-24 和图 8-25 的比较,发现 Student 对象写入前的属性值和读取后的属性值是一致的,这说明写入文本文件的数据被正确地读取出来了。

8.5.2 PrintStream

打印流用于将数据进行格式化输出,打印流在输出时会进行字符格式转换,默认使用操作系统的编码进行字符转换。该流定义了许多 print() 方法用于输出不同类型的数据,同时每

个 print()方法又定义了相应的 println()方法，用于输出带换行符的数据。打印流分为字节打印流 PrintStream 和字符打印流 PrintWrite 两种。

PrintStream 类的常用构造方法如下。

PrintStream(File file):创建指定文件且不带自动刷新的新 PrintStream。
PrintStream(String filename):创建指定文件名称且不带自动刷新的新 PrintStream。
PrintStream(File file,String csn):创建指定文件和字符集且不带自动刷新的新 PrintStream。
PrintStream(OutputStream out):使用 OutputStream 类型的对象创建 PrintStream。

PrintWriter 类的常用构造方法有 4 个。

PrintWriter(File file):创建指定文件且不带自动刷新的新 PrintWriter。
Printwriter(String filename):创建指定文件名称且不带自动刷新的新 PrintWriter。
PrintWruter(File file,String csn):创建指定文件和字符集且不带自动刷新的新 PrintWriter。
PrintWriter(OutputStream out):使用 OutputStream 类型的对象创建 PrintWriter。

PrintStream 类和 PrintWriter 类的常用方法相同，如表 8-11 所列。

表 8-11　PrintStream 类和 PrintWriter 类的常用方法

返回值类型	方法名称	功能
void	print(int i)	输出 int 类型数据
void	print(float f)	输出 float 类型数据
void	print(String s)	输出 String 类型数据
void	print(Object o)	输出 Object 类型数据
void	println(int i)	输出 int 类型数据及换行符

【例 8-13】 使用 **PrintWriter** 类写文本文件。
//Ex8_13.java

```
import java.io.*;
public class Ex8_13{
    public static void main(String args[])throws IOException{
        FileWriter fw=new FileWriter("d:/1/test.txt");
        PrintWriter pw=new PrintWriter(fw);
        pw.println('a');
        pw.print('=');
        pw.print(12);
        pw.println("This is a test");
        pw.close();
    }
}
```

运行结果如图 8-26 所示。

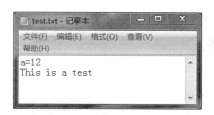

图 8-26　Ex8_13 运行结果

8.5.3　管道输入/输出流

多个线程之间也可以通过 I/O 流实现数据的传输，为此 JDK 中提供了一种管道流。管道流分为管道输入流（PipedInputStream）和管道输出流（PipedOutputStream），它是一种比较特殊的流，必须先建立连接才能进行彼此间的通信。PipedOutputStream 用于向管道中写入数据，PipedInputStream 用于从管道中读取数据。接下来通过一个案例来学习管道流的通信，如例 8-14 所示。

【例 8-14】使用管道流通信的程序。

```
//Ex8_14.java
import java.io.*;
public class Ex8_14{
    public static void main(String[]args)throws Exception{
    //创建 PipedInputStream 对象
    final PipedInputStream pis=new PipedInputStream();
    final PipedOutputStream pos=new PipedOutputStream();
    //PipedInputStream 和 PipedOutputStream 建立连接
        pis.connect(pos);
    new Thread(new Runnable(){
    //以匿名内部类方式 创建发送数据的线程
      public void run(){
    //将从键盘读取的数据写入管道流
        BufferedReader br=new BufferedReader(new InputStreamReader (System.in));
        PrintStream ps=new PrintStream(pos);
        while(true){
          try{
            System.out.print(Thread.currentThread().getName()+"要求输入内容:");
            ps.println(br.readLine());
            Thread.sleep(1000);
          }catch(Exception e){
             e.printStackTrace();
          }
        }
      }
```

```
            },"发送数据的线程").start();
            //以匿名内部类方式 创建接收数据的线程
            new Thread(new Runnable(){
                public void run(){
                    //下面的代码是从管道流中读出数据,每读一行数据输出一次
                    BufferedReader br=new BufferedReader(new InputStreamReader(pis));
                    while(true){
                        try{
                            System.out.println (Thread.currentThread().getName()
                                    +"收到的内容:"+br.readLine());
                        }catch(IOException e){
                            e.printStackTrace();
                        }
                    }
                }
            },"接收数据的线程").start();
        }
}
```

运行结果如图 8-27 所示。

图 8-27　例 8-14 运行结果

在字符流中也有一对 PipedReader 和 PipedWriter 用于管道的通信,它们的用法和 PipedInputStream 及 PipedOutputStream 相似,这里就不再赘述。

习　题　8

一、填空题

1. Java 中的 I/O 流按照操作数据的不同,可分为_____和_____;按照方向不同可分为_____和_____。
2. 在 java.io 包中有 4 个基础流类:InputStream、_____、Reader 和_____。
3. _____类是 java.io 包中一个非常重要的非流类,封装了操作文件系统的功能。
4. 在 Java 语言中,实现多线程之间通信的流是_____。
5. Java 通过_____类实现对象序列化,为了让某对象能够被序列化,要求其实现_____接口。

二．选择题

1. Java 语言提供处理不同类型流的类所在的包是（ ）。
   A．java.sql   B．java.util   C．java.math   D．java.io
2. 在 File 类提供的方法中，用于创建目录的方法是（ ）。
   A．mkdir()   B．mkdirs()   C．list()   D．listRoots()
3. 下面语句正确的是（ ）。
   A．RandomAccessFile raf=new   RandomAccessFile（"myfile.txt","rw"）；
   B．RandomAccessFile raf=new   RandomAccessFile（new DataInputStream（））；
   C．RandomAccessFile raf=new   RandomAccessFile（"myfile.txt"）；
   D．RandomAccessFile raf=new   RandomAccessFile（new File（"myfile.txt"））；
4. 能实现按字节读取文件的输入流类是（ ）。
   A．FileInputStream   B．FileOutputStream
   C．FileReader   D．FileWriter
5. 文件输出流的构造方法 FileOutputStream（String name, boolean append） throws FileNotFoundException，当参数 append 的值为 true 时，表示（ ）。
   A．创建一个新文件   B．在原文件的尾部添加数据
   C．覆盖原文件的内容   D．在原文件的指定位置添加数据
6. 下面哪个流类使用了缓冲区技术（ ）。
   A．BufferadOutputStream   B．FileInputStream
   C．FileReader   D．DataOutputStream
7. 在 Java 的 IO 操作中，（ ）方法可以用来刷新流的缓冲。（选择两项）
   A．void release()   B．void close()
   C．void remove()   D．void flush()
8. （ ）是转换流，可以将字节流转换成字符流，是字符流与字节流之间的桥梁。
   A．InputStreamReader   B．FileInputStream
   C．FileReader   D．DataOutputStream．

模块 9
Java 数据库连接技术

学习目标：

- 了解 MySQL 数据库管理系统，会连接 MySQL 数据库
- 能够使用 MySQL 客户管理工具熟练创建和管理数据库
- 了解 JDBC，熟悉 JDBC 编程步骤，能编写简单的 JDBC 程序
- 掌握数据库查询、更新、添加、删除操作的编程方法
- 理解和掌握 PreparedStatement、CallableStatement 的使用

9.1 MySQL 数据库管理系统

数据库连接技术是编写应用程序最重要的技术之一，Java 使用 JDBC 技术实现对各种数据库的连接和访问。MySQL 是一种开放源代码的关系型数据库管理系统，使用结构化查询语言（SQL）进行数据库管理。在 web 应用方面，MySQL 是最好的关系数据库管理系统应用软件。

9.1.1 下载、安装 MySQL

1. 下载

登录 MySQL 官方网站 www.mysql.com，单击"Downloads"标签，进入下载界面。如图 9-1 所示。

图 9-1 下载界面

单击"Community"选项,显示"Download Community"页面,如图 9-2 所示。

图 9-2 Download Community 界面

在 Community 界面左侧单击"MySQL Community Server"选项,如图 9-3 所示。

图 9-3 MySQL Community Server 界面

进入 MySQL 选项下载列表,根据本机具体情况选择需要的版本。本例以 64 位的解压版(zip)为例,选择"mysql-5.7.19-winx64.zip",单击右侧的"Download"按钮,如图 9-4 所示。

在弹出的"Begin Your Download"页面单击"No thanks, just start my download."选项,开始下载。如图 9-5 所示。

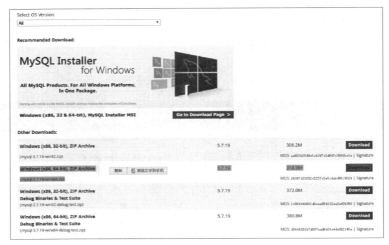

图 9-4 选择 mysql-5.7.19-winx64.zip 版本界面

图 9-5 开始下载界面

2. 安装

将下载的 mysql- 5.7.19- winx64.zip 解压缩到本地计算机即可。如解压缩到 D:\根目录。

3. 启动

MySQL 5.7 版本需要在启动之前进行安全初始化。进入 Windows 命令行，从命令行进入 MySQL 安装目录的 bin 子目录，输入 "mysqld--initialize-insecure" 命令，如图 9-6 所示。执行成功后，MySQL 安装目录下会多出一个 data 子目录。

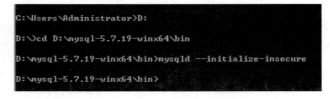

图 9-6 初始化 MySQL

初始化完成后，在 MySQL 安装目录的 bin 子目录下输入"mysqld"命令，启动 MySQL 数据库服务器。启动成功后，MySQL 数据库服务器将占用当前 MS-DOS 窗口，如图 9-7 所示。

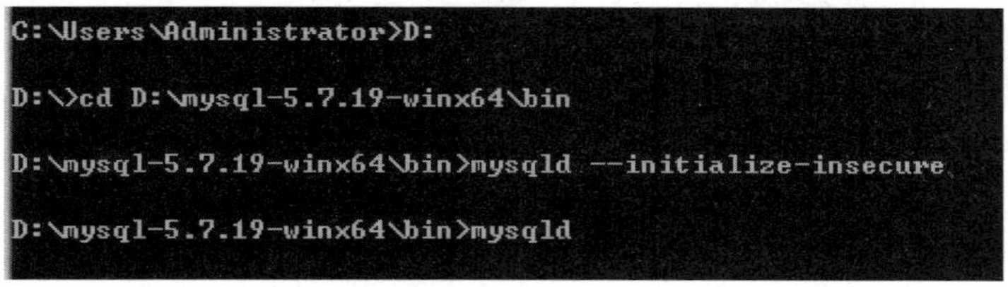

图 9-7 启动 MySQL 服务器

MySQL 数据库服务器启动后，MySQL 默认授权可以访问的数据用户名为"root"，密码为空。可以通过 mysqladmin 命令修改密码，格式如下：

mysqladmin- u root   - p password

输入当前密码，如果输入正确，将提示输入新的密码，以及确认新密码。如图 9-8 所示，将 root 用户的密码由空改为"123456"（以后都使用该密码）。

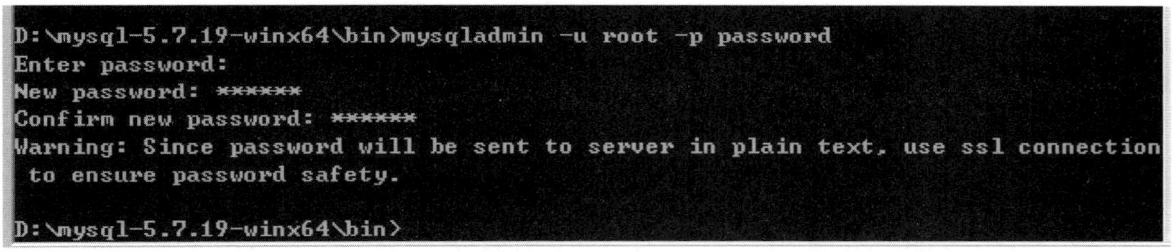

图 9-8 把密码修改为"123456"

注意：可以使用操作系统提供的"任务管理器"（按 Ctrl+Shift+Esc 键）关闭 MySQL 数据库服务。

9.1.2 建立数据库

为方便数据库的建立，使用 MySQL 客户管理工具——Navicat for MySQL 来连接 MySQL（可以登录 http://www.navicat.com.cn/products/下载试用版，下载 navicat120_mysql_cs_x64.exe 并安装即可）。

建立 MySQL 数据库

MySQL 管理工具必须和数据库服务器建立连接，然后才可以建立数据库。在使用客户端管理工具前需要启动 MySQL 服务器，操作如前面 9.1.1 节所示。

启动 Navicat for MySQL 后的主界面如图 9-9 所示。

1．建立到 MySQL 的连接

单击打开主界面（如图 9-9 所示）上的"连接"选项卡，弹出"新建连接"对话框，如图 9-10 所示。

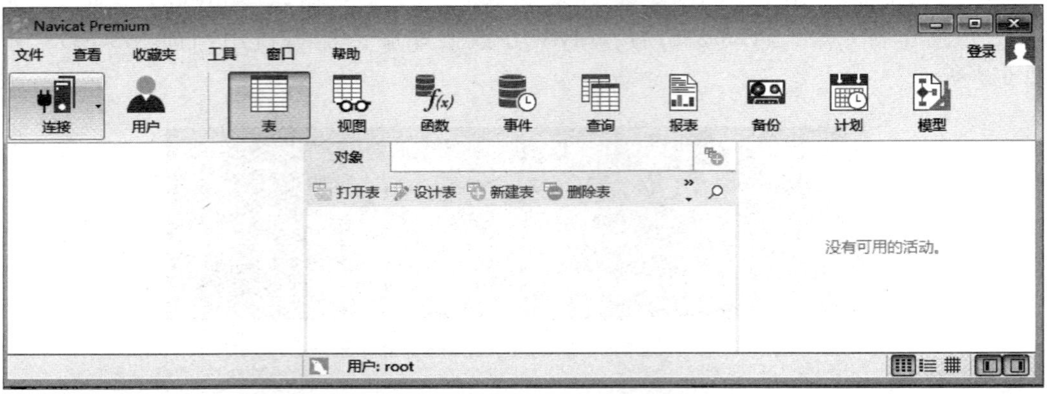

图 9-9 Navicat for MySQL 主界面

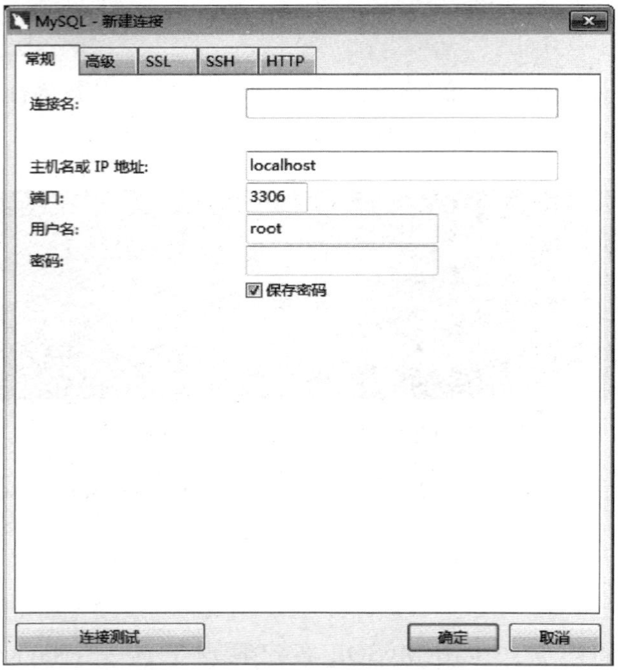

图 9-10 "新建连接"对话框

在该对话框输入信息如下：
连接名——用户可以自定义，如 lncc。
主机名——localhost 或者 MySQL 服务器所在的计算机的域名或 IP。
端口号——3306
用户名——root
密码——123456（本模块统一 root 密码为"123456"）

2．建立数据库

在主界面上，选择刚才建立的 lncc 连接，右击选择"新建数据库"命令，在弹出的"新建数据库"对话框中输入数据库名称及选择使用的字符编码集。如图 9-11 所示。

图 9-11 新建数据库

3. 创建表

在主界面上，找到 lncc 连接下的数据库 Xk，打开数据库，然后右击"表"选项，选择"新建表"命令，弹出"新建表"对话框。在该对话框中输入表的字段名与数据类型，如图 9-12 所示。

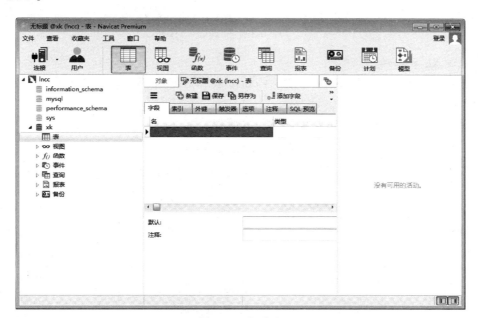

图 9-12 新建表

输入完所有的字段，创建表结束后，单击"保存"按钮，在弹出的对话框中输入表名即可。

4. 向表中插入或删除记录

在主界面左侧视图点开"表"选项，可以看到新创建成功的表，在表名上右击，选择

"打开表"命令,可以在弹出的对话框中向该表插入或删除记录。单击界面下面"+"或"-"号插入或删除记录,单击"√"保存记录,如图9-13所示。

图 9-13 管理表

5. 完成 Xk 数据库

Xk 数据库包括 3 个表:Student 表、Course 表和 StuCou 表,分别存储学生信息、课程信息和学生选课成绩信息。

3 个数据表的结构及数据如表 9-1~表 9-6 所列。

表 9-1 Student 表结构

列名	数据类型	可否为空	说明
Stuno	varchar(8)	否	学号,主键
Stuname	varchar(8)	否	姓名
Sex	varchar(2)	否	性别
Birthday	date	否	出生日期

表 9-2 Course 表结构

列名	数据类型	可否为空	说明
Couno	varchar(3)	否	课程编号,主键
Couname	varchar(20)	否	课程名
Credit	int	否	学分

表 9-3 StuCou 表结构

列名	数据类型	可否为空	说明
Stuno	varchar（8）	否	学号
Couno	varchar（3）	否	姓名
Grade	int	是	分数

表 9-4 Student 表数据

Stuno	Stuname	Sex	Birthday
00000001	张峰	男	1999-09-09
00000002	李琦	女	1998-09-01
00000003	刘丽丽	女	1999-05-01
00000004	张欣欣	女	1998-06-08
00000005	张鹏	男	1997-12-30

表 9-5 Course 表数据

Couno	Couname	Credit
001	Java 程序设计	7

表 9-6 Stucou 表数据

Stuno	Couno	Grade
00000001	001	60
00000002	001	50

按照前面的方法建立这 3 个表并添加记录到 3 个表中。

9.2 JDBC 技术

9.2.1 JDBC 概述

JDBC(Java Database Connectivity，Java 数据库连接)是一种用于执行 SQL 语句的 Java API，为多种关系数据库提供统一的访问方式，由一组用 Java 语言编写的类和接口组成。Java 程序中，对数据库的操作都通过 JDBC 组件完成，JDBC 在 Java 程序和数据库之间充当一个桥梁的作用。使用 JDBC，程序能够自动地将 SQL 语句传送给相应的数据库管理系统，并接收数据库管理系统发回的响应。JDBC 在 Java 程序中所起作用如图 9-14 所示。

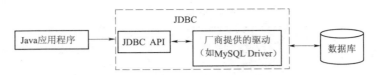

图 9-14 Java 应用程序、JDBC 和驱动程序之间的关系

JDBC 分为 JDBC 驱动程序和 JDBC API。JDBC 驱动程序是一个翻译器，可以把底层的 DBMS 私有信息转换成 JDBC API 能理解的底层消息，反之亦然。有了 JDBC，向各种关系数据库发送 SQL 命令就是一件很容易的事。只要数据库厂商支持 JDBC，并为数据库预留 JDBC 接口驱动程序，那么就不必为访问特定的数据库专门写一个程序，只需用 JDBC API 写一个程序就够了。应用程序可向预留的 JDBC 驱动程序发送命令，经过 JDBC 驱动程序翻译，然后发送 SQL 语句给数据库。这样，使用 Java 语言编写应用程序时，就无须为不同的平台编写不同的应用程序了。

9.2.2 JDBC 常用 API

JDBC API 包含在两个包里。第一个包是 java.sql，它包含了 JDBC API 的核心 Java 数据对象，这包括为实现与 DBMS（数据库管理系统）建立连接和已存储在 DBMS 里的数据进行交互而提供的 Java 数据对象；另外一个包是 javax.sql，它扩展了 java.sql，是 J2EE/Java EE 的一部分。

java.sql 包中常见的接口如表 9-7 所列。

表 9-7 JDBC API 常用接口

接口	说明
DriverManager	驱动程序管理器。负责加载各种不同驱动程序（Driver），并根据不同的请求，向调用者返回相应的数据库连接（Connection）
Connection	数据库连接。负责进行数据库间通信，SQL 命令执行以及事务处理等都在某个特定的 Connection 环境中进行，可以产生用于执行 SQL 的语句（Statement）
Statement	语句。用于执行 SQL 查询和更新（针对静态 SQL 语句和单次执行）
PreparedStatement	预编译语句。用于执行包含动态参数的 SQL 查询和更新（在服务器端编译，允许重复执行以提高效率）
CallableStatement	可调用语句。用于调用数据库中的存储过程
ResultSet	结果集数据表。通常通过执行查询数据库的语句生成

1. DriverManager

DriverManager 类是用来管理数据库驱动的。最主要的功能就是获得数据库的连接，它定义了 3 个连接数据库的方法，差别在参数的数量上，如表 9-8 所列。3 个参数的 getConnection()方法是最常用的。

模块 9　Java 数据库连接技术

表 9-8　getConnection( )方法介绍

返回类型	方法	说明
static Connection	getConnection(String url)	建立到给定数据库 URL 的连接
static Connection	getConnection(String url, Properties info)	建立到给定数据库 URL 的连接，其中 info 是一个持久的属性集对象，包括 user 和 password 属性
static Connection	getConnection(String url, String user, Stringpassword)	建立到给定数据库 URL 的连接。user 是访问数据库的用户名。password 是连接数据库的密码

参数 url 指出要连接的特定数据库。URL 由 3 部分组成，即"<协议>：<子协议>：<子名称>"，各部分间用冒号分隔。如"jdbc:mysql://127.0.0.1:3306/Xk"。

其中：协议 jdbc 指出数据库的连接方式，目前只支持 JDBC 一种协议；子协议 mysql 指出连接的数据库种类；子名称 "//127.0.0.1:3306/Xk" 表示所连接数据库的位置和名称，3306 为 MySQL 端口号，Xk 为需要连接的数据库名。

使用 DriverManager，应用程序和 MySQL 数据库 Xk 建立连接的代码如下：

```
Connection con;
String url="jdbc:mysql://127.0.0.1:3306/Xk? useSSL=true&characterEncoding=utf- 8";
String user="root";
String password="123456";
try {
    con=DriverManager.getConnection(url,user,password);
}catch(SQLException e){
    e.printStackTrace();
}
```

2. Connection

Connection 接口表示应用程序与数据库的连接对象，由数据库厂商来实现，获得 Connection 对象的方法是通过 DriverManager 类的 getConnection()方法。通过 Connection 对象，可以获得操作数据库的 Statement、PreparedStatement、CallableStatement 等对象。

3. Statement

Statement 对象用于将 SQL 语句发送到数据库中。实际上有 3 种 Statement 对象，都作为在给定连接上执行 SQL 语句的包容器：Statement、PreparedStatement（从 Statement 继承而来）和 CallableStatement（从 PreparedStatement 继承而来）。这 3 种对象都用于发送特定类型的 SQL 语句。Statement 对象用于执行不带参数的简单 SQL 语句；PreparedStatement 对象用于执行带或不带 IN 参数的预编译 SQL 语句；CallableStatement 对象用于执行对数据库存储过程的调用。Statement 接口提供了执行语句和获取结果的基本方法。PreparedStatement 接口添加了处理 IN 参数的方法；而 CallableStatement 添加了处理 OUT 参数的方法。

建立到特定数据库的连接之后，就可用该连接发送 SQL 语句。首先创建 Statement 对象，如下列代码段中所示：

Statement stmt=con.createStatement();

被发送到数据库的 SQL 语句将被作为参数提供给 Statement 的方法，例如：

ResultSet rs=stmt.executeQuery("select * from Student");

Statement 接口提供了 3 种执行 SQL 语句的方法，如表 9-9 所列。

表 9-9 Statement 常见方法

返回类型	方法	说明
ResultSet	executeQuery()	用于产生单个结果集的语句，例如 SELECT 语句
int	executeUpdate()	用于执行 INSERT、UPDATE 或 DELETE 语句以及 SQL DDL 语句，例如 CREATE TABLE 和 DROP TABLE
boolean	execute()	执行返回多个结果集、多个更新计数或两者组合的语句

4. ResultSet

结果集一般是一个表，其中有查询所返回的列标题及相应的值。ResultSet 记录集中包含符合 SQL 语句中条件的所有行，并且通过一套 get 方法提供了对这些行中数据的访问。ResultSet 使用 next() 方法用于移动到 ResultSet 中的下一行，使下一行成为当前行。

ResultSet 记录集对象具有多个方法，其常用方法如表 9-10 所列。

表 9-10 ResultSet 常用方法

返回类型	方法	说明
int	getInt(String columnName)	以 int 的形式检索此 ResultSet 当前行中指定列的值
String	getString(String columnName)	以 String 的形式检索此 ResultSet 当前行中指定列的值
boolean	next()	将指针从当前位置下移一行
boolean	previous()	将指针移动到此 ResultSet 对象的上一行

使用 ResultSet 记录集处理数据的程序代码示例如下：

```
ResultSet rs=stmt.executeQuery("select * from student");
while(rs.next()){
    System.out.print(rs.getString("Stuno")+"   ");
```

```
        System.out.print(rs.getString("Stuname")+"    ");
        System.out.print(rs.getString("Sex")+"    ");
        System.out.print(rs.getString("Birthday")+"    ");
}
```

5. 第一个数据库连接的例子

(1) 下载 JDBC-MySQL 数据库驱动。

应用程序为了能访问 MySQL 数据库服务器上的数据库,要保证应用程序所驻留的计算机上安装有相应的 JDBC-MySQL 数据库驱动。可登录 MySQL 的官方网站 "https://www.mysql.com/" 下载,具体网址 " https://dev.mysql.com/downloads/connector/j/",下载 mysql-connector-java-5.1.40.zip 文件。

将该文件解压缩,得到 JDBC-MySQL 驱动文件 mysql-connector-java-5.1.40-bin.jar。将该驱动复制到 JDK 的 lib 目录中;如果使用 Eclipse,需要在 Eclipse 中加载该驱动,找到驱动文件所在位置。具体操作如图 9-15 和图 9-16 所示。

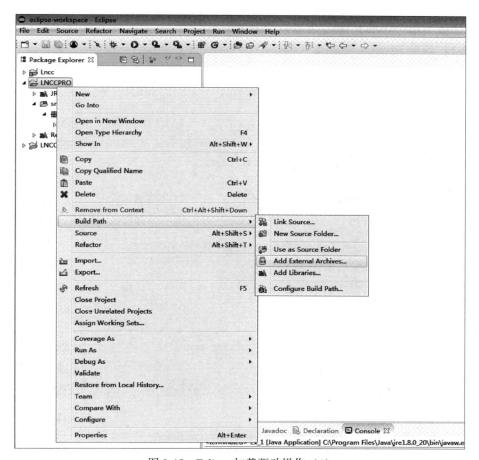

图 9-15 Eclipse 加载驱动操作 (1)

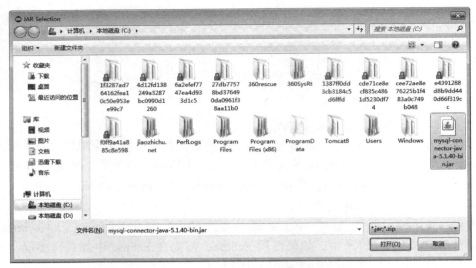

图 9-16　Eclipse 加载驱动操作（2）

（2）加载 JDBC-MySQL 数据库驱动，连接数据库。

【例 9-1】 连接 MySQL 数据库代码。

//Ex9_1.java

```java
import java.sql.* ;
public class Ex9_1 {
    public static void main(String[] args){
        try {
            Class.forName("com.mysql.jdbc.Driver");//加载驱动
            Connection con;
            String url="jdbc:mysql://127.0.0.1:3306/Xk";
            String user="root";
            String password="123456";
            con=DriverManager.getConnection(url,user,password);//获取连接
            System.out.println("连接成功!");
        }catch(ClassNotFoundException e){
            e.printStackTrace();
        }catch(SQLException e){
            e.printStackTrace();
        }
    }
}
```

编译并执行的结果如图 9-17 所示。

图 9-17　连接 MySQL 数据库程序显示结果

9.2.3 数据库常见操作

1. 查询操作

当数据库连接成功后，可以利用 ResultSet 接口获取数据，查询数据库 Xk 中表 Student 的所有记录。

数据库编程常见操作

【例 9-2】查询 Student 表并输出。

//Ex9_2.java

```java
import java.sql;
public class Ex9_2 {
    public static void main(String[] args){
        try {
            Class.forName("com.mysql.jdbc.Driver");              //1.加载驱动
            Connection con;
            String url="jdbc:mysql://127.0.0.1:3306/Xk";
            String user="root";
            String password="123456";
            con=DriverManager.getConnection(url,user,password);  //2.获取连接
            Statement stmt=con.createStatement();                //3.创建语句对象
            ResultSet rs=stmt.executeQuery("select from student");  //4.查询表 Student
            while(rs.next()) {                                   //5.处理结果集
                System.out.print(rs.getString("Stuno")+"   ");
                System.out.print(rs.getString("Stuname")+"   ");
                System.out.print(rs.getString("Sex")+"   ");
                System.out.println(rs.getString("Birthday")+"   ");
            }
            con.close();                                         //6.关闭连接
        }catch (ClassNotFoundException e){
            e.printStackTrace();
        }catch (SQLException e){
            e.printStackTrace();
        }
    }
}
```

查询操作的编程操作一般有 6 步：加载驱动程序、创建数据库连接、创建语句对象、创建数据集对象、处理数据集和关闭连接。

下面再通过一个实例进一步演示查询操作，查询所有姓张的学生信息，并按照学号升序排序。代码如下。

【例 9-3】查询姓张的学生信息，并按照学号升序排序输出。

//Ex9_3.java

```java
import java.sql;
public class Ex9_3 {
    public static void main(String[] args){
        try {
            Class.forName("com.mysql.jdbc.Driver");//加载驱动
            Connection con;
            String url="jdbc:mysql://127.0.0.1:3306/Xk";
            String user="root";
            String password="123456";
            con=DriverManager.getConnection(url,user,password);//获取连接
            Statement stmt=con.createStatement();
            ResultSet rs=stmt.executeQuery("select from student where Stuname like '张%'"
                    +"order by Stuno");
            while(rs.next()){
                System.out.print(rs.getString("Stuno")+"   ");
                System.out.print(rs.getString("Stuname")+"   ");
                System.out.print(rs.getString("Sex")+"   ");
                System.out.println(rs.getString("Birthday")+"   ");
            }
            con.close();//关闭连接
        }catch(ClassNotFoundException e){
            e.printStackTrace();
        }catch(SQLException e){
            e.printStackTrace();
        }
    }
}
```

运行结果如图 9-18 所示。

2. 更新、添加与删除操作

更新数据库中的数据，可以使用 SQL 语句的 UPDATE、INSERT 和 DELETE 操作，然后将包含 UPDATE、INSERT 和 DELETE 的 SQL 语句交给 Statement 对象的 executeUpdate()方法执行。Statement 对象用于执行不带参数的简单 SQL 语句。

图 9-18 运行结果

Statement 对象调用方法：

public int executeUpdate(String　sqlStatement);

通过参数 sqlStatement 指定的方式实现对数据库表中记录的更新、添加和删除操作。

模块 9　Java 数据库连接技术

（1）更新。

update 表名 set　字段=更新后新值 where <条件语句>
例如：
update student set stuname='张峰' where Stuno='00000001';

（2）添加。

insert into 表名(字段列表) values(对应的具体记录值)
例如：
insert into student(stuno,stuname,sex,birthday)　values('00000006','陈宇','男','1999-7-20');

（3）删除。

delete from 表名 where <条件语句>
例如：
delete from Student where Stuno='00000006';删除学号位00000006的学生记录

下面通过例 9-4，演示如何对数据库完成添加、修改、删除操作。

【例 9-4】 添加、修改、删除数据库。

//Ex9_4.java

```java
import java.sql;
public class Ex9_4 {
    public static void main(String[] args){
        try {
            Class.forName("com.mysql.jdbc.Driver");//加载驱动
            Connection con;
            String url="jdbc:mysql://127.0.0.1:3306/Xk";
            String user="root";
            String password="123456";
            con=DriverManager.getConnection(url,user,password);//获取连接
            Statement stmt=con.createStatement();
            String sql="insert into student(stuno,stuname,sex,birthday) values"
                +"('00000006','陈宇','男','1999-7-20');";//添加
            stmt.executeUpdate(sql);
            sql="update student set stuname='张峰' where Stuno='00000001';";//修改
            stmt.executeUpdate(sql);
            sql="delete from Student where Stuno='00000005';"; //删除
            stmt.executeUpdate(sql);
            con.close(); //关闭连接
        }catch (ClassNotFoundException e){
            e.printStackTrace();
        }catch (SQLException e){
            e.printStackTrace();
```

- 219 -

```
        }
    }
}
```

运行后，查看数据库，结果如图 9-19 所示。

stuno	stuname	sex	birthday
00000001	张峰	男	1999-09-09
00000002	李琦	女	1998-09-01
00000003	刘丽丽	女	1999-05-01
00000004	张欣欣	女	1998-06-08
00000006	陈宇	男	1999-07-20

图 9-19　数据库结果

9.2.4　使用 PreparedStatement

使用 Prepared-Statement 实现数据库编程

Java 提供了更高效率的数据库操作机制，即 PreparedStatement 对象，该对象被称为预处理语句对象。

PreparedStatement 接口创建表示预编译的 SQL 语句对象。SQL 语句经过预编译，存储在 PreparedStatement 对象中。此对象可用来多次有效地执行此语句。PreparedStatement 接口继承 Statement 类，两者在两方面有所不同：

- PreparedStatement 实例包含已编译的 SQL 语句。由于 PreparedStatement 对象已预编译过，所以其执行速度要快于 Statement 对象。因此，多次执行的 SQL 语句经常创建为 PreparedStatement 对象，以提高效率。
- 包含于 PreparedStatement 对象中的 SQL 语句可具有一个或多个 IN 参数。IN 参数的值在 SQL 语句创建时未被指定。该语句为每个 IN 参数保留一个问号（“?”）作为占位符。每个问号的值必须在该语句执行之前，通过适当的 setXXX 方法来提供。

作为 Statement 的子类，PreparedStatement 继承了 Statement 的所有功能。另外，PreparedStatement 还添加了一系列方法，用于设置发送给数据库以取代 IN 参数占位符的值。其中 execute()、executeQuery()和 executeUpdate() 已被更改以使其不再需要参数。其详细信息如表 9-11 所列。

表 9-11　PreparedStatement 接口方法

返回类型	方法名称	功能描述
boolean	execute()	执行任何种类的 SQL 语句
ResultSet	executeQuery()	执行 SQL 查询，并返回由该查询生成的结果集
int	executeUpdate()	执行 SQL 的 Insert、Update 或 Delete 语句
void	setBoolean(int parameterIndex，boolean x)	将指定的参数设置为 boolean 值。
void	setInt(int parameteIndex，int x)	将指定的参数设置为 int 值

上述表格中，setXxx 类型方法还有 setLong()、setString()等。其含义和表格中方法相同。下面通过例 9-5，演示 PreparedStatement 接口对象的使用方法。

【例 9-5】使用 PreparedStatement 接口对象。

//Ex9_5.java

```
import java.sql;
public class Ex9_5 {
    public static void main(String[] args){
        try{
            Class.forName("com.mysql.jdbc.Driver");//加载驱动
            Connection con;
            String url="jdbc:mysql://127.0.0.1:3306/Xk
            String user="root";
            String password="123456";
            con=DriverManager.getConnection(url,user,password);//获取连接
            String sql="insert into student(stuno,stuname,sex,birthday) values(?,?,?,?);";
            PreparedStatement ps=con.prepareStatement(sql);
            ps.setString(1,"00000007");
            ps.setString(2,"赵峰");
            ps.setString(3,"男");
            ps.setString(4,"1998- 8- 20");
            ps.executeUpdate();
            con.close();//关闭连接
        }catch (ClassNotFoundException e){
            e.printStackTrace();
        }catch (SQLException e) {
            e.printStackTrace();
        }
    }
}
```

运行后，查看数据库，结果如图 9-20 所示。

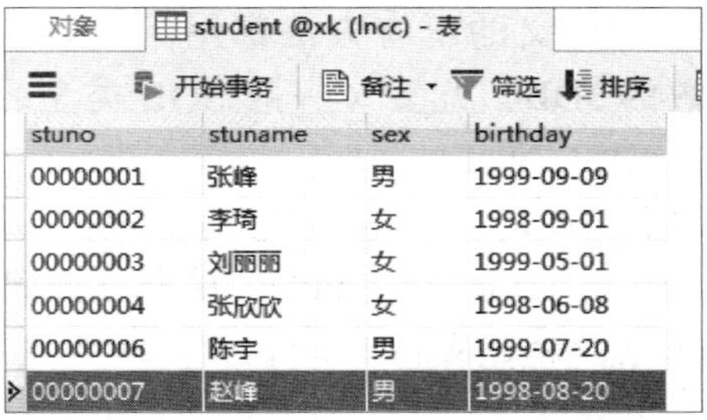

stuno	stuname	sex	birthday
00000001	张峰	男	1999-09-09
00000002	李琦	女	1998-09-01
00000003	刘丽丽	女	1999-05-01
00000004	张欣欣	女	1998-06-08
00000006	陈宇	男	1999-07-20
00000007	赵峰	男	1998-08-20

图 9-20　数据库结果

在上述代码中，首先要确保连接到 MySQL 数据库，即创建 Connection 对象 con。接着创建字符串变量 sql，其值为添加数据的 sql 语句，其中“?”称之为 IN 参数。包含于 PreparedStatement 对象中的 SQL 语句可具有一个或多个 IN 参数。IN 参数的值在 SQL 语句创建时未被指定。该语句为每个 IN 参数保留一

个问号（"?"）作为占位符。每个问号的值必须在语句执行之前，通过适当的 setXxx()方法来提供。然后使用语句 PreparedStatement ps=con. prepareStatement(sql)创建 PreparedStatement 实例对象 ps，并以 sql 作为参数进行预编译。通过 ps 对象的 setXxx()方法将为 IN 参数提供值。

9.2.5 使用 CallableStatement

存储过程可以使得对数据库的管理、显示关于数据库及其用户信息的工作变得容易得多。存储过程可包含程序流、逻辑以及对数据库的查询。存储过程可以接受参数、输出参数、返回单个或多个结果集以及返回值。存储过程具有以下优点：

- 可以在单个存储过程中执行一系列 SQL 语句。
- 可以在存储过程内引用其他存储过程，简化一系列复杂语句。
- 存储过程在创建时即在服务器上进行编译，所以执行起来比单个 SQL 语句快。

在 JDBC 组件中，CallableStatement 接口对象为所有的 DBMS 提供了一种以标准形式调用存储过程的方法。通过 Callable Statement 对象可以实现对存储过程的调用。这种调用操作有两种形式：

- 带结果参数的形式。
- 不带结果参数的形式。

结果参数是一种输出（OUT）参数，是存储过程的返回值。两种形式都可带有数量可变的输入（IN 参数）、输出（OUT 参数）或输入/输出（IN/OUT 参数）。问号（?）将用作参数的占位符。

在 JDBC 中调用存储过程的语法如下所示：

```
{call 过程名[(?,?,?....)]}
```

返回结果参数过程的语法为：

```
{? =call 过程名[(?,?,?,…)]}
```

不带参数的存储过程语法为：

```
{call 过程名}
```

上述语法中，方括号表示其间的内容是可选项，但方括号本身并不是语法的组成部分。CallableStatement 继承 Statement 的方法（这些方法用于处理一般的 SQL 语句），还继承 PreparedStatement 的方法（这些方法用于处理 IN 参数）。CallableStatement 中定义的所有方法都用于处理 OUT 参数或 INOUT 参数的输出部分。注册 OUT 参数的 JDBC 类型（一般 SQL 类型），从这些参数中检索结果或者检查所返回的值是否为 JDBC NULL。

下面通过一个实例演示存储过程的调用。向 Student 表中添加一条记录。

打开 Navicat Premium，单击"查询"选项卡，单击"新建查询"按钮，创建存储过程 p_insert，之后单击"运行" ▶运行 按钮，整个过程如图 9-21 所示。

模块 9　Java 数据库连接技术

（a）创建查询

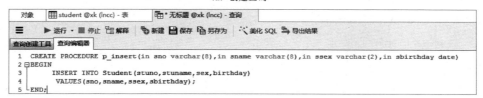

（b）代码

（c）创建成功后连接目录

图 9-21　创建存储过程

存储过程具体代码如下：

```
CREATE PROCEDURE p_insert(in sno varchar(8),in sname varchar(8),in ssex varchar(2),in sbirthday date)
BEGIN
    INSERT INTO Student(stuno,stuname,sex,birthday)
        VALUES(sno,sname,ssex,sbirthday);
END;
```

【例 9-6】 使用 CallableStatement 接口对象。

//Ex9_6.java

```java
import java.sql;
public class Ex9_6 {
    public static void main(String[] args){
        try {
            Class.forName("com.mysql.jdbc.Driver");//加载驱动
            Connection con;
            String url="jdbc:mysql://127.0.0.1:3306/Xk";
            String user="root";
            String password="123456";
            con=DriverManager.getConnection(url,user,password);//获取连接
            CallableStatement cs=con.prepareCall("{call p_insert(?,?,?,?)}");
            //调用存储过程
            cs.setString(1, "00000008");
            cs.setString(2, "孙悦");
            cs.setString(3, "女");
            cs.setString(4,"1998-10-25");
            cs.executeUpdate();
            con.close();//关闭连接
        }catch (ClassNotFoundException e){
            e.printStackTrace();
        }catch (SQLException e){
            e.printStackTrace();
        }
    }
}
```

运行后,查看数据库,结果如图 9-22 所示。

stuno	stuname	sex	birthday
00000001	张峰	男	1999-09-09
00000002	李琦	女	1998-09-01
00000003	刘丽丽	女	1999-05-01
00000004	张欣欣	女	1998-06-08
00000006	陈宇	男	1999-07-20
00000007	赵峰	男	1998-08-20
00000008	孙悦	女	1998-10-25

图 9-22 数据库结果

【案例 9-1】 使用 JDBC 实现学生成绩管理系统

■ 案例描述

模拟一个学生成绩管理系统，使用 9.1.2 节中的数据库，实现成绩的添加、修改、删除、查询功能，运行结果如图 9-23 所示。

图 9-23 运行结果

■ 案例目标

◇ 能够独立完成"学生成绩管理系统"程序的源代码编写、编译及运行。
◇ 掌握 JDBC 访问 MySQL 数据库。
◇ 理解并掌握预处理语句。

■ 实现思路

通过案例描述可知，此程序中包含 3 个类：数据库连接类、成绩管理类和测试类。

（1）创建数据库连接类。
（2）创建成绩管理类，包含添加、修改、删除、查询成绩的方法。
（3）最后编写测试类。

■ 实现代码

（1）数据库连接类。

```java
//GetDBConnection.java
import java.sql.*;
public class GetDBConnection {
    public static Connection connectDB(String DBName, String id, String password){
        Connection con=null;
        String uri="jdbc:mysql://localhost:3306/"+DBName;
        try {
            Class.forName("com.mysql.jdbc.Driver");//加载 JDBC- MySQL 驱动
        }catch (Exception e){}
        try {
            con=DriverManager.getConnection(uri, id, password); //连接代码
        }catch(SQLException e){}
        return con;
    }
}
```

（2）成绩管理类。

```java
//Grade.java
import java.sql.*;
import javax.swing.*;
public class Grade {
    static Connection con=GetDBConnection.connectDB("Xk","root","123456");
    public static void add(){
        String stuno, couno;
        int stugrade;
        stuno=JOptionPane.showInputDialog("输入学号");
        couno=JOptionPane.showInputDialog("输入课程号");
        stugrade=Integer.parseInt(JOptionPane.showInputDialog("输入成绩"));
        try {
            PreparedStatement ps = con.prepareStatement("INSERT INTO stucou(stuno,couno,grade)"
            +"VALUES(?,?,?);");
            ps.setString(1,stuno);
            ps.setString(2,couno);
            ps.setInt(3,stugrade);
            ps.executeUpdate();
            JOptionPane.showMessageDialog(null,"添加成功!","结果",
            JOptionPane.INFORMATION_MESSAGE);
            con.close();
        }catch (SQLException e){
            System.out.println("输入有误!");
        }
    }
    public static void modify(){
        String stuno,couno;
        int stugrade;
        stuno=JOptionPane.showInputDialog("输入需要修改的学号");
        if(stuno!=null){
            couno=JOptionPane.showInputDialog("输入课程号");
            stugrade=Integer.parseInt(JOptionPane.showInputDialog("输入成绩"));
            try {
                PreparedStatement ps=con.prepareStatement("update stucou SET Couno=?,Grade=?"
                +"where Stuno=? ;");
                ps.setString(1,stuno);
                ps.setString(2,couno);
                ps.setInt(3,stugrade);
                ps.executeUpdate();
                JOptionPane.showMessageDialog(null,"修改成功!", "结果",JOptionPane.INFORMATION_MESSAGE);
                con.close();
```

```java
        } catch (SQLException e){
            System.out.println("输入有误!");
        }
    }
}
public static void deleteGrade(){
    String stuno;
    stuno=JOptionPane.showInputDialog("输入需要删除的学生学号");
    if (stuno != null){
        try {
            PreparedStatement ps=con.prepareStatement("DELETE from stucou where stuno=? ;");
            ps.setString(1,stuno);
            ps.executeUpdate();
            JOptionPane.showMessageDialog(null,"删除成功!","结果",JOptionPane.INFORMATION_MESSAGE);
            con.close();
        } catch (SQLException e){
            System.out.println("输入有误!");
        }
    }
}
public static void show(){
    ResultSet rs;
    try {
        PreparedStatement ps = con.prepareStatement("select * from stucou;");
        rs = ps.executeQuery();
        while (rs.next()){
            String sno=rs.getString(1);
            String cno=rs.getString(2);
            int sgrade=rs.getInt(3);
            System.out.printf("%s\t",sno);
            System.out.printf("%s\t",cno);
            System.out.printf("%d\n",sgrade);
        }
        con.close();
    }catch(SQLException e){
        System.out.println("输入有误!");
    }
  }
}
```

（3）测试类。

```java
//Test.java
import java.io.* ;
import javax.swing.JOptionPane;
public class Test {
    public static void main(String[] args){
        int id=-1;
        while(true){
            System.out.println("学生成绩管理系统");
            System.out.println("查询请按 1");
            System.out.println("添加请按 2");
            System.out.println("修改请按 3");
            System.out.println("删除请按 4");
            System.out.println("退出请按 0");
            id=Integer.parseInt(JOptionPane.showInputDialog("输入 0-4:"));
            switch (id){
                case 0:    System.exit(0);       break;
                case 1:    Grade.show();         break;
                case 2:    Grade.add();          break;
                case 3:    Grade.modify();       break;
                case 4:    Grade.deleteGrade();  break;
                default:   System.out.println("输入错误");
            }
        }
    }
}
```

习 题 9

一、填空题

1. 访问数据库的基本步骤是：首先加载 JDBC 驱动程序，_____，执行 SQL 语句，_____，最后断开连接、关闭数据库。

2. JDBC API 主要定义在_____包中。

3. 在 java.sql.Statement 提供的方法中，_____可用于执行 SQL delete 语句。

4. 在 JDBC 中可以调用数据库的存储过程的接口是_____。

二、选择题

1. 在下面方法中，可以用来加载 JDBC 驱动程序的是（   ）。

A. 类 java.sql.DriverManager 的 getDriver 方法

B. 类 java.sql.DriverManager 的 getDrivers 方法
C. 类 java.sql.Driver 的 connect 方法
D. 类 java.lang.Class 的 forName 方法

2. 下面关于 MySQL 数据库的 URL 写法正确的是（   ）。
   A. jdbc:mysql://localhost/company
   B. jdbc:mysql://localhost:3306:company
   C. jdbc:mysql://localhost:3306/company
   D. jdbc:mysql://localhost/3306/company

3. 下面方法中，可以用来建立数据库连接的是（   ）。
   A. java.sql.DriverManager 的 getConnection 方法
   B. javax.sql.DataSource 的 getConnection 方法
   C. javax.sql.DataSource 的 connection 方法
   D. java.sql.Driver 的 getConnection 方法

4. 使用下面 Connection 对象的哪个方法可以建立一个 PreparedStatement 接口？（   ）。
   A. createPrepareStatement( )
   B. prepareStatement( )
   C. createPreparedStatement( )
   D. preparedStatement( )

5. Statement 类的 executeQuery( )方法返回的数据类型是（   ）。
   A. Statement 类的对象
   B. Connection 类的对象
   C. DatabaseMetaData 类的对象
   D. ResultSet 类的对象

模块 10

多线程编程

学习目标：

- 理解进程和线程的概念，理解线程的状态与生命周期
- 掌握线程的两种创建方式，能在程序中使用恰当的方式实现多线程
- 熟悉线程的常用方法，掌握线程的调度和资源共享方法
- 能在程序中实现线程控制

10.1 多线程概述

多线程是 Java 的特点之一，掌握多线程编程技术，可以充分利用 CPU 的资源，更容易解决实际问题，并且多线程技术广泛应用于网络相关的程序设计中。

10.1.1 进程与线程

程序是一段静态的代码，进程是程序的一次动态执行过程，它对应了从代码加载、执行至执行完毕的一个完整过程，这个过程也是进程本身从产生、发展至消亡的过程。

线程是比进程更小的执行单位，一个进程在其执行过程中，可以产生多个线程，形成多条执行线索，每条线索，即每个线程，也有它自身产生、存在和消亡的过程。与进程可以共享操作系统的资源类似，线程间也可以共享进程中的某些内存单元（包括代码与数据），并利用这些共享单元来实现数据交换、实时通信与必要的同步操作。与进程不同的是，线程的中断与恢复可以更加节省系统的开销。

具有多个线程的进程能更好地表达和解决现实世界的具体问题，多线程是计算机应用开发和程序设计的一项重要的实用技术。没有进程就不会有线程，就像没有操作系统就不会有进程一样。尽管线程不是进程，但在许多方面它都非常类似于进程，通俗地讲，线程是运行在进程中的"小进程"。

在早期的操作系统中并没有线程的概念，进程是能拥有资源和独立运行的最小单位，也是程序执行的最小单位。它相当于一个进程里只有一个线程，进程本身就是线程。所以线程有时被称为轻量级进程（Lightweight Process，LWP），如图 10-1 所示。

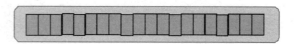

图 10-1 早期的操作系统只有进程，没有线程

后来，随着计算机的发展，对多个任务之间上下文切换的效率要求越来越高，就抽象出一个更小的概念——线程，一般一个进程会有多个（也可以是一个）线程。如图 10-2 所示。

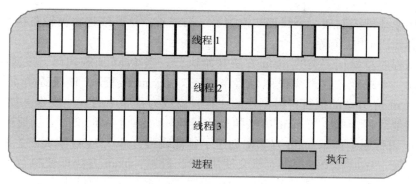

图 10-2 线程的出现，使得一个进程可以有多个线程

总之，进程与线程的区别是：

（1）线程是程序执行的最小单位，而进程是操作系统分配资源的最小单位。

（2）一个进程由一个或多个线程组成，线程是一个进程中代码的不同执行路线。

（3）进程之间相互独立，但同一进程下的各个线程之间共享程序的内存空间（包括代码段、数据集、堆等）及一些进程级的资源（如打开文件和信号），某进程内的线程在其他进程不可见。

（4）线程上下文切换比进程上下文切换要快得多。

10.1.2 线程的生命周期及状态转换

【例 10-1】 一个单线程的死循环程序。

//Ex10_1.java

```java
public class Ex10_1 {
    public static void main(String[] args){
        while(true){
            System.out.println("循环一");
        }
        while(true){
            System.out.println("循环二");
        }
    }
}
```

不难看出上述代码是有问题，因为第 2 个 while 语句是永远没有机会执行的代码。如果能在主线程中创建两个线程，每个线程分别执行一个 while 循环，那么两个循环就都有机会执行，即一个线程中的 while 语句执行一段时间后，就会轮到另一个线程中的 while 语句执行一段时间，使得每个线程都有机会使用 CPU 资源。

多线程是指一个应用程序中同时存在几个执行体，按几条不同的执行线索共同工作的情况，它使得编程人员可以很方便地开发出具有多线程功能、能同时处理多个任务的功能强大

的应用程序。虽然执行线程给人一种几个事件同时发生的感觉，但这是一种错觉，因为计算机在任何给定的时刻只能执行那些线程中的一个。为了建立这些线程正在同步执行的感觉，Java 虚拟机快速地把控制从一个线程切换到另一个线程。这些线程将被轮流执行，使得每个线程都有机会使用 CPU 资源。

Java 应用程序总是从主类的 main 方法开始执行。当 JVM 加载代码，发现 main 方法之后，就会启动一个线程，这个线程称为"主线程"（main 线程），该线程负责执行 main 方法。那么，在 main 方法的执行中再创建的线程，就成为程序中的其他线程。如果 main 方法中没有创建其他线程，那么当 main 方法执行完最后一个语句，即 main 方法返回时，JVM 就会结束 Java 应用程序。如果 main 方法中创建了其他线程，那么 JVM 就要在主线程和其他线程之间轮流切换，保证每个线程都有机会使用 CPU 资源，main 方法即使执行完最后的语句（主线程结束），JVM 也一直要等到 Java 应用程序中的所有线程都结束之后，才结束 Java 应用程序。

Java 语言使用 Thread 类及其子类的对象来表示线程，新建的线程在它的一个完整的生命周期中通常要经历 5 种状态。

（1）新建态。

当一个 Thread 类或其子类的对象被声明并创建，但还没有调用其 start()方法时，线程处于新建状态。此时它已经有了相应的内存空间和其他资源。

（2）就绪态。

当线程有资格运行，但调度程序还没有把它选定为运行线程时线程所处的状态。当 start()方法被调用时，线程首先进入就绪态。在线程运行之后或者从阻塞、等待或睡眠状态回来后，也返回到可运行状态。此状态的线程已经具备了运行的条件但还没开始运行。

（3）运行态。

线程调度程序从可运行池中选择一个线程，将 CPU 使用权切换给线程，将其作为当前线程时线程所处的状态。这也是线程进入运行状态的唯一一种方式。此时线程对象的run()方法执行，run()方法定义了线程的具体任务，所以程序必须在子类中重写父类的run()方法。在线程没有结束 run()方法之前，不要让线程再次调用 start()方法，否则将发生 IllegalThread-StateException 异常。

（4）中断态。

处于运行态的线程可能由于以下原因而中断执行，进入中断态：

• 执行了 sleep(int millsecond)方法。sleep 是 Thread 类的一个类方法，线程一旦执行该方法，就立刻让出 CPU 的使用权，使当前线程处于中断状态。经过指定的毫秒数（millsecond）后，线程重新进入就绪态。

• 执行了 wait()方法。wait 是 Object 类的方法，线程对象一旦调用 wait()，必须由其他线程调用 notify()或 notifyAll()方法通知它，才能使得它重新进入就绪态。

• 执行了某个中断线程执行的操作，比如执行读/写操作引起线程阻塞。只有当引起阻塞的原因消除时，线程才能重新进入就绪态等待 CPU 资源，以便从原来中断处开始继续运行。

（5）死亡态。

处于死亡状态的线程不具有继续运行的能力。线程死亡的原因有两个，一个是正常运行的线程完成了它的全部工作，即执行完 run()方法中的全部语句，结束了 run()方法；另一个原因是线程被提前强制性终止。线程一旦死亡，就不能复生。

线程的状态转换如图 10-3 所示。

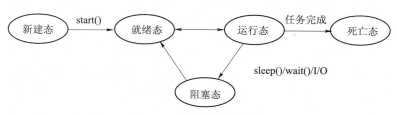

图 10-3　线程状态转换图

下面通过例 10-2 来分析线程的 5 种状态。在主线程中创建两个线程，一个是左手线程输出 10 个"左手"，一个是右手线程输出 10 个"右手"，主线程输出 5 个"主线程"。

【例 10-2】多线程例子 1，一个简单的多线程程序

//Ex10_2.java

```java
public class Ex10_2 {
    public static void main(String[] args){
        Left left=new Left();//创建左手线程
        Right right=new Right();//创建右手线程
        left.start();        //启动 left 线程
        right.start();        //启动 nght 线程
        for(int i=1;i<=5;i++){
            System.out.print("主线程"+i+" ");
        }
    }
}
class Left   extends Thread {
    public void run(){
        for(int i=1;i <=10;i++){
            System.out.print("左手"+i+" ");
        }
    }
}
class Right extends Thread {
    public void run(){
        for(int i=1;i<=10;i++){
            System.out.print("右手"+i+" ");
        }
    }
}
```

程序运行结果如图 10-4 所示。

图 10-4　例 10-2 运行结果

程序中 main()方法中创建了 left 线程、right 线程并就绪后，main 线程、left 线程、right 线程可以轮流使用 CPU 资源。main 线程使用 CPU 资源执行第一次 for 循环，JVM 将 CPU 资源切换给了主线程，然后 CPU 让出资源，CPU 又切换给了 left 线程，在 left 线程使用 CPU 资源执行 3 次 for 循环后，JVM 将 CPU 资源切换给了 right 线程。这样 JVM 让 3 个线程轮流使用 CPU 资源。从运行结果可以看到，最先结束的是 left 线程，然后是 main 线程，但是程序没有结束，一直到 right 线程结束，Java 程序中所有线程都结束了，JVM 才结束 Java 程序的执行。

上述程序在不同的计算机运行或在同一台计算机反复运行的结果不尽相同，输出的结果依赖当前 CPU 资源的使用情况。

10.1.3　线程的优先级

处于就绪状态的线程首先进入就绪队列排队等候 CPU 资源，同一时刻在就绪队列中的线程可能有多个。Java 虚拟机中的线程调度器负责管理线程，调度器把线程的优先级分为 10 个级别，分别用 Thread 类中的常量表示。每个 Java 线程的优先级都在常数 1 和 10 之间，即 Thread.MIN_PRIORITY 和 Thread.MAX_PRIORITY 之间。如果没有明确地设置线程的优先级别，每个线程的优先级都为常数 5，即 Thread.NORM_PRIORITY。

线程的优先级可以通过 setPriority(int grade)方法调整，如果参数不在 1~10 范围内，那么 setPriority 便产生一个 IllegalArgumenException 异常。getPriority 方法返回线程的优先级。需要注意是，有些操作系统只识别 3 个级别：1、5 和 10。

在采用时间片的系统中，每个线程都有机会获得 CPU 的使用权，以便使用 CPU 资源执行线程中的操作。当线程使用 CPU 资源的时间到时后，即使线程没有完成自己的全部操作，JVM 也会中断当前线程的执行，把 CPU 的使用权切换给下一个排队等待的线程，当前线程将等待 CPU 资源的下一次轮回，然后从中断处继续执行。

JVM 的线程调度器的任务是使高优先级的线程能始终运行，一旦时间片有空闲，则使具有同等优先级的线程以轮流的方式顺序使用时间片。也就是说，如果有 A、B、C、D 四个线程，A 和 B 的级别高于 C 和 D，那么，Java 调度器首先以轮流的方式执行 A 和 B，一直等到 A、B 都执行完毕进入死亡状态，才会在 C、D 之间轮流切换。

在实际编程时，不提倡使用线程的优先级来保证算法的正确执行。

10.2　线程的创建

Java 提供了线程类 Thread 来创建多线程的程序。其实，创建线程与创建普通的类的对象的操作是一样的，线程就是 Thread 类或其子类的实例对象。每个 Thread 对象描述了一个单独的线程。要产生一个线程，有两种方法：
- 从 Java.lang.Thread 类派生一个新的线程类，重写它的 run()方法。
- 实现 Runnalbe 接口，重写 Runnalbe 接口中的 run()方法。

10.2.1 继承 Thread 类创建多线程

在 Java 语言中，用 Thread 类或子类创建线程对象。在编写 Thread 类的子类时，需要重写父类的 run()方法，其目的是规定线程的具体操作，否则线程就什么也不做，因为父类的 run()方法中没有任何操作语句。

继承 Thread 类创建多线程

通过例 10-3 演示继承 Thread 类创建多线程的方式。假设一个影院有 3 个售票口，分别用于向儿童、成人和老人售票。影院在每个窗口放 50 张电影票，分别是儿童票、成人票和老人票。3 个窗口需要同时卖票，而现在只有一个售票员，这个售票员就相当于一个 CPU，3 个窗口就相当于 3 个线程。通过程序来看一看是如何创建这 3 个线程的。

【例 10-3】多线程例子 2，继承 Thread 类创建多线程

//MutliThread.java

```java
public class MutliThread extends Thread {
    private int ticket=50;//每个线程都拥有50张票
    public MutliThread (String name){
        super(name);
    }
    public void run(){       //重写run()方法
        while(ticket>0){
            System.out.println(ticket- - +" is saled by "+Thread.currentThread().getName());
        }
    }
}
```

//Ex10_3.java

```java
public class Ex10_3 {
    public static void main(String[] args){
        MutliThread m1=new MutliThread("儿童窗口");      //创建线程
        MutliThread m2=new MutliThread("成人窗口");
        MutliThread m3=new MutliThread("老年窗口");
        m1.start();        //启动线程
        m2.start();
        m3.start();
    }
}
```

程序运行的部分结果如图 10-5 所示。

利用扩展的线程类 MultiThread 在 Ex10_3 类的主方法中创建了 3 个线程对象，并将它们启动。从结果可以看到，每个线程分别对应 50 张电影票，之间并无任何关系，这就说明每个线程之间是平等的，没有优先级关系，因此都有机会得到 CPU 的处理。但是结果显示这 3 个线程并不是依次交替执行，而是在 3 个线程同时被执行的情况下，有的线程被分配时间片的机会多，票被提前卖完，而有的线程被分配时间片的机会比较少，票迟一些卖完。其中，Thread.currentThread()语句表示返回当前正在使用 CPU 资源的线程。

图 10-5　程序运行的部分结果

10.2.2　实现 Runnable 接口创建多线程

创建线程的另一个途径就是用 Thread 类直接创建线程对象。通常，使用 Thread 创建线程使用的构造方法是：Thread（Runnable target）。该构造方法中的参数是一个 Runnable 类型的接口，因此，在创建线程对象时必须向构造方法的参数传递一个实现 Runnable 接口类的实例，该实例对象称作所创建线程的目标对象，当线程调用 start()方法后，一旦轮到它来享用 CPU 资源，目标对象就会自动调用接口中的 run()方法（接口回调），线程绑定于 Runnable 接口，也就是说，当线程被调度并转入运行状态时，所执行的就是 run()方法中所规定的操作。

实现 Runnable 接口创建多线程

10.2.1 中的例子采用实现 Runnable 接口的方式创建线程，代码如例 10-4 所示。

【例 10-4】多线程例子 3，实现 Runnable 接口创建多线程。

//MultiThread.java

```java
public class MultiThread implements Runnable {
    privateint ticket=50;//每个线程都拥有 50 张票
    private String name;
    MultiThread(String name){
        this.name=name;
    }
    public void run(){
        while(ticket>0){
            System.out.println(ticket- - +" is saled by "+name);
        }
    }
}
```

//Ex10_4.java

```
public class Ex10_4
    public static void main(String[] args){
        MultiThread m1=new MultiThread("儿童窗口");
        MultiThread m2=new MultiThread("成人窗口");
        MultiThread m3=new MultiThread("老年窗口");
        Thread t1=new Thread(m1);
        Thread t2=new Thread(m2);
        Thread t3=new Thread(m3);
        t1.start();
        t2.start();
        t3.start();
    }
}
```

程序运行的部分结果如图 10-6 所示。

由于这 3 个线程也是彼此独立、各自拥有自己的资源，即 50 张电影票，因此程序输出的结果大同小异。可见，只要现实的情况要求保证新建线程彼此相互独立，各自拥有资源，且互不干扰，采用哪个方式来创建多线程都是可以的。这两种方式创建的多线程程序能够实现相同的功能。

```
50 is saled by 儿童窗口
50 is saled by 老年窗口
50 is saled by 成人窗口
49 is saled by 老年窗口
49 is saled by 儿童窗口
48 is saled by 老年窗口
49 is saled by 成人窗口
48 is saled by 成人窗口
47 is saled by 成人窗口
46 is saled by 成人窗口
45 is saled by 成人窗口
44 is saled by 成人窗口
43 is saled by 成人窗口
48 is saled by 儿童窗口
```

图 10-6　程序运行的部分结果

10.2.3　两种实现多线程方式的对比

在 Java 中，类仅支持单继承，也就是说，当定义一个新的类的时候，它只能扩展一个外部类。这样，如果创建自定义线程类的时候是通过扩展 Thread 类的方法来实现的，那么这个自定义类就不能再去扩展其他的类，也就无法实现更加复杂的功能。因此，如果自定义类必须扩展其他的类，就可以使用实现 Runnable 接口的方法来定义该类为线程类，这样就可以避免 Java 单继承所带来的局限性。还有一点最重要的，就是使用实现 Runnable 接口的方式创建的线程可以处理同一资源，从而实现资源的共享。

采用继承 Thread 类的方式具有以下优缺点。

（1）优点：编写简单，可以在子类中增加新的成员变量，使线程具有某种属性，也可以在子类中增加方法，使线程具有某种功能。

（2）缺点：因为线程类已经继承了 Thread 类，所以不能再继承其他的父类。

采用实现 Runnable 接口的方式具有以下优缺点。

（1）优点：线程类只是实现了 Runable 接口，还可以继承其他的类。在这种方式下，可以多个线程共享同一个目标对象，所以非常适合多个相同线程来处理同一份资源的情况，从而可以将 CPU 代码和数据分开，形成清晰的模型，较好地体现了面向对象的思想。

（2）缺点：编程稍微复杂。

下面通过一个实例演示多个线程共享同一目标对象的操作。比如模拟一个火车站的售票

系统,假如当日从 A 地发往 B 地的火车票只有 50 张,且允许所有窗口卖这 50 张票,那么每一个窗口也相当于一个线程,这和前面的例子不同之处就在于所有线程处理的资源是同一个资源,即 50 张车票。

【例 10-5】 多线程例子 4,多线程共享资源的程序。

```
//MulThread.java
public class MulThread implements Runnable {
    private int ticket=50;//每个线程都拥有 50 张票
    public void run(){
        while(ticket>0){
            System.out.println(ticket- - +" is saled by "+Thread.currentThread().getName());
        }
    }
}
```

```
//Ex10_5.java
public class Ex10_5 {
    public static void main(String[] args){
        MulThread m=new MulThread();
        Thread t1=new Thread(m,"窗口 1");    //三个线程共享目标对象 m
        Thread t2=new Thread(m,"窗口 2");
        Thread t3=new Thread(m,"窗口 3");
        t1.start();
        t2.start();
        t3.start();
    }
}
```

10.3 线程控制问题

10.3.1 线程休眠与中断

线程休眠

Thread 的 sleep()方法能使当前线程暂停运行一段时间(单位:毫秒)。需要注意的是,sleep()方法的参数不能为负,否则会抛出 IllegalArgumentException 异常。而 Thread 的 interrupt()方法经常用来"吵醒"休眠的线程。当一些线程调用 sleep 方法处于休眠状态时,一个占有 CPU 资源的线程可以让休眠的线程调用 interrupt()方法"吵醒"自己,即导致休眠的线程发生 InterruptedException 异常,从而结束休眠,重新排队等待 CPU 资源。

Thread.sleep()与线程调度器交互,它将当前线程设置为等待一段时间的状态。一旦等待时间结束,线程状态就会被改为可运行(runnable),并开始等待 CPU 来执行后续的任务。

- 238 -

因此，当前线程的实际休眠时间取决于线程调度器，而线程调度器则是由操作系统来进行管理的。

通过例10-6演示线程休眠。比如模拟一个火车站的售票窗口，有两个线程售票员ticketSeller和乘客passenger，因为没人买票，售票员决定休息30分钟，这时有个乘客过来买票，吵醒休眠的售票员。

【例10-6】 多线程例子5，线程休眠。

//Ex10_6.java

```java
public class Ex10_6 {
    public static void main(String[] args){
        WaitingRoom waitRoom=new WaitingRoom();
        waitRoom.ticketSeller.start();
        waitRoom.passenger.start();
    }
}
```

//WaitingRoom.java

```java
public class WaitingRoom implements Runnable {
    Thread ticketSeller;//售票员线程
    Thread passenger;//乘客线程
    public WaitingRoom(){
        ticketSeller=new Thread(this);
        passenger=new Thread(this);
        ticketSeller.setName("售票员");
        passenger.setName("乘客");
    }
    public void run(){
        if(Thread.currentThread()==ticketSeller){
            try {
                System.out.println(ticketSeller.getName()+"决定休息30分钟");
                Thread.sleep(1000 * 60 * 30);
            } catch(InterruptedException e){
                System.out.println(ticketSeller.getName()+"被叫醒了!");
            }
            System.out.println(ticketSeller.getName()+"开始卖票");
        }else if(Thread.currentThread()==passenger){
            System.out.println("乘客说:买票");
            ticketSeller.interrupt();//吵醒ticketSeller
        }
    }
}
```

程序运行的结果如图10-7所示。

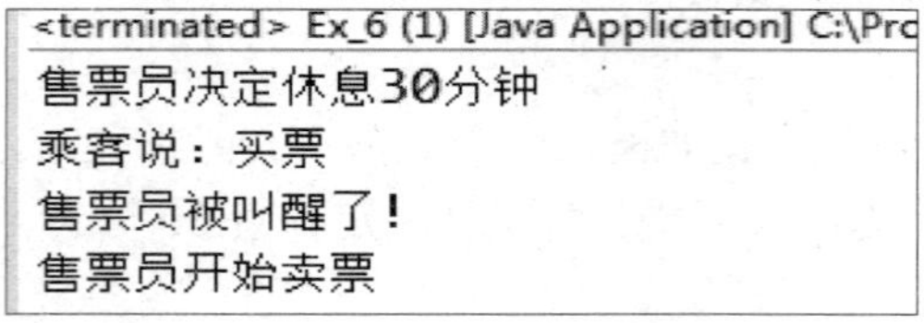

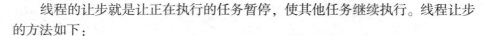

图 10-7　运行结果

10.3.2　线程让步与插队

1. 线程的让步

线程的让步就是让正在执行的任务暂停,使其他任务继续执行。线程让步的方法如下:

线程让步与插队

```
public static void yield(); //暂停当前正在执行的线程对象,并执行其他线程
```

通过一个实例演示线程让步。比如在校园中,经常会看到两队同学互相抢篮球,当某个同学抢到篮球后就可以拍一会,之后他会把篮球让出来,大家重新开始抢篮球,本实例模拟红蓝两队,每队分别抢到5次球的情况。这个过程就相当于Java程序中的线程让步。在多线程程序中,可以通过线程的yield()方法将线程转换成就绪状态,让系统的调度器重新调度一次,达到线程让步的目的。案例将在一个多线程程序中,通过yield()方法对其中一个线程设置线程让步来演示。

【例10-7】多线程例子6,线程让步。

//Ex10_7.java

```
public class Ex10_7 {
    public static void main(String[] args){
        Basketball basketball=new Basketball();
        basketball.playerOne.start();
        basketball.playerTwo.start();
    }
}
```

//Basketball.java

```
public class Basketball implements Runnable {
    Thread playerOne, playerTwo;
    public Basketball(){
        playerOne=new Thread(this);
        playerTwo=new Thread(this);
        playerOne.setName("红方");
        playerTwo.setName("蓝方");
    }
    public void run(){
        for(int i=1;i<=5;i++){
```

```
            System.out.println(Thread.currentThread().getName()+"拍了第"+i+"下");
            Thread.yield();       //线程让步
        }
    }
}
```

程序运行的结果如图 10-8 所示。

yield()方法不会阻塞该线程，之后该线程与其他线程是相对公平的。通过结果可以看到，线程让步之后，有可能系统调度的是别的线程，有可能还是当前线程。

2．线程插队

线程插队是通过 join()方法阻塞当前线程，先完成被 join()方法加入的线程，之后再完成其他线程。使用线程插队 join()方法时，需要抛出 InterruptedException 异常。

一个线程 A 在占有 CPU 资源期间，可以让其他线程调用 join()方法插入本线程，如：

```
B.join();
```

图 10-8 运行结果

红方拍了第1下
红方拍了第2下
红方拍了第3下
蓝方拍了第1下
红方拍了第4下
红方拍了第5下
蓝方拍了第2下
蓝方拍了第3下
蓝方拍了第4下
蓝方拍了第5下

如果在线程 A 占有 CPU 资源期间，B 线程插入，那么 A 线程将立刻中断执行，一直等到线程 B 执行完毕，A 线程再重新排队等待 CPU 资源，以便恢复执行。

通过一个实例演示线程插队。比如在火车站买票的时候，有的乘客着急赶火车，会插到队伍前面先买车票，其他乘客再买票。那么在多线程程序中，也可以通过线程插队，让插队的线程先执行完，然后本线程才开始执行。

【例 10-8】多线程例子 7，线程插队。

//Ex10_8.java

```
public class Ex10_8 {
    public static void main(String[] args){
        ThreadJoin join=new ThreadJoin();
        join.passenger.start();
    }
}
```

//ThreadJoin.java

```
public class ThreadJoin implements Runnable {
    Thread passenger;//正常排队的线程
    Thread joinPassenger; //插队的线程
    public ThreadJoin(){
        passenger=new Thread(this);
        joinPassenger=new Thread(this);
        passenger.setName("排队线程");
        joinPassenger.setName("插队线程");
    }
```

```
public void run(){
    if(Thread.currentThread()==passenger){
        System.out.println(passenger.getName()+"想买票");
        joinPassenger.start();
        try {
            joinPassenger.join();    //当前排队线程等待插队线程完成买票
        }catch (InterruptedException e){
            e.printStackTrace();
        }
        System.out.println(passenger.getName()+"开始买票");
    }else if(Thread.currentThread()==joinPassenger){
        System.out.println(joinPassenger.getName()+"说:我着急,请让我先买票。");
        System.out.println(joinPassenger.getName()+"买票中…");
        try {
            Thread.sleep(2000);
        }catch (InterruptedException e){
            e.printStackTrace();
        }
        System.out.println(joinPassenger.getName()+"买票完毕");
    }
}
```

程序运行的结果如图 10-9 所示。

```
<terminated> Ex_8 [Java Application] C:\Program
排队线程想买票
插队线程说：我着急，请让我先买票。
插队线程买票中。。。。
插队线程买票完毕
排队线程开始买票
```

图 10-9　例 10-8 运行结果

10.3.3　线程同步与死锁

线程同步与死锁

1. 线程同步

在处理多线程问题时，必须注意这样一个问题：当两个或多个线程同时访问同一个变量，并且一些线程需要修改这个变量的情况。程序应对这样的问题做出正确的处理，否则可能发生混乱，比如，一个工资管理负责人正在修改雇员的工资表，张三的工资要从 5 000 元改为 7 000 元，在工资表没有修改完的情况下，雇员张三来领取工资，那么他领取的工资是 5 000 元，这样就和他真正的工资 7 000 元是不相符合的。因此可以看出，工资管理负责人正在修改工资表时，将不允许任何雇员领取工资，才会保证数据的准确。

对于多个线程修改同一个资源的情况，采用线程同步的方式。线程同步的基本实现思路是给共享资源加一把锁，这把锁只有一把钥匙。哪个线程获取了这把钥匙，哪个线程才有权利访问该共享资源。基于上述思想，编程语言的设计思路是把同步锁加在代码段上，即把同步锁加在"访问共享资源的代码段"上。Java 语言的线程同步就是若干个线程都需要使用 synchronized 关键字给代码段加锁。

可以通过图 10-10 来进一步理解线程的生命周期中的运行态和就绪态之间的转换，理解线程控制方法。

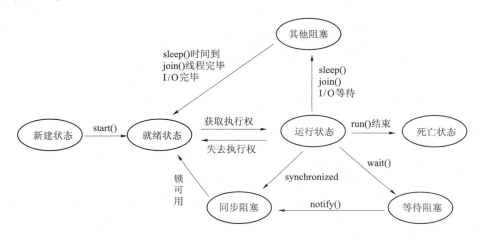

图 10-10　线程生命周期

处于运行状态的线程若遇到 sleep()方法，则线程进入睡眠状态，不会让出资源锁，sleep()方法结束，线程转为就绪状态，等待系统重新调度；处于运行状态的线程可能在等待 I/O，也可能进入挂起状态。当 I/O 完成，转为就绪状态；处于运行状态的线程遇到 yield()方法，线程转为就绪状态（yield 只让给权限比自己高的）；处于运行状态的线程遇到 wait() 方法，线程处于等待状态，需要 notify()/notifyALL()来唤醒线程，唤醒后的线程处于锁定状态，获取了"同步锁"之后，线程才转为就绪状态；处于运行状态的线程，加上 synchronized 后变成同步操作，处于锁定状态。获取了"同步锁"之后，线程才转为就绪状态。

当一个线程使用的同步方法中用到某个变量，而此变量要在其他线程修改后才能符合本线程的需要，那么可以在同步方法中使用 wait()方法。wait()方法可以中断线程的执行，使本线程等待，暂时让出 CPU 的使用权，并允许其他线程使用这个同步方法。其他线程如果在使用这个同步方法时不需要等待，那么它在使用同步方法的同时，应当用 notifyAll()方法通知所有由于使用这个同步方法而处于等待的线程结束等待，曾中断的线程就会从刚才的中断处继续执行这个同步方法，并遵循"先中断先继续"的原则。如果使用 notify()方法，那么只是通知处于等待中的线程的某一个结束等待。wait()、notify()和 notifyAll()都是 Object 类中的 final 方法，被所有的类继承且不允许中断的方法。特别需要注意的是，不可以在非同步方法中使用 wait()、notify()和 notifyAll()。

下面通过一个例子来理解线程的同步问题。假设去买火车票，一趟列车的车票数量是固定的，不管有多少个地方可以买火车票，买的一定是这些固定数量的火车票。如果把各个售票点理解为线程的话，则所有线程应该共同拥有同一份票数。

【例 10-9】 多线程例子 8，线程同步。

//Ex10_9.java

```java
public class Ex10_9 {
    public static void main(String[] args){
        MyThread mt=new MyThread();//定义线程对象
        Thread t1=new Thread(mt);//定义 Thread 对象
        Thread t2=new Thread(mt);//定义 Thread 对象
        Thread t3=new Thread(mt);//定义 Thread 对象
        t1.start();
        t2.start();
        t3.start();
    }
}
```

//MyThread.java

```java
public class MyThread implements Runnable {
    private int ticket=5;      //假设一共有 5 张票
    public void run(){
        for(int i=0;i<100;i++){
            if(ticket>0){      //还有票
                try {
                    Thread.sleep(300);      //加入延迟
                }catch(InterruptedException e){
                    e.printStackTrace();
                }
                System.out.println("卖票:ticket="+ticket-- );
            }
        }
    }
}
```

程序运行的结果如图 10-11 所示。

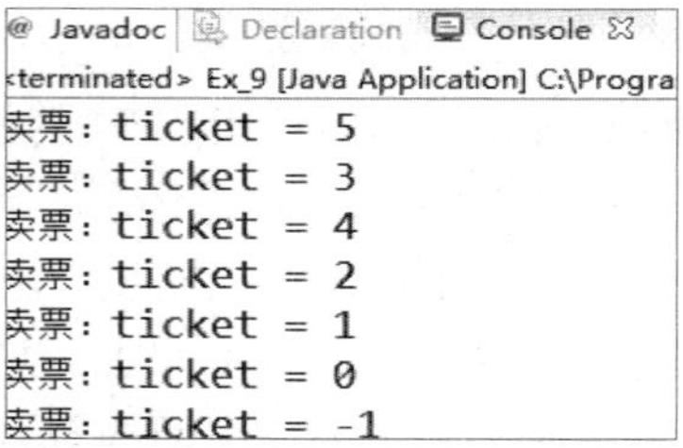

从上述结果发现卖出的票数成了负数。问题出在哪里？从上面的操作代码可以发现，对于票数的操作步骤如下：

（1）判断票数是否大于 0，大于 0 则表示还可以买票。

（2）如果票数大于 0，则卖票出去，票数要减 1。但是在第 1 步和第 2 步之间有延迟操作，那么就有可能 1 线程还没有对票数进行减 1 操作，其他线程就已经将票数读出来，并且将票数减 1 了，这样再回到 1 线程，票数继续减 1 操作，导致多减了 1，使得票数出现负数的情况。

图 10-11 例 10-9 运行结果

这是由于共享同一个数据出现的问题，解决这种问题需要使用同步（synchronized）。线程同步的工作机制如图 10-12 所示。

图 10-12　线程同步的工作机制

要想解决资源共享的同步操作问题，可以使用同步代码块或同步方法两种方式完成。
（1）同步代码块解决方案。
同步代码块的格式：

```
synchronized(同步对象){
    需要同步的代码
}
```

【例 10-10】多线程例子 9，用同步代码块控制线程同步。
//Ex10_10.java

```java
public class Ex10_10 {
    public static void main(String[] args){
        MyThread mt=new MyThread();//定义线程对象
        Thread t1=new Thread(mt);//定义 Thread 对象
        Thread t2=new Thread(mt);//定义 Thread 对象
        Thread t3=new Thread(mt);//定义 Thread 对象
        t1.start();
        t2.start();
        t3.start();
    }
}
```

//MyThread.java

```java
public class MyThread implements Runnable {
    private int ticket=5;//假设一共有 5 张票
    public void run(){
        for(int i=0;i<100;i++){
            synchronized(this){//要对当前对象进行同步
                if(ticket>0){//还有票
                    try {
                        Thread.sleep(300);//加入延迟
                    }catch(InterruptedException e){
                        e.printStackTrace();
```

```
                    System.out.println("卖票:ticket="+ticket- - );
                }
            }
        }
    }
}
```

程序运行的结果如图 10-13 所示。

从运行结果可以发现,程序加入了同步操作,所以不会产生负数的情况,但是程序的执行效率明显降低很多。

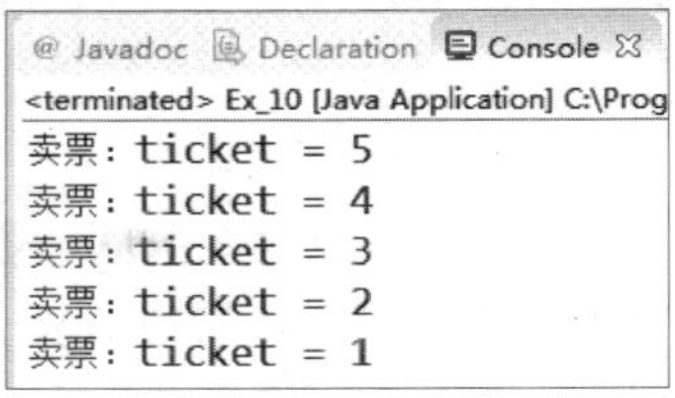

(2) 同步方法解决方案。

使用了 synchronized 声明的方法为同步方法。同步方法定义格式如下:

图 10-13 例 10-10 运行结果

```
synchronized 返回值类型 方法名称(参数列表){
    方法体
}
```

【例 10-11】 多线程例子 10,用同步方法控制线程同步。
//Ex10_11.java

```
public class Ex10_11 {
    public static void main(String[]args){
        MyThread mt=new MyThread();//定义线程对象
        Thread t1=new Thread(mt);//定义 Thread 对象
        Thread t2=new Thread(mt);//定义 Thread 对象
        Thread t3=new Thread(mt);//定义 Thread 对象
        t1.start();
        t2.start();
        t3.start();
    }
}
```

//MyThread.java

```
public class MyThread implements Runnable {
    private int ticket=5;//假设一共有 5 张票
    public void run(){
        for(int i=0;i<100;i++){
            this.sale();//调用同步方法
        }
    }
    public synchronized void sale(){//声明同步方法
        if(ticket>0){//还有票
            try {
```

模块 10　多线程编程

```
                Thread.sleep(300);//加入延迟
            }catch(InterruptedException e){
                e.printStackTrace();
            }
            System.out.println("卖票:ticket="+ticket- - );
        }
    }
}
```

2. 线程死锁

资源共享时需要进行同步操作，程序中过多的同步会产生死锁。比如，张三想要李四的画，李四想要张三的书，张三对李四说："先把你的画给我，我就给你书。"李四也对张三说："先把你的书给我，我就给你画。"此时，张三等李四答复，而李四也等张三答复，那么这样下去最终结果就是张三得不到李四的画，李四也得不到张三的书，这实际上就是死锁。如图 10-14 所示。

图 10-14　死锁

下面代码就发生了死锁现象。

【例 10-12】 多线程例子 11，线程死锁。

//Ex10_12.java

```
public class Ex10_12 {
    public static void main(String[] args){
        MyThread t1=new MyThread();//控制张三
        MyThread t2=new MyThread();//控制李四
        t1.flag=true;
        t2.flag=false;
        Thread thA=new Thread(t1);
        Thread thB=new Thread(t2);
        thA.start();
        thB.start();
    }
}
```

//ZhangSan.java

```
public class ZhangSan {
    public void say(){
        System.out.println("张三对李四说:"你给我画,我就把书给你。"");
    }
```

```java
    public void get(){
        System.out.println("张三得到画了。");
    }
}
```

//LiSi.java

```java
public class LiSi {
    public void say(){
        System.out.println("李四对张三说：""你给我书，我就把画给你。""");
    }
    public void get(){
        System.out.println("李四得到书了。");
    }
}
```

//MyThread.java

```java
public class MyThread implements Runnable {
    /* 实例化 static 型对象，保证两个操作的对象是同一个，syschronized(对象)才能起同步的作用*/
    private static ZhangSan zs=new ZhangSan();
    private static LiSi ls=new LiSi();         //实例化 static 型对象
    boolean flag=false;                         //声明标志位，判断哪个先说话
    public void run(){                          //覆写 run()方法
        if(flag){
            synchronized(zs){                   //同步张三，占用了 zs 对象
                zs.say();
                try {
                    Thread.sleep(500);
                }catch(InterruptedException e){
                    e.printStackTrace();
                }
                synchronized (ls){
                    //因为 ls 对象已经被 t2 占用了，所以同步 ls 的时候被阻塞，所以在等待
                    zs.get();
                }
            }
        } else {
            synchronized(ls){//同步李四，占用了 ls 对象。
                ls.say();
                try {
                    Thread.sleep(500);
                }catch(InterruptedException e){
                    e.printStackTrace();
                }
                synchronized(zs){
                    //因为 zs 已经被 t1 占用了，所以同步 zs 的时候被阻塞，所以等待
```

模块 10　多线程编程

```
                    ls.get();
                }
            }
        }
    }
}
```

程序运行的结果如图 10-15 所示。程序一直处于死锁状态没有结束。

图 10-15　例 10-12 运行结果

【案例 10-1】 模拟铁路售票系统程序设计

■ **案例描述**

模拟一个火车售票系统，假设仅仅剩 2 张火车票，3 个窗口（也就是 3 个线程）同时进行售票。如果票数小于 0 则停止售票，如果有窗口退票，则票数加 1，可以继续售票。运行结果如图 10-16 所示。

■ **案例目标**

◇ 能够独立完成"火车售票"程序的源代码编写、编译及运行。

◇ 理解线程的同步并使用正确的同步控制方法编程。

◇ 理解并掌握线程的创建。

■ **实现思路**

通过案例描述可知，此程序中包含定义线程的类和测试类。

（1）先定义线程类 TicketWindow，3 个窗口共享一个火车票资源，因此采用线程同步机制。

图 10-16　运行结果

（2）在线程类 TicketWindow 中包含一个火车票数属性，售票和退票两个同步方法。

（3）在 run 方法中调用售票和退票方法。

（4）编写测试类，在其 main 方法中创建 3 个窗口线程。

■ **实现代码**

（1）定义线程类 TicketWindow。

//TicketWindow.java

```java
public class TicketWindow implements Runnable {
    private int tickets=2;
    public void run(){
        while (true){
```

- 249 -

```java
            try {
                this.sale();
                Thread.sleep(1000 * 2);
                this.cancel();
            }catch(InterruptedException e){
                e.printStackTrace();
            }
        }
    }
    public synchronized void cancel(){
        System.out.println(Thread.currentThread().getName()+"准备退票.");
        tickets++;
        notifyAll();
    }
    public synchronized void sale(){
        if (tickets>0){
            System.out.println(Thread.currentThread().getName()+"准备出票,还剩余票:"+tickets+"张");
            tickets--;
            System.out.println(Thread.currentThread().getName()+"卖出一张火车票,还剩"+tickets+"张");
        } else {
            System.out.println("余票不足,暂停出售!");
            try {
                wait();
            }catch(InterruptedException e){
                e.printStackTrace();
            }
        }
    }
}
```

（2）编写测试类 SellTicke。

//SellTicke.java

```java
public class SellTicket {
    public static void main(String[] args){
        TicketWindow tw=new TicketWindow();
        Thread t1=new Thread(tw, "一号窗口");
        Thread t2=new Thread(tw, "二号窗口");
        Thread t3=new Thread(tw, "三号窗口");
        t1.start();
        t2.start();
        t3.start();
    }
}
```

习 题 10

一、填空题

1. Java 使用_____类来表示线程。
2. 调用 sleep()方法后线程会转入_____状态。
3. Java 实现多线程的方法有两种，它们是_____和_____。
4. 线程有 5 种状态，它们是新建态、_____、_____、_____和死亡态。
5. 新创建的线程默认的优先级是_____。

二、选择题

1. 以下用于定义线程的执行体的方法是（   ）。
   A. start()   B. init()   C. run()   D. main()
2. 可以使用（   ）方法设置线程的优先级。
   A. getPriority()   B. setPriority()   C. yield()   D. wait()
3. 设已经编好了一个线程类 MyThread，要在 main()中启动该线程，需使用以下哪个方法？（   ）
   A. new MyThread
   B. MyThread myThread＝new MyThread()；myThread. start()；
   C. MyThread myThread＝new MyThread()；myThread. run()；
   D. new MyThread. start()；
4. 如下代码创建一个新线程并启动线程：
   Runnable target＝new MyRunnable()；
   Thread myThread＝new Thread(target)；
   问，如下哪个类可以创建 target 对象，并能编译正确？（   ）
   A. public class MyRunnable extends Runnable { public void run() {} }
   B. public class MyRunnable implements Runnable {public void run() {} }
   C. public class MyRunnable extends Runnable {void run() {} }
   D. public class MyRunnable implements Runnable {void run() {} }
5. 可以使线程暂停后转入就绪状态的方法是（   ）。
   A. sleep()   B. join()   C. yield()   D. start()

模块 11

Java GUI 编程

学习目标：

- 了解 Java GUI 开发的特点和要素
- 熟悉常用 GUI 组件的使用，能应用 Swing 组件实现桌面程序界面
- 熟悉常用布局管理器，能选择恰当的局部管理器实现界面布局
- 掌握 Java 事件处理机制，能实现桌面程序事件处理

11.1 GUI 编程概述

GUI 编程概述

图形用户界面（Graphics User Interface，简称 GUI），就是指使用图形的方式，以菜单、按钮、标识、图文框等标准界面元素组成的用户操作界面。如大家最常见、使用最多的 Windows 界面。所有的图形用户界面程序（简称 GUI 编程）都要解决两方面的问题：即界面设计和事件处理。

Java 针对 GUI 编程提供了丰富的类库，这些类分别位于 java.awt 和 javax.swing 包中，简称 AWT 和 Swing。其中 AWT 是 Sun 公司最早推出的一套 API，它需要利用本地操作系统所提供的图形库，属于重量级组件，不跨平台，组件种类有限，可以提供基本的 GUI 设计工具，却无法实现目前 GUI 设计所需的所有功能；改进后推出的 Swing 由纯 Java 语言编写，属于轻量级组件，可跨平台，提供了比 AWT 更加丰富的组件和功能，足以满足 GUI 设计的一切需求。

Swing 会用到 AWT 中的许多知识，如 AWT 布局管理、AWT 事件处理机制等。我们将从 GUI 程序设计的实际需要出发，介绍 GUI 编程的界面设计（界面元素和界面布局）和 GUI 事件处理，以 Swing 为主，但也会涉及必要的 AWT 技术。

下面来看一个简单的图形用户界面程序，以理解 GUI 编程的两大要素：界面设计及事件处理。

【例 11-1】会说话的按钮——一个简单的 GUI 程序。

// Ex11_1.java

```
import java.awt.*;
import javax.swing.*;
import java.awt.event.*;
public class Ex11_1{
    JFrame frame;
    JButton button;
```

```java
    public Ex11_1(){
        //界面设计——初始化界面元素组件
        frame=new JFrame("会说话的按钮");
        button=new JButton("按我!");
        //界面设计——安排界面布局
        frame.setLayout(new FlowLayout());
        frame.setSize(300,200);
        frame.setLocation(300,300);
        frame.add(button);
        frame.setResizable(false);
        frame.setVisible(true);
    }
    public void init(){
        //事件处理
        frame.setDefaultCloseOperation(JFrame.EXIT_ON_CLOSE);//关闭窗体
        button.addMouseListener(new MouseAdapter(){
            public void mousePressed(MouseEvent e){
                button.setText("哈哈哈哈");
            }
            public void mouseReleased(MouseEvent e){
                button.setText("按我!");
            }
        });
    }
    public static void main(String[]args){
        Ex11_1 ex=new Ex11_1();
        ex.init();
    }
}
```

程序的运行结果如图 11-1 所示。单击"按我!"按钮时,按钮上的文字变成"哈哈哈哈",松开后又会变成"按我!"。当用户用鼠标单击窗体右上角的"×"时,窗体会关闭程序运行结束。

这个程序实现了 GUI 程序的界面设计和事件处理。界面设计可以分成界面元素的创建和界面的布局:用户界面元素包括一个窗体和一个按钮,程序中用 JFrame 类和 JButton 类的对象表示;界面布局指各界面元素的大小、位置等,如窗体的大小、"按我"按钮在窗体上的位置。当用户用鼠标对按钮、窗体进行操作时(事件),界面会有变化,如按钮上的文字改变、窗体关闭(响应事件)。

这种程序能够响应用户对界面操作的机制叫做 AWT 事件处理机制,是 GUI 编程中的重点。下面分别来介绍 GUI 界面的设计和 GUI 事件处理。

图 11-1　例 11-1 运行结果

11.2　GUI 界面设计

GUI 界面设计包括界面元素的创建和界面的布局。界面元素也叫组件，Java 的界面组件类在 java.awt 包和 javax.swing 包里，主要有容器类组件、非容器类组件、菜单类组件等；界面的布局可以通过布局管理器类来实现，Java 的布局管理器类位于 java.awt 包和 javax.swing 包，编程时可以根据需要选用不同的布局管理器。

AWT 常用容器组件简介

11.2.1　界面组件类

1. 常用 AWT 组件

Java 中所有的界面组件都是从 Component 派生出来的，包括容器类组件（Container）和非容器类组件。如图 11-2 所示。

AWT 常用非容器组件简介

下面介绍常用的 AWT 容器组件和非容器组件，并通过程序演示其用法。

（1）窗体容器类 Frame。

Frame 是最常用的容器之一，它是 Window 类的派生类，利用它可以创建一个带有标题栏、可选菜单条、最小化和关闭按钮、有边界的标准窗口。一般把它作为图形用户界面的最外层的容器，它可以包含其他的容器或组件，但其他的容器不能包含它。Frame 类的构造方法如下：

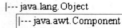

图 11-2　AWT 组件类

- Frame()，用于建立一个没有标题的窗口。
- Frame(String title)，用于建立一个带 title 标题的窗口。

Frame 类下常用的成员方法如表 11-1 所列。

表 11-1 Frame 常用方法表

返回类型	方法声明	功能描述
void	public Component add(Component c)	将组件 c 添加到容器上
void	public void setTitle(String title)	将窗口的标题设置成 title
void	public void setSize(int width, int height)	设置容器的大小，计算单位为像素
void	public void setBounds(int a, int b, int width, int height)	设置容器在屏幕上的位置和大小
void	public void setResizeable(boolean b)	设置容器是否可调整大小，默认是可调的
void	public void setVisible(boolean b)	设置窗口是否可见，默认是不可见的

【例 11-2】Frame 窗体界面应用举例。
// Ex11_2.java

```
import java.awt.Frame;
public class Ex11_2 extends Frame {
    public static void main(String args[]){
        Ex11_2 frame=new Ex11_2(); //创建对象
        frame.setBounds(100,100,250,100); //设置窗口的大小和位置
        frame.setTitle("Frame 示例窗口"); //设置窗口的标题
        frame.setVisible(true); //设置窗口是可视的
    }
}
```

运行结果如图 11-3 所示。

需要注意的是，Frame 窗体默认是不可见的，必须调用 setVisible()方法或 show()方法才能显示出来。如果上面程序中如果没有 frame.setVisible(true) 语句，窗体将不可见。

（2）窗格容器类 Panel。

Panel（窗格）是一个较为简单的容器。在它上边可以放置其他的图形用户界面组件，也可放置另一个 Panel，即 Panel 中可以嵌套 Panel。一般使用 Panel 把一些相关操作的组件组织起来，从而构建出操作简单、布局良好的用户界面来。Panel 类构造方法如下：

图 11-3　例 11-2 运行结果

- Panel()，创建一个 Panel 对象，并使用默认的布局管理器 FlowLayout 摆放添加到窗格上的组件对象。
- Panel(LayoutManager layout)，创建一个 Panel 对象，并使用 layout 所指定的布局管理器摆放添加到窗格上的组件对象。

Panel 类常用方法如表 11-2 所列。

表 11-2 Panel 类常用方法表

返回类型	方法声明	功能描述
component	add(Component c)	将组件 c 添加到窗格上
void	setLayout(LayoutManager layout)	设置窗格的布局管理器为 layout
boolean	setVisible(boolean b)	设置窗格是否可见，默认是可见的

【例 11-3】 Panel 窗格组件的应用。
// Ex11_3.java

```
import java.awt.* ;
public class Ex11_3 extends Frame {
    public static void main(String args[]){
        Ex11_3 frame=new Ex11_3();
        frame.setBounds(100,100,250,100);  //设置窗口的大小和位置
        frame.setTitle("Frame 示例窗口");    //设置窗口的标题
        Panel p1=new Panel();               //创建窗格对象 p1
        p1.setBackground(Color.blue);       //设置 p1 对象的背景颜色为蓝色
        p1.setSize(200,80);                 //设置 p1 对象的大小
        Panel p2=new Panel();               //创建窗格对象 p2
        p2.setBackground(Color.red);        //设置 p2 的背景颜色为红色
        p2.setSize(140,60);                 //设置 p2 对象的大小
        frame.setLayout(null);              //设置框架窗口的布局为 null 空布局
        frame.add(p1);                      //将窗格对象 p1 添加到框架窗口上
        p1.setLayout(null);                 //设置窗格对象 p1 的布局为 null 空布局
        p1.add(p2);                         //将窗格对象 p2 添加到窗格 p1 上
        frame.setVisible(true);             //设置窗口是可见的
    }
}
```

运行结果如图 11-4 所示。

注意：Panel 类本身并没有提供几个方法，但它继承了 Container 和 Component 类的所有可用的方法。需要时请查阅相关的 JDK 文档。

（3）标签组件类 Label。

标签是一种只能显示文本的组件，不能被编辑。一般用作标识或提示信息。Label 构造方法如下：

图 11-4 例 11-3 运行结果

- Label(),创建一个空的标签
- Label(String text),创建一个标识内容为 text 的标签，text 的内容左对齐显示
- Label(String text,int alignment),创建一个标识内容为 text 的标签，text 内容的显示对齐方式由 alignment 指定，alignment 可以取类常数值

Label 类常用方法如表 11-3 所列。

表 11-3 Label 类常用方法表

返回类型	方法声明	功能描述
String	String getText()	获得标签的标识内容
void	setText(String text)	设置标签的标识内容为 text
void	setVisible(boolean b)	设置标签是否可见

Label 标签还提供了一些类常数，用于限定对齐方式的类常数如下。

- Label.LEFT 常数值为 0，表示左对齐。
- Label.RIGHT 常数值为 2，表示右对齐。
- Label.CENTER 常数值为 1，表示居中对齐。

（4）单行文本框组件类 TextField。

单行文本框是最常用的一个组件，它可以接收用户从键盘输入的信息。TextField 构造方法如下：

- TextField()，创建一个空的、系统默认宽度的文本框。
- TextField(int columns)，创建一个空的并由 columns 指定宽度的文本框。
- TextField(String text)，创建一个具有 text 字符串内容的文本框。
- TextField(String text,int columns)，创建一个具有 text 字符串内容且宽度为 columns 的文本框。

TextField 类常用方法如表 11-4 所列。

表 11-4 TextField 类常用方法表

返回类型	方法声明	功能描述
String	String getText()	获取文本框的内容
void	setText(String text)	将 text 字符串设置为文本框的内容
void	setEchoChar(char c)	设置密码输入方式，即当用户在文本框中输入字符时，不论输入任何字符，均显示字符 c
void	setEditable(boolean b)	设置文本框的内容是否为可编辑
void	setVisible(boolean b)	设置文本框是否可见，默认的设置是 true

（5）多行文本框组件类 TextArea。

多行文本框呈现一个多行的矩形区域，用于编辑处理多行文本。TextArea 构造方法如下：

- TextArea()，创建一个空的多行文本框。
- TextArea(int rows,int columns)，创建一个具有 rows 行 columns 列的空文本框。
- TextArea(String text)，创建一个具有 text 字符串内容的文本框。

TextArea 类常用方法如表 11-5 所列。

表 11-5 TextArea 类常用方法表

返回类型	方法声明	功能描述
void	setText(String s)	将字符串 s 设置为文本框的内容，替换掉原有内容
String	getText()	获取文本框中的内容
void	setEditable(boolean b)	设置文本框中的内容是否可以编辑
void	insert(String str, int pos)	将字符串 str 插入到文本框中由 pos 指定的位置处
void	replaceRange(String str, int start, int end)	以 str 替换掉文本中从 start 到 end 位置之间的字符

（6）复选框组件类 Checkbox 和 CheckboxGroup。

复选框是一种可以多选的选择框。当有多个选项供用户选择时，可使用该组件类。它在外观上显示为一小方框 ☑ C++（选中）或 ☐ Java（未选中）；若只是允许用户单选，即只能选择其中的一项时，则可以将多个 Checkbox 对象放在同一个 CheckboxGroup 组件组中，其在外观上显示为一小圆圈 ⦿ 学生（选中）或 ○ 教师（未选中）。Checkbox 构造方法如下：

- Checkbox()，创建一个无标识的复选框对象。
- Checkbox(String label)，创建一个以字符串 label 为标识的复选框对象。
- Checkbox(String label,boolean state)，创建一个以字符串 label 为标识的复选框对象。若 state 为 true，则初始状态为选中；否则未选中。

Checkbox 类常用方法如表 11-6 所列。

表 11-6 Checkbox 类常用方法表

返回类型	方法声明	功能描述
String	getLabel()	获得对象标识
boolean	getState()	获得对象选中或未选中状态
CheckboxGroup	getCheckboxGroup()	获得对象所属的组
void	setLabel(String label)	设置对象的标识
void	setState(boolean state)	设置对象的状态
void	setCheckboxGroup(CheckboxGroup g)	将对象加入 g 组中

注意：CheckboxGroup 不是可视组件，它用来将 Checkbox 组件组合在一起，实现单选操作。

（7）选择菜单组件类 Choice。

Choice 类可用来构建一个弹出式选择项菜单。Choice 构造方法如下：

Choice()，构建一个弹出式选择项菜单对象。

Choice 类常用方法如表 11-7 所列。

表 11-7 Choice 类常用方法表

返回类型	方法声明	功能描述
void	add(String item)	在菜单中添加一项（item）
void	insert(String item,int index)	在菜单中 index 所指位置处插入 item 项
void	remove(String item)	在菜单中移去 item 项
int	getSelectedIndex()	获取当前选中项的位置数
void	removeAll()	移去菜单中所有的选项

2．常用 Swing 组件

在实际应用中，通常使用 Swing 组件。很多 Swing 组件在 awt 中对应存在，其使用方法也很相似，Swing 中的组件绝大部分类以 J 开头，如 JButton、JFrame、JWindow、JApplet、JDialog 等。另外，所有的 Swing 组件都从容器类 Container 派生而来，也就是说，所有的 Swing 组件都是容器，都可以容纳其他组件。

常用 SWING 组件介绍

（1）JFrame 类。

JFrame 类其实是 Frame 的派生类，它是一个顶级的窗口屏幕。JFrame 构造方法如下：

- JFrame(),构造一个初始时不可见的新窗体。
- JFrame(String title),创建一个新的、初始不可见的、具有指定标题的 Frame

JFrame 类常用方法如表 11-8 所列。

表 11-8 JFrame 类常用方法表

返回类型	方法声明	功能描述
Container	getContentPane()	返回此窗体的 contentPane 对象
void	setDefaultCloseOperation(int operation)	设置用户在此窗体上发起 close 时默认执行的操作
void	setJMenuBar(JMenuBar menubar)	设置此窗体的菜单栏
void	setLayout(LayoutManager manager)	设置 LayoutManager

（2）JPanel 类。

JPanel 是面板容器类，可以加入到 JFrame 窗体中。JPanel 默认的布局管理器是 FlowLayout，其自身可以嵌套组合，在不同子容器中可包含其他组件（component），如 JButton、JTextArea、JTextField 等，功能是对窗体上的这些控件进行组合，相当于 C++和 C#中的 Panel 类。

JPanel 构造方法如下：

- JPanel(),创建具有双缓冲和流布局的新 JPanel。
- JPanel(LayoutManager layout),创建具有指定布局管理器的新缓冲 JPanel。

【例 11-4】 获取顶层容器 JFrame 内的面板示例。
// Ex11_4.java

```java
package com;
import javax.swing.JFrame;
import javax.swing.JPanel;
public class Ex11_4 {
    static final int WIDTH=300;
    static final int HEIGHT=200;
    public static void main(String[]args){
        JFrame jf=new JFrame("JFrame 添加内容面板测试程序");
        jf.setSize(WIDTH,HEIGHT); //设置顶层容器类对象的大小
        jf.setDefaultCloseOperation(JFrame.EXIT_ON_CLOSE);
        jf.setVisible(true); //设置顶层容器类的可见性
        JPanel contentPane=new JPanel();
        jf.setContentPane(contentPane);
    }
}
```

运行结果如图 11-5 所示。

这段代码主要是为同学们介绍如何在一个顶层容器内获取一个面板,也可以说是在顶层容器内产生一个默认的内容面板。

（3） JLabel 类。

JLabel 对象可以显示文本、图像或同时显示二者。

JLabel 构造方法如下：

图 11-5 例 11-4 运行结果

- JLabel(),创建无图像并且其标题为空字符串的 JLabel。
- JLabel(Icon image),创建具有指定图像的 JLabel 实例。
- JLabel(String text),创建具有指定文本的 JLabel 实例。

JLabel 类常用方法如表 11-9 所列。

表 11-9 JLabel 类常用方法表

返回类型	方法声明	功能描述
String	getText()	返回该标签所显示的文本字符串
void	setText(String text)	定义此组件将要显示的单行文本

【例 11-5】 使用 JLabel 创建标签的示例。
// Ex11_5.java

```java
import javax.swing.JFrame;
import javax.swing.JLabel;
import javax.swing.JPanel;
public class Ex11_5 {
    static final int WIDTH=300;
    static final int HEIGHT=200;
    public static void main(String[]args){
        JFrame jf=new JFrame("测试程序");
        jf.setSize(WIDTH,HEIGHT);
        jf.setDefaultCloseOperation(JFrame.EXIT_ON_CLOSE);
        jf.setVisible(true);
        JPanel contentPane=new JPanel();
        jf.setContentPane(contentPane);
        JLabel label1=new JLabel("这是一个标签测试程序");//创建两个标签组件
        JLabel label2=new JLabel("这是一个不可编辑的标签控件");
        contentPane.add(label1);
        contentPane.add(label2);
    }
}
```

这段代码主要是展示创建标签的方法，并且在构造器中为标签初始赋值。

运行结果如图 11-6 所示。

（4）JButton 类。

JButton 是继承 AbstractButton 类而来，而 AbstractButton 本身是一个抽象类，里面定义了许多组件设置的方法与组件事件驱动方法（Event handle），如 addActionListener()、setText 等，是非常重要的一个类。

JButton 构造方法如下：

图 11-6　例 11-5 运行结果

- JButton()，创建不带有设置文本或图标的按钮。
- JButton(Icon icon)，创建一个带图标的按钮。
- JButton(String text)，创建一个带文本的按钮。
- JButton(String text,Icon icon)，创建一个带初始文本和图标的按钮。

【例 11-6】 **JButton** 的使用。

// Ex11_6.java

```java
import javax.swing.*;
public class Ex11_6 {
    static final int WIDTH=300;
    static final int HEIGHT=200;
    public static void main(String[]args){
        JFrame jf=new JFrame("测试程序");
        jf.setSize(WIDTH,HEIGHT);
```

```
        jf.setDefaultCloseOperation(JFrame.EXIT_ON_CLOSE);
        jf.setVisible(true);
        JPanel contentPane=new JPanel();
        jf.setContentPane(contentPane);
        JButton b1=new JButton("确定");
        JButton b2=new JButton("取消");
        contentPane.add(b1);
        contentPane.add(b2);
    }
}
```

运行结果如图 11-7 所示。

图 11-7　例 11-6 运行结果

（5）JRadioButton 类。

JRadioButton 构造方法如下：

- JRadioButton()，创建一个初始化为未选择的单选按钮，其文本未设定。
- JRadioButton(Icon icon)，创建一个初始化为未选择的单选按钮，其具有指定的图像但无文本。
- JRadioButton(String text)，创建一个具有指定文本的状态为未选择的单选按钮。

【例 11-7】使用 **JRadioButton** 创建单选按钮组。

// Ex11_7.java

```
import javax.swing.*;
public class Ex11_7 {
    static final int WIDTH=300;
    static final int HEIGHT=200;
    public static void main(String[]args){
        JFrame jf=new JFrame("测试程序");
        jf.setSize(WIDTH,HEIGHT);
        jf.setDefaultCloseOperation(JFrame.EXIT_ON_CLOSE);
        jf.setVisible(true);
        JPanel contentPane=new JPanel();
```

```
        jf.setContentPane(contentPane);
        JRadioButton jr1=new JRadioButton("计算机");
        JRadioButton jr2=new JRadioButton("数学");
        JRadioButton jr3=new JRadioButton("语文");
        JRadioButton jr4=new JRadioButton("物理");
        JRadioButton jr5=new JRadioButton("化学");
        JRadioButton jr6=new JRadioButton("美术");
        ButtonGroup bg1=new ButtonGroup();
        ButtonGroup bg2=new ButtonGroup();
        ButtonGroup bg3=new ButtonGroup();
        bg1.add(jr1);
        bg1.add(jr2);
        bg2.add(jr3);
        bg2.add(jr4);
        bg3.add(jr5);
        bg3.add(jr6);
        contentPane.add(jr1);
        contentPane.add(jr2);
        contentPane.add(jr3);
        contentPane.add(jr4);
        contentPane.add(jr5);
    }
}
```

图 11-8 例 11-7 运行结果

运行结果如图 11-8 所示。

这段代码主要是展示如何创建单选按钮组件，以及如何将它们放在不同的按钮组中。

11.2.2 界面布局管理

在编写 GUI 程序时，可以通过使用布局管理器来实现对用户界面上的元素进行布局控制。常见的布局管理器包括 BorderLayout、CardLayout、FlowLayout、GridLayout 和 GridBagLayout。

1. BorderLayout 布局管理器

BorderLayout
边界布局

BorderLayout 是一种简单的布局管理器，它将容器划分为东、西、南、北、中 5 个区域。它是 Frame 容器默认的布局管理器。

构造方法如下：

- BorderLayout()，构造一个组件之间没有间距的新边框布局。
- BorderLayout(int hgap,int vgap)，构造一个具有指定组件间距的边框布局。

【例 11-8】 使用 BorderLayout 实现界面布局。

// Ex11_8.java

```java
import java.awt.BorderLayout;
import javax.swing.*;

public class Ex11_8 {
    static final int WIDTH=300;
    static final int HEIGHT=200;
    public static void main(String[]args){
        JFrame jf=new JFrame("测试程序");
        jf.setSize(WIDTH,HEIGHT);
        jf.setDefaultCloseOperation(JFrame.EXIT_ON_CLOSE);
        jf.setVisible(true);
        JPanel contentPane=new JPanel();
        jf.setContentPane(contentPane);
        JButton b1=new JButton("北 North");
        JButton b2=new JButton("南 South");
        JButton b3=new JButton("东 East");
        JButton b4=new JButton("西 West");
        JButton b5=new JButton("中 Center");
        BorderLayout lay=new BorderLayout();
        jf.setLayout(lay);
        contentPane.add(b1,"North");
        contentPane.add(b2,"South");
        contentPane.add(b3,"East");
        contentPane.add(b4,"West");
        contentPane.add(b5,"Center");
    }
}
```

运行结果如图 11-9 所示。

图 11-9　例 11-8 运行结果

注意：

以下 BorderLayout 类常数用于指定组件在容器中的摆放位置。

- BorderLayout.EAST 其值为 East,摆放在右边(东)。
- BorderLayout.WEST 其值为 West,摆放在左边(西)。
- BorderLayout.SOUTH 其值为 South,摆放在底部(南)。
- BorderLayout.NORTH 其值为 North,摆放在顶部(北)。
- BorderLayout.CENTER 其值为 Center,摆放在中部。

2. CardLayout 布局管理器

CardLayout 布局管理器是将加入到容器中的各个组件作为卡片而摆放到一个"卡片盒"中。只能看到最上面的卡片(组件),它占据容器的整个空间。要想查看其他的卡片,只有将它从盒中移到上面来。

构造方法如下:

CardLayout 卡片布局

- CardLayout(),创建一个间距大小为 0 的新卡片布局。
- CardLayout(int hgap,int vgap),创建一个具有指定水平间距和垂直间距的新卡片布局。

【例 11-9】 使用 CardLayout 实现界面布局。
// Ex11_9.java

```java
import java.awt.* ;
import javax.swing.* ;
//定义类时实现监听接口
public class Ex11_9 extends JFrame implements ActionListener {
    JButton nextbutton;
    JButton preButton;
    Panel cardPanel=new Panel();
    Panel controlpaPanel=new Panel();
    CardLayout card=new CardLayout();
    public Ex11_9(){
        super("卡片布局管理器");
        setSize(300,200);
        setDefaultCloseOperation(JFrame.EXIT_ON_CLOSE);
        setLocationRelativeTo(null);
        setVisible(true);
        cardPanel.setLayout(card);
        for (int i=0; i<5;i++){
            cardPanel.add(new JButton("按钮"+i));
        }
        nextbutton=new JButton("下一张卡片");
        preButton=new JButton("上一张卡片");
        nextbutton.addActionListener(this);
        preButton.addActionListener(this);
        controlpaPanel.add(preButton);
        controlpaPanel.add(nextbutton);
        Container container=getContentPane();
```

```
                    container.add(cardPanel,BorderLayout.CENTER);
                    container.add(controlpaPanel,BorderLayout.SOUTH);
            }
            public void actionPerformed(ActionEvent e){
                    if(e.getSource()==nextbutton){
                            card.next(cardPanel);
                    }
                    if(e.getSource()==preButton){
                            card.previous(cardPanel);
                    }
            }
            public static void main(String[]args){
                    Ex11_9 kapian=new Ex11_9();
            }
    }
```

运行结果如图 11-10 所示。

CardLayout 布局管理器一般用于翻扑克牌、查看图片等方面。为了更好地展现卡片布局，在例 11-9CardLayout 的程序中使用了事件监听。关于事件监听的知识会在后面的内容中介绍。

图 11-10 例 11-9 运行结果

FLowLayout 顺序布局

3．FlowLayout 布局管理器

FlowLayout 是最基本的布局管理器，它是 Panel、Applet 等容器默认的布局管理器，也称为流布局。添加到容器上的各个组件按照它们被添加的顺序从左到右依次排列，一行摆满后，就自动转到下一行继续摆放。

构造方法如下：

- FlowLayout()，构造一个新的 FlowLayout，它是居中对齐的，默认的水平和垂直间隙是 5 个单位。
- FlowLayout(int align,int hgap,int vgap)，创建一个新的流布局管理器,它具有指定的对齐方式以及指定的水平和垂直间隙。

【例 11-10】使用 FlowLayout 及 BorderLayout 实现界面布局。

// Ex11_10. java

```
import java.awt.*;
import javax.swing.*;
public class Ex11_10 {
    static final int WIDTH=300;
    static final int HEIGHT=200;
    public static void main(String[]args){
        JFrame jf=new JFrame("测试程序");
```

```
jf.setSize(WIDTH,HEIGHT);
jf.setDefaultCloseOperation(JFrame.EXIT_ON_CLOSE);
jf.setVisible(true);
JPanel contentPane=new JPanel();
jf.setContentPane(contentPane);
JButton b1=new JButton("港币");//创建了25个普通按钮组件
JButton b2=new JButton("人民币");
JButton b3=new JButton("美元");
JButton b4=new JButton("欧元");
//……(略)
contentPane.setLayout(new FlowLayout());
JPanel p1=new JPanel();
JPanel p2=new JPanel();
JPanel p3=new JPanel();
JPanel p4=new JPanel();
JPanel p5=new JPanel();
p1.setLayout(new BorderLayout());
p2.setLayout(new BorderLayout());
p3.setLayout(new BorderLayout());
p4.setLayout(new BorderLayout());
p5.setLayout(new BorderLayout());
contentPane.add(p1); //将5个中间容器添加到上层中间容器
contentPane.add(p2);
contentPane.add(p3);
contentPane.add(p4);
contentPane.add(p5);
p1.add(b1,"North");//将第1个到第5个普通按钮添加到p1中
p1.add(b2,"West");
p1.add(b3,"South");
p1.add(b4,"East");
p1.add(b5,"Center");
//……(略)
jf.pack();
    }
}
```

运行结果如图11-11所示。

图11-11　例11-10运行结果

这段代码主要是将FlowLayout布局管理器同顶层容器关联，然后在其中添加5个布局管理器的内容面板，每一个内容面板添加5个组件，按照BorderLayout布局管理方式排列组件。

应该注意的是，使用该布局的组件，不因容器大小的改变而改变，即组件的大小是不变的。FlowLayout 用于对齐方式的常数如下：

- FlowLayout.LEFT 其值为 0,表示每行组件都是左对齐。
- FlowLayout.CENTER 其值为 1,表示每行组件都是居中对齐。
- FlowLayout.RIGHT 其值为 2,表示每行组件都是右对齐。

4. GridLayout 布局管理器

GridLayout 布局管理器将容器划分成 m 行 n 列的网格，添加到容器中的组件按行列顺序被依次放置到每个网格中。网格的大小是一样的，因此，被放在网格中组件的大小也是一样的。

CardLayout 卡片布局

构造方法：

- GridLayout(),创建具有默认值的网格布局,即每个组件占据一行一列。
- GridLayout(int rows,int cols),创建具有指定行数和列数的网格布局。
- GridLayout(int rows,int cols,int hgap,int vgap),创建具有指定行数和列数的网格布局。

【例 11-11】使用 GridLayout 实现界面布局。

```
// Ex11_11. java
import java.awt.* ;
public class Ex11_11 extends Frame {
    String[] mark={"身份证号","姓名","别名","性别","出生年月","出生地",
                    "学号","成绩","备注"};
    Label[] lab;//声明标签数组显示标识
    TextField[] text;
    Button bt1,bt2;
    public Ex11_11(){
        setTitle("GridLayout 布局示例");
        setLayout(new GridLayout(0,6));
        setSize(400,150);
        lab=new Label[mark.length];
        text=new TextField[mark.length];
        for(int i=0;i<mark.length;i++){
            lab[i]=new Label(mark[i]);
            text[i]=new TextField();
            add(lab[i]);
            add(text[i]);
        }
        bt1=new Button("重置");
        bt2=new Button("提交");
        add(new Label());
        add(bt1);
        add(new Label());
        add(bt2);
```

```
        setVisible(true);
    }
    public static void main(String args[]){
        new Ex11_11();
    }
}
```

运行结果如图 11-12 所示。

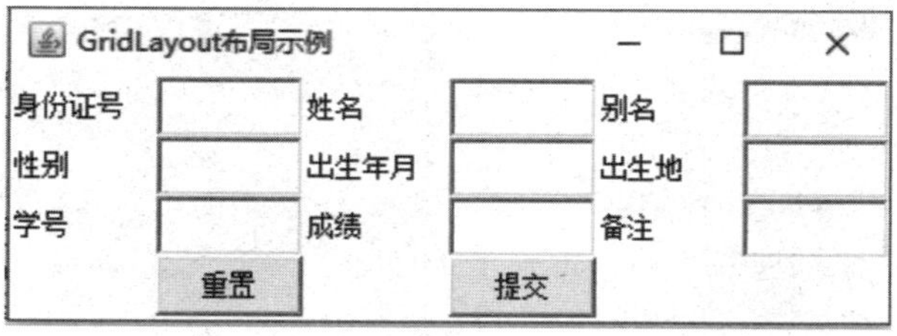

图 11-12 例 11-11 运行结果

这段代码主要是展示如何使用 GridLayout 布局管理器，在程序中使用了一个数组将 9 个普通按钮组件按照此布局管理器放置在内容面板中。

可以看出每行摆放了 3 个组件，每个组件所占空间的大小是一样的。

5. GridBagLayout 布局管理器

GridBagLayout 是最灵活的布局管理器，它不要求组件的大小相同即可将组件竖向和横向对齐。每个由 GridBagLayout 管理的组件都与 GridBagConstraints 的实例相关联。它利用 GridBagConstraints 对象的功能来设置每个组件的大小和位置，因此，可以使组件的布局更加自由。

其构造方法如下：

GridBagLayout 网格带布局

GridBagLayout(),创建网格包布局管理器

【例 11-12】使用 **GridBagLayout** 实现界面布局。
// Ex11_12.java

```java
import java.awt.* ;
public class Ex11_12 extends Frame {
    String[] mark={"身份证号","出生地","姓名","别名","性别","学号","成绩","备注"};
    Button bt1,bt2;
    protected void makeObj(Component name,GridBagLayout gridbag,GridBagConstraints c){
        gridbag.setConstraints(name,c);
        add(name);
    }
    public Ex11_12(){
        setTitle("GridBagLayout 布局示例");
        GridBagLayout gridbag=new GridBagLayout();
        GridBagConstraints c=new GridBagConstraints();
```

```java
        setLayout(gridbag);
        c.fill=GridBagConstraints.BOTH;
        makeObj(new Label(mark[0]),gridbag,c);
        c.gridwidth=GridBagConstraints.REMAINDER;
        makeObj(new TextField(20),gridbag,c);
        c.gridwidth=1;
        makeObj(new Label(mark[1]),gridbag,c);
        c.gridwidth=GridBagConstraints.REMAINDER;
        makeObj(new TextField(20),gridbag,c);
        c.weightx=1.0;
        c.gridwidth=1;
        makeObj(new Label(mark[2]),gridbag,c);
        makeObj(new TextField(6),gridbag,c);
        makeObj(new Label(mark[3]),gridbag,c);
        makeObj(new TextField(6),gridbag,c);
        makeObj(new Label(mark[4]),gridbag,c);
        c.gridwidth=GridBagConstraints.REMAINDER;
        makeObj(new TextField(2),gridbag,c);
        c.weightx=0.0;
        c.gridwidth=1;
        makeObj(new Label(mark[5]),gridbag,c);
        makeObj(new TextField(8),gridbag,c);
        makeObj(new Label(mark[6]),gridbag,c);
        makeObj(new TextField(3),gridbag,c);
        makeObj(new Label(mark[7]),gridbag,c);
        c.gridwidth=GridBagConstraints.REMAINDER;
        makeObj(new TextField(8),gridbag,c);
        bt1=new Button("重置"); //创建按钮对象 bt1
        bt2=new Button("提交"); //创建按钮对象 bt2
        c.gridwidth=1; //reset to the default
        makeObj(bt1,gridbag,c);
        c.gridwidth=GridBagConstraints.REMAINDER;
        makeObj(bt2,gridbag,c);
        setSize(400,150);
        this.setVisible(true);
    }
    public static void main(String args[]){
        new Ex11_12();
    }
}
```

运行结果如图 11-13 所示。

模块 11 Java GUI 编程

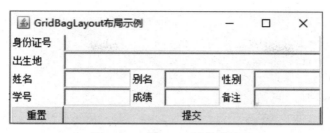

图 11-13 例 11-12 运行结果

11.2.3 菜单及菜单组件

GUI 编程中的菜单简介

一般来说，一个菜单系统由菜单栏、菜单和菜单项组成。一个菜单栏可包含多个菜单，一个菜单可包含多个菜单项。在 Java 中，创建一个菜单应用的步骤如下：创建一个菜单栏（MenuBar）→ 在菜单栏上创建各个菜单（Menu）→ 为每个菜单创建各个菜单项（MenuItem）。

（1）菜单栏（JMenuBar）。

菜单栏用来组织菜单。只能在用户界面上放置一个菜单栏。其构造方法如下：

JMenuBar()，创建新的菜单栏

JMenuBar 类常用方法如表 11-10 所列。

表 11-10 JMenuBar 类常用方法表

返回类型	方法声明	功能描述
JMenu	add(JMenu c)	将指定的菜单追加到菜单栏的末尾
boolean	isSelected()	如果已选择了菜单栏的组件，则返回 true

（2）菜单（JMenu）。

菜单是放置菜单项的容器，一个菜单可包含若干个菜单项。菜单的实现其实就是一个包含菜单项的弹出窗口，当用户选择菜单栏上的菜单时，就会显示该菜单所包含的菜单项。除了菜单项之外，菜单中还可以包含分割线。JMenu 构造方法如下：

- JMenu()，构造没有文本的新 JMenu。
- JMenu(String s)，构造一个新 JMenu，用提供的字符串作为其文本。

（3）菜单项（JMenuItem）。

菜单项就是包含在菜单中的一个对象，当选中它时会执行一个动作。JMenuItem 构造方法如下：

- JMenuItem()，创建不带有设置文本或图标的 JMenuItem。
- JMenuItem(Icon icon)，创建带有指定图标的 JMenuItem。
- JMenuItem(String text)，创建带有指定文本的 JMenuItem。

【例 11-13】使用 JMenuItem 创建菜单。

// Ex11_13.java

```java
import javax.swing.* ;
public class Ex11_13 extends JFrame {
    private static final long serialVersionUID=1L;
    static final int WIDTH=600;
    static final int HEIGHT=300;
    public Ex11_13(){
        super("测试窗口");
        JRootPane rp=new JRootPane();
        super.setContentPane(rp);
        super.setContentPane(rp);
        JMenuBar menubar1=new JMenuBar();
        rp.setJMenuBar(menubar1);
        JMenu menu1=new JMenu("文件");
        JMenu menu2=new JMenu("编辑");
        JMenu menu3=new JMenu("视图");
        JMenu menu4=new JMenu("运行");
        JMenu menu5=new JMenu("工具");
        JMenu menu6=new JMenu("帮助");
        menubar1.add(menu1);
        menubar1.add(menu2);
        menubar1.add(menu3);
        menubar1.add(menu4);
        menubar1.add(menu5);
        menubar1.add(menu6);
        JMenuItem item1=new JMenuItem("打开");//创建菜单项组件
        JMenuItem item2=new JMenuItem("保存");
        JMenuItem item3=new JMenuItem("打印");
        JMenuItem item4=new JMenuItem("退出");
        ……(略)
        menu1.add(item1); // 在不同的菜单组件中添加不同菜单项
        menu1.add(item2);
        menu1.addSeparator();
        menu1.add(item3);
        menu1.addSeparator();
        menu1.add(item4);
        ……(略)
        this.setVisible(true);
        this.pack();
    }
    public static void main(String args[]){
        new Ex11_13();
    }
}
```

运行结果如图 11-14 所示。

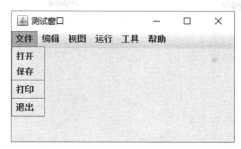

图 11-14　例 11-14 运行结果

【案例 11-1】 学生成绩管理系统界面设计

■ 案例描述

利用 Java GUI 编程知识实现学生成绩管理系统界面设计，包括登录界面和主界面，如图 11-15 和图 11-16 所示。

综合案例：学生成绩管理系统界面设计

图 11-15　登录界面

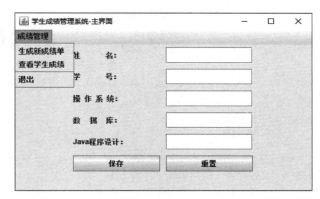

图 11-16　添加学生成绩主界面

■ 案例目标

◇ 学会 GUI 程序实现的设计思路。
◇ 掌握图形用户界面基本组件的使用。
◇ 掌握布局管理器如何对组件进行管理。
◇ 能够独立完成"学生成绩管理系统界面设计"的源代码编写、编译及运行。

■ 实现思路

（1）登录界面 Login、学生成绩管理主界面 ScoreManage。
（2）使用 JPanel 容器调整界面元素布局。
（3）使用 JMenuBar、JMenu、JMenuItem、JButton、JLabel、JTextField 等常用组件。

■ 参考代码（部分代码）

（1）登录界面程序

//Login.java

```java
import java.awt.*;
import javax.swing.*;
public class Login extends JFrame {
    //界面元素组件类
    JPanel jp1,jp2,jp3;
    JButton login;
    JLabel user,password;
    JTextField jtf1,jtf2;
    final Container c=getContentPane();
    //构造方法中初始化界面元素组件
    public Login(){
        jp1=new JPanel();
        user=new JLabel("用户名:");
        jtf1=new JTextField(15);
            jp1.add(user);jp1.add(jtf1);

        jp2=new JPanel();
        password=new JLabel("密码:");
        jtf2=new JTextField(15);
        jp2.add(password);jp2.add(jtf2);

        jp3=new JPanel();
        login=new JButton("登录");
        jp3.add(login);

        c.setLayout(new GridLayout(5,1,10,10));
        c.add(new JPanel());
        c.add(jp1);   c.add(jp2);   c.add(jp3);
        c.add(new JPanel());

        this.setTitle("学生成绩管理系统-登录");
        this.setSize(320,280);
        this.setVisible(true);
    }
    public static void main(String[] args){
        Login lg=new Login();
    }
}
```

（2）学生成绩管理主界面程序

```java
//ScoreManage.java
import java.awt.*;
import javax.swing.*;
```

```java
public class GradeManage extends JFrame {
    //界面元素组件类
    JMenuBar jmb;
    JMenu jm;
    JMenuItem jmi1,jmi2,jmi3;
    JButton jb1,jb2,jb3,jb4;
    JLabel jl1,jl2,jl3,jl4,jl5;
    JTextField jtf1,jtf2,jtf3,jtf4,jtf5;
    final Container c=getContentPane();
    //构造方法中初始化界面元素组件
        public GradeManage(){
        this.setTitle("学生成绩管理系统- 主界面");
        //菜单系统初始化
        jmb=new JMenuBar();
        this.setJMenuBar(jmb);
        jm=new JMenu("成绩管理");
        jmb.add(jm);
        jmi1=new JMenuItem("生成新成绩单");
        jmi2=new JMenuItem("查看学生成绩");
        jmi3=new JMenuItem("退出");
        jm.add(jmi1);   jm.add(jmi2);
        jm.addSeparator();jm.add(jmi3);
        //其他界面组件初始化
        jl1=new JLabel("姓       名:");
        jl2=new JLabel("学       号:");
        jl3=new JLabel("操 作 系 统:");
        jl4=new JLabel("数    据    库:");
        jl5=new JLabel("Java 程序设计:");
        jtf1=new JTextField(13);
        jtf2=new JTextField(13);
        jtf3=new JTextField(13);
        jtf4=new JTextField(13);
        jtf5=new JTextField(13);
        jb1=new JButton("保存");
        jb2=new JButton("重置");
        jb3=new JButton("前一个");
        jb4=new JButton("后一个");
        //各组件添加到界面上
        GridLayout gl=new GridLayout(6,2,10,10);
        JPanel panel=new JPanel();
        panel.setLayout(gl);
        panel.add(jl1);   panel.add(jtf1);
        panel.add(jl2);   panel.add(jtf2);
        panel.add(jl3);   panel.add(jtf3);
```

```
        panel.add(jl4);    panel.add(jtf4);
        panel.add(jl5);    panel.add(jtf5);
        panel.add(jb1);    panel.add(jb2);
        c.setLayout(new FlowLayout());
        c.add(panel);
        //设置窗体属性
        this.setDefaultCloseOperation(JFrame.EXIT_ON_CLOSE);
        this.setSize(600,320);
        this.setVisible(true);
    }
    //主方法
    public static void main(String[] args){
        GradeManage gm=new GradeManage();
    }
}
```

11.3　GUI 事件处理

Java 事件处理机制

事件处理在图形用户界面的程序设计中是必不可少的，在前面的案例 11-1 中，只进行了界面的设计，并没有真正实现其操作功能。要想让设计的 GUI 程序能够响应用户的操作，真正实现其功能，必须为其添加事件处理代码。

本小节将介绍 GUI 的事件处理机制，并对常见的 GUI 事件处理进行讲解和演示。

11.3.1　事件处理机制

在 GUI 界面程序中，为了使程序能够接收用户的命令，系统应该能够识别这些鼠标和键盘的操作（事件）并做出响应。通常，每一个键盘或鼠标操作都会引起一个系统预先定义好的事件，程序只需要定义每个特定事件发生时应该做出的响应即可。在 Java 中，除了键盘和鼠标操作外，系统的状态改变、标准图形界面元素等都可以引发事件。

Java 的事件处理机制如图 11-17 所示。一个事件通常包含 3 个组件：事件源、事件对象和事件监听器。

1. 事件源

顾名思义，事件源就是事件的源头，即事件产生的地方。Java 中的事件源指的是界面组件。例如，单击一个命令按钮时，这个按钮就是事件源，它会产生一个 ActionEvent 事件对象，该对象包含有事件的信息。

2. 事件对象

当用户通过按键或单击鼠标与应用程序交互时，一个事件便产生了。在 Java 中，每一个事件都是对象，java.util.EventObject 是所有事件对象的根类。与 GUI 程序相关的事件对象的根类是 java.awt.AWTEvent，它是 EventObject 的直接子类。从名称上可以看出，这一类事件对象都是与用户界面有关的。

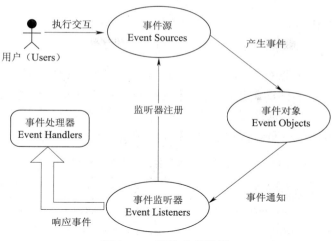

图 11-17　事件处理机制

3. 事件监听器

事件处理程序就是处理事件的代码（方法），它将事件对象作为一个参数接收过来。在 Java 中，每一个事件对象都有其事件发起者和事件使用者。事件发起者就是事件源，而事件使用者就是事件监听器。

为了在使用事件时能够访问到事件源，在每一个事件对象中都保存了一个指向事件源的引用。操作系统捕获事件及与其相关的数据，如事件发生的时间和事件类型（按键、单击鼠标），然后，数据被传递给事件监听器进行处理。

即：一个源（Source）产生一个事件（Event），并把它送到一个或多个监听器（Listener）。

由于用户对组件的操作有所不同，因此 Java 为这些不同类型的操作定义了相应的事件。GUI 事件处理 Java 事件类的层次结构如图 11-18 所示。

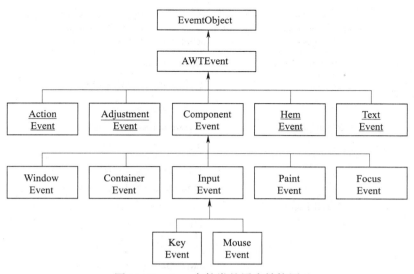

图 11-18　Java 事件类的层次结构图

11.3.2 GUI 事件处理

1. 事件适配器类

在 Java 中，针对一些事件监听器接口，系统定义了对应的实现类，称为事件适配器类。有了事件适配器类，事件监听器类只要继承事件适配器类，仅重写需要的方法就可以处理某个特定的事件，这样会使程序变得更加简洁。常见事件监听器接口与对应的事件适配器类如表 11-11 所列。

事件适配器和事件监听

表 11-11 常见事件侦听器接口与适配器类对照表

事件名称	事件侦听器接口	事件适配器类
ComponentEvent	ComponentListener	Componentadapter(主件适配器)
ContainerEvent	ContainerListener	ContainerAdapter(容器适配器)
KeyEvent	KeyListener	KeyAdapter(键盘适配器)
MouseEvent	MouseListener	MouseAdapter(鼠标适配器)
MouseEvent	MouseMotionListener	MouseMotionAdapter(鼠标移动适配器)
WindowEvent	WindowListener	WindowAdapter(窗口适配器)
FocusEvent	FocusListener	FocusAdapter(焦点适配器)

2. 事件监听器接口

AWT 采取的事件控制过程：监听器对象属于一个类的实例，这个类实现了特殊的接口，名为"监听器接口"。事件源是一个组件对象，它可以注册一个或多个监听器对象，并向其发送事件对象。监听器对象使用事件对象中的信息来确定它们对事件的响应。

Java 中常用的事件监听器接口及其定义的抽象方法（即事件处理器）如表 11-12 所列。

表 11-12 事件监听器接口类

事件类	监听器接口	监听器接口定义的抽象方法
ActionEvent	ActionListener	actionPerformed(ActionEvent e)
AdjustmentEvent	AdjustmentListener	adjustmentValueChanged(AdjustmentEvent e)
ItemEvent	ItemListener	itemStateChanged(ItemEvent e)
KeyEvent	KeyListener	keyTyped(KeyEvent e) keyPressed(KeyEvent e) keyReleased(KeyEvent e)
MouseEvent	MouseListener	mouseClicked(MouseEvent e) mouseEntered(MouseEvent e) mouseExited(MouseEvent e) mousePressed(MouseEvent e) mouseReleased(MouseEvent e)
	MouseMotionListener	mouseDragged(MouseEvent e) mouseMoved(MouseEvent e)

续表

事件类	监听器接口	监听器接口定义的抽象方法
TextEvent	TextListener	textValueChanged(TextEvent e)
WindowEvent	WindowListener	windowActivated(WindowEvent e) windowClosed(WindowEvent e) windowClosing(WindowEvent e) windowDeactivated(WindowEvent e) windowDeiconified(WindowEvent e) windowIconified(WindowEvent e) windowOpened(WindowEvent e)

（1）动作事件监听器接口（ActionListener）。

ActionListener 用于接收操作事件的侦听器接口。对处理操作事件感兴趣的类可以实现此接口，而使用该类创建的对象可使用组件的 addActionListener 方法向该组件注册。在发生操作事件时，调用该对象的 actionPerformed 方法。

下面以例 11-14 中的程序为例，来说明 GUI 编程中动作事件处理程序的实现。

【例 11-14】学生成绩管理系统登录功能的实现。

请注意，本程序是在案例 11-1 的基础上完成，界面部分代码请提前完成。

//Login.java

```java
//……导入包和类的语句略
public class Login extends JFrame {
    //……界面元素组件声明(略)参见案例 11-1
    //……构造方法中初始化界面元素组件(略)
    //在 init 方法中为登录按钮注册动作事件监听器
    void init(){
        login.addActionListener(new MyListener());
    }
    //定义登录按钮的动作事件监听器类,实现 ActionListener 接口
    class MyListener implements ActionListener {
        //动作事件处理方法
        public void actionPerformed(ActionEvent e){
            String s1=jtf1.getText();
            String s2=jtf2.getText();
            if(s1.equals("teacher1")&& s2.equals("654321")){
                new GradeManage();   //显示学生成绩管理主界面
            }else{
                JOptionPane.showMessageDialog(null,"用户名或密码错误,请重新出入",
                        "错误提示!",JOptionPane.ERROR_MESSAGE);
            }
        }
    }
```

```
    }
    public static void main(String[] args){
        new Login().init();
    }
}
```

需要注意的是：程序中登录界面完成登录验证后，若用户名和密码正确，登录成功，使用 new GradeManage();调用了学生成绩管理主界面程序 GradeManage.java，应在本程序运行时确保该程序已正确编译。

请思考：学生成绩管理系统主界面程序 GradeManage.java 中，应处理哪种事件？试着为菜单项和各功能按钮添加事件监听器（动作事件监听），并编写事件处理代码，完善程序功能。

（2）鼠标事件监听接口（MouseListener）。

MouseListener 是用于接收组件上的鼠标事件（按下、释放、单击、进入或离开）的侦听器接口。鼠标监听常用方法如表 11-13 所列。

鼠标键盘事件介绍

表 11-13 鼠标监听常用方法

返回类型	方法声明	功能描述
void	mouseClicked(MouseEvent e)	鼠标按键在组件上单击（按下并释放）时调用
void	mouseEntered(MouseEvent e)	鼠标进入到组件上时调用
void	mouseExited(MouseEvent e)	鼠标离开组件时调用
void	mousePressed(MouseEvent e)	鼠标按键在组件上按下时调用
void	mouseReleased(MouseEvent e)	鼠标按钮在组件上释放时调用

下面通过例 11-15 来说明鼠标事件监听和处理是如何实现的。

【例 11-15】实现动作事件及鼠标事件处理的程序。

// Ex11_15.java

```
import java.awt.*;
import java.awt.event.*;
public class Ex11_15 {
    private Frame f;
    private Button bt;
    Ex11_15(){          //构造方法
        madeFrame();
    }
    public void madeFrame(){
        f=new Frame("My Frame");
```

```
        f.setBounds(300,100,300,300);
        f.setLayout(new FlowLayout(FlowLayout.CENTER,5,5));
        bt=new Button("My Button");
        f.add(bt);
        myEvent();         //调用事件处理方法
        f.setVisible(true);
    }
    private void myEvent(){
        bt.addActionListener(new ActionListener(){   //按钮动作事件监听
            public void actionPerformed(ActionEvent e){
                System.out.println("按钮活动了!");
            }
        });
        bt.addMouseListener(new MouseAdapter(){   //鼠标监听
            private int count=1;
            private int mouseCount=1;
            public void mouseEntered(MouseEvent e){
                System.out.println("鼠标监听"+count++);
            }
            public void mouseClicked(MouseEvent e){
                if (e.getClickCount()==2)
                    System.out.println("鼠标被双击了");
                else
                    System.out.println("鼠标被点击"+mouseCount++);
            }
        });
    }
    public static void main(String[]agrs){
        new Ex11_15();
    }
}
```

运行结果如图 11-19 所示。

（3）窗口事件监听接口（WindowListener）。

用于接收窗口事件的侦听器接口。处理窗口事件的类要么实现此接口（及其包含的所有方法），要么扩展抽象类 WindowAdapter（仅重写所需的方法）。然后使用窗口的 addWindowListener 方法将从该类所创建的侦听器对象向该 Window 注册。当通过打开、关闭、激活或停用、图标化或取消图标化而改变了窗口状态时，将调用该侦听器对象中的相关方法，并将 WindowEvent 传递给该方法。

窗口事件类常用方法如表 11-14 所列。

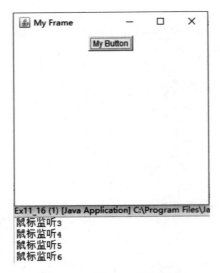

图 11-19　例 11-15 运行结果

表 11-14　窗口事件类常用方法

返回类型	方法声明	功能描述
void	windowActivated(WindowEvent e)	将 Window 设置为活动 Window 时调用
void	windowClosed(WindowEvent e)	因对窗口调用 dispose 而将其关闭时调用
void	windowClosing(WindowEvent e)	用户试图从窗口的系统菜单中关闭窗口时调用
void	windowDeactivated(WindowEvent e)	当 Window 不再是活动 Window 时调用
void	windowDeiconified(WindowEvent e)	窗口从最小化状态变为正常状态时调用
void	windowIconified(WindowEvent e)	窗口从正常状态变为最小化状态时调用
void	windowOpened(WindowEvent e)	窗口首次变为可见时调用

【例 11-16】实现窗口事件处理的程序。

// Ex11_16.java

```
import java.awt.* ;
import java.awt.event.* ;
public class Ex11_16 {
    public static void main(String[] args){
        Frame f=new Frame();
        f.setTitle("MyFrame");
        f.setSize(300,200);
        f.setLocation(300,200);
        f.setVisible(true);
        f.setLayout(new FlowLayout());
        f.addWindowListener(new MyWin());
```

```
        Button b=new Button("Button1");
        f.add(b);
    }
}
class MyWin extends WindowAdapter {
    public void windowClosing(WindowEvent e){
        System.exit(0);
    }
}
```

运行结果如图 11-20 所示。

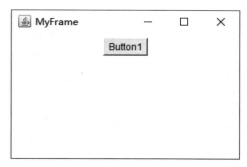

图 11-20　例 11-16 运行结果

【案例 11-2】 Java 简易计算器设计

■ 案例描述

综合运用所学 GUI 编程知识制作一个可以进行简单的四则运算的计算器。界面请参考图 11-21。要求能实现简单的加减乘除四则运算。

综合案例：Java 简易计算器设计

■ 案例目标
◇ 熟悉 Java 的事件处理机制。
◇ 熟悉 Java Swing 界面编程。
◇ 理解计算器逻辑运算实现。

■ 实现思路

（1）计算器窗体整体上使用 BorderLayout 布局，局部采用 GridLayout 布局。

（2）数字和符号等功能按钮使用 JButton，添加动作事件响应用户对按钮的操作。

（3）实现加减乘除四则运算逻辑。

图 11-21　简易计算器界面

■ 参考代码

// Calculator.java

```
import java.awt.*;
import java.awt.event.*;
import javax.swing.*;
```

```java
public class Calculator extends JFrame {
    //声明界面元素组件
    JButton a1,a2,a3,a4,a5,a6,a7,a8,a9,a0;      //数字0~9按钮
    JButton b1,b2,b3,b4;    //清空、返回、.、=按钮
    JButton c1,c2,c3,c4;    //+、-、x、÷按钮
    JTextField t1,t2;       //t1——显示算式的文本框,t2——显示计算结果的文本框
    JPanel p1,p2;           //p1容纳计算器上半部分组件;p2容纳计算器下半部分组件
    JLabel bq1,bq2;         //占位组件,显示"结"、"果"
    String fuhao;           //暂存符号位
    double count,count2;    //暂存运算数
    //chose 为 false,表示 t1、t2 不需清空;cliks 为 false,表示运算数中尚无小数点
    boolean chose=false,cliks;
    //主方法
    public static void main(String[] args){
        Calculator cal=new Calculator();
        cal.init();
    }
    //构造方法中完成组件初始化及界面布局
    public Calculator(){
        //初始化界面按钮组件
        a1=new JButton("1");    a2=new JButton("2");
        a3=new JButton("3");    a4=new JButton("4");
        a5=new JButton("5");    a6=new JButton("6");
        a7=new JButton("7");    a8=new JButton("8");
        a9=new JButton("9");    a0=new JButton("0");
        b1=new JButton("清空"); b2=new JButton("返回");
        b3=new JButton(".");    b4=new JButton("=");
        c1=new JButton("+");    c2=new JButton("- ");
        c3=new JButton("x");    c4=new JButton("÷");
        //界面上半部分——结果显示区
        p1=new JPanel();
        p1.setLayout(new GridLayout(2,3,2,2));
        t1=new JTextField(25);  t2=new JTextField(25);
        bq1=new JLabel("结");   bq2=new JLabel("果");
        p1.add(t1);  p1.add(b1);  p1.add(b2);
        p1.add(t2);  p1.add(bq1); p1.add(bq2);
        //界面下半部分——数字区
        p2=new JPanel();
        p2.setLayout(new GridLayout(4,4,2,2));
        p2.add(a1);  p2.add(a2);  p2.add(a3);  p2.add(c1);
        p2.add(a4);  p2.add(a5);  p2.add(a6);  p2.add(c2);
```

```java
        p2.add(a7);    p2.add(a8);    p2.add(a9);    p2.add(c3);
        p2.add(b3);    p2.add(a0);    p2.add(b4);    p2.add(c4);
        //向计算器窗体添加组件,并设置窗体大小、位置、可见性等属性
        this.add(p1,BorderLayout.NORTH);
        this.add(p2,BorderLayout.CENTER);
        this.setSize(280,240);
        this.setTitle("简易计算器");
        this.setLocation(200,200);
        this.setDefaultCloseOperation(JFrame.EXIT_ON_CLOSE);
        this.setVisible(true);
    }
    // 该方法为界面组件添加事件监听器,实现事件处理
    public void init(){
        Button_Listener ls=new Button_Listener();
        a1.addActionListener(ls);    a2.addActionListener(ls);
        a3.addActionListener(ls);    a4.addActionListener(ls);
        a5.addActionListener(ls);    a6.addActionListener(ls);
        a7.addActionListener(ls);    a8.addActionListener(ls);
        a9.addActionListener(ls);    a0.addActionListener(ls);
        b1.addActionListener(ls);    b2.addActionListener(ls);
        b3.addActionListener(ls);    b4.addActionListener(ls);
        c1.addActionListener(ls);    c2.addActionListener(ls);
        c3.addActionListener(ls);    c4.addActionListener(ls);

    }
    //定义动作事件监听器类
    class Button_Listener implements ActionListener {
        //动作事件处理方法,实现各按钮的事件响应。实现计算器计算功能
        public void actionPerformed(ActionEvent e){
            Object temp=e.getSource();
            //数字按钮被按下后,判断 chose,若为新的运算,则清空 t1、t2
            //在 t1 中添加按键上的数字,并标识非新运算
            if (temp==a1||temp==a2||temp==a3||temp==a4||temp==a5
                ||temp==a6||temp==a7||temp==a8||temp==a9||temp==a0){
                if(chose==true){
                    t1.setText("");
                    t2.setText("");
                }
                t1.setText(t1.getText()+""+e.getActionCommand());
                chose=false;
            }
            //运算符号按钮被按下,取出运算数存于 count,同时清空 t1,保存运算符号
            if(temp==c1||temp==c2||temp==c3||temp==c4){
                count=Double.parseDouble(t1.getText());
```

```java
            t1.setText("");
            fuhao=e.getActionCommand();
    }
    //小数点按钮被按下,判断操作数中是否已包含小数点,禁止多个小数点
    if(temp==b3){
            cliks=true; //初始化运算数中添加小数点的标志 cliks 为 true
            for(int i=0;i<t1.getText().length();i++){
                //如果 t1 中的运算数中已经包含小数点".",则将 cliks 改为 false
                if('.'==t1.getText().charAt(i)){
                    cliks=false;
                    break;
                }
            }
            if(cliks==true)
                t1.setText(t1.getText()+".");
    }
    //=按钮被按下,取出运算数 count2,与 count 进行 fuhao 中所保存的运算
    if(temp==b4){
            count2=Double.parseDouble(t1.getText());
            t1.setText(count+" "+fuhao+" "+count2+"=");
            switch(fuhao){
            case "+":    t2.setText(count+count2+"");break;
            case "- ":   t2.setText(count- count2+"");break;
            case "x":    t2.setText(count* count2+"");break;
            case "÷":
                if(count2==0){
                    t2.setText("除数不能为 0");
                    return;
                }
                t2.setText(count/count2+"");
            }
            chose=true;
    }
    //清空按钮被按下,则清空 t1 和 t2
    if(temp==b1){
            t1.setText("");
            t2.setText("");
    }
    //返回按钮被按下,则去掉 t1 中最后一个字符
    if(temp==b2){
            String s=t1.getText();
            t1.setText("");
            for (int i=0;i<s.length()- 1;i++){
                char a=s.charAt(i);
```

```
                    t1.setText(t1.getText()+a);
                }
            }
        }
    }
}
```

习 题 11

一、填空题

1. AWT 的组件库被更稳定、通用、灵活的库取代，该库称为_____。
2. 布局管理器用于安排容器上的 GUI 组件，设置容器的布局管理器的方法是_____。
3. 当释放鼠标按键时，将产生_____事件。
4. Java 为那些包含多个方法的事件监听器接口提供了对应的适配器类，在该类中实现了对应接口的所有方法。如 WindowListener 对应的适配器类是_____。
5. ActionEvent 事件的监听器接口是_____，注册该事件监听器的方法是_____。
6. Java 的 Swing 组件定义的实现菜单系统的类有_____。

二、选择题

1. 窗口 JFrame 使用（　　）方法可以将 jMenuBar 对象设置为主菜单。
   A. setHelpMenu(jMenuBar)   B. add(jMenuBar)
   C. setJMenuBar(jMenuBar)   D. setMenu(jMenuBar)
2. 下面属于容器类的是（　　）。
   A. Color 类   B. JMenu 类   C. JFrame 类   D. JTextField 类
3. JPanel 和 JApplet 的默认布局管理器是（　　）。
   A. CardLayout   B. FlowLayout   C. BorderLayout   D. GridLayout
4. JFrame 的默认布局管理器是（　　）。
   A. CardLayout   B. FlowLayout   C. BorderLayout   D. GridLayout
5. 向 JTextArea 的（　　）方法传递 false 参数可以防止用户修改文本。
   A. setEditable   B. changeListener   C. add   D. addSeparator
6. 窗口关闭时会触发的事件是（　　）。
   A. ContainerEvent   B. ItemEvent   C. WindowEvent   D. MouseEvent

三、编程题

请为案例 11-1 的学生成绩管理系统主界面程序添加事件处理代码，使其能够实现"生成新成绩单""查看学生成绩""退出"3 个菜单项功能和"保存""重置"两个按钮的功能。

提示：可以用集合、文件或数据库实现学生成绩信息的存储。

模块 12

网络编程

学习目标：

- 了解 TCP/IP 协议，理解 UDP 与 TCP 协议的区别
- 明确 IP 地址和端口号的作用，掌握 InetAddress 类及其常用方法
- 掌握 Socket 类和 ServerSocket 类，学会编写 TCP 网络程序
- 掌握 DatagramSocket 类和 DatagramPacket 类，学会编写 UDP 网络程序

12.1 网络编程基础

12.1.1 TCP/IP 协议

在学习 Java 网络编程之前首先了解一下 TCP/IP 协议族。从协议分层模型方面来讲，TCP/IP 由网络接入层、网际互联层、传输层、应用层 4 个层次组成，每层分别负责不同的通信功能，如图 12-1 所示。

网络接入层：对应于 OSI 参考模型中的物理层和数据链路层。它负责监视数据在主机和网络之间的交换。

网际互联层：对应于 OSI 参考模型的网络层，主要解决主机到主机的通信问题。

传输层：为应用层实体提供端到端的通信功能，保证了数据包的顺序传送及数据的完整性。该层定义了两个主要的协议——传输控制协议（TCP）和用户数据报协议（UDP）。

图 12-1 TCP/IP 网络模型

应用层：主要负责应用程序的协议，为用户提供所需要的各种服务，如 HTTP、FTP、Telnet、DNS、SMTP 协议等。

本章所介绍的网络编程，主要涉及的是传输层的 TCP、UDP 协议和网络层的 IP 协议。

12.1.2 IP 地址和端口号

IP 地址可以唯一标识互联网上的一台计算机。IPv4 地址是一个 32 位的二进制数，通常被分成 4 个字节，为了便于记忆和处理，IPv4 地址通常用"点分十进制"表示成 a.b.c.d 的形式。由于互联网的蓬勃发展，IP 地址的需求量越来越大，为了扩大地址空间，新一代的 IPv6 采用了 128 位的地址，通常以十六进制

InetAddress 类

形式表示,如2001:A012:B1234:1。

通过 IP 地址可以连接到指定的计算机,但如果想访问目标计算机中的某个应用程序,还需要指定端口号。为了对端口进行区分,将每个端口进行了编号,这就是端口号。端口号用两个字节表示,它的取值范围是 0~65 535,比如用于浏览网页服务的 80 端口,用于 FTP 服务的 21 端口等。用户的普通应用程序一般使用 1024 以上的端口号,从而避免端口号被另外一个应用和服务占用。

IP 地址和端口号的作用,如图 12-2 所示。

图 12-2　IP 地址和端口号

从图 12-2 中可以清楚地看到,位于网络中的一台计算机可以通过 IP 地址去访问另一台计算机,并通过端口号访问目标计算机中的某个应用程序。

12.1.3　InetAddress

java.net 包中提供了一个 InetAddress 类,该类创建的对象包含一个 Internet 主机地址的域名和 IP 地址,并提供了一系列与 IP 地址相关的方法,表 12-1 列举了 InetAddress 类的一些常用方法。

表 12-1　InetAddress 类的常用方法

返回类型	方法声明	功能描述
byte []	getAddress()	返回 IP 地址的字节形式
String	getHostAddress()	返回 IP 地址字符串
String	getHostName()	获取 IP 地址的主机名,如果是本机则是计算机名,不是本机则是主机名,如果没有域名则是 IP 地址
InetAddress	getLocalHost()	创建一个表示本地主机的 InetAddress 对象,返回本地主机的 IP 地址
InetAddress	getByName(String host)	在给定主机名的情况下确定主机的 IP 地址,参数 host 表示指定的主机
boolean	isReachable(int timeout)	判断指定的时间内地址是否可以到达

下面通过例 12-1 来演示 InetAddress 的常用方法。

【例 12-1】InetAddress 的使用。

// Ex12_1.java

```java
import java.net.* ;
import java.util.Scanner;
public class Ex12_1 {
    public static void main(String[] args) throws Exception {
        InetAddress local=InetAddress.getLocalHost();
        System.out.println("本地机:"+local);
        System.out.println("本地机的名称:"+local.getHostName()
                +"本地机的 IP 地址:"+local.getHostAddress());
        System.out.println("请输入远程主机名称:");
        Scanner sc=new Scanner(System.in);
        String rHost=sc.nextLine();
        try{
            InetAddress remote=InetAddress.getByName(rHost);
            System.out.println("远程机的名称:"+remote.getHostName()
                    +"远程机的 IP 地址:"+remote.getHostAddress());
            System.out.println("3 秒是否可达:"+remote.isReachable(3000));
        }catch(UnknownHostException uhe){
            System.err.println("名称有误或网络不通!");
        }
    }
}
```

运行结果如图 12-3 所示。

```
本地机:HF-20130221CXRB/192.168.128.1
本地机的名称:HF-20130221CXRB 本地机的IP地址:192.168.128.1
请输入远程主机名称:
www.baidu.com
远程机的名称:www.baidu.com 远程机的IP地址:61.135.169.125
3秒是否可达:false
```

图 12-3 例 12-1 运行结果

12.1.4 UDP 与 TCP 协议

TCP/IP 传输层的两个协议是 UDP 和 TCP 协议，其中 UDP 是 User Datagram Protocol 的简称，称为用户数据报协议；TCP 是 Transmission Control Protocol 的简称，称为传输控制协议。

UDP 是无连接通信协议，即在数据传输时，数据的发送端和接收端不建立逻辑连接。简单来说，当一台计算机向另外一台计算机发送数据时，发送端不会确认接收端是否存在，就会发出数据。同样，接收端在接收数据时，也不会向发送端反馈是否收到数据。由于使用 UDP 协议消耗资源小，通信效率高，所以通常都会用于音频、视频和普通数据的传输，UDP 的交换过程如图 12-4 所示。

TCP 协议是面向连接的通信协议，即在传输数据前先在发送端和接收端建立逻辑连接，然后再传输数据，它提供了两台计算机之间可靠无差错的数据传输。在 TCP 连接中必须要明确客户端与服务器端，由客户端向服务器端发出连接请求，每次连接的创建都需要经过"三次握手"。交互过程如图 12-5 所示。

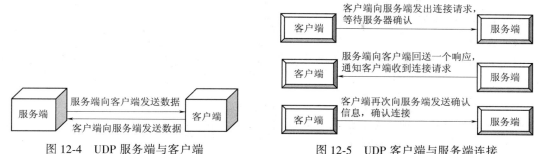

图 12-4 UDP 服务端与客户端   图 12-5 UDP 客户端与服务端连接

由于 TCP 协议的面向连接特性，它可以保证传输数据的安全性，所以是一个被广泛采用的协议，例如，在下载文件时，如果数据接收不完整，将会导致文件数据丢失而不能被打开，因此，下载文件时必须采用 TCP 协议。

12.2 Socket 编程

12.2.1 Socket 概述

Socket 称作套接字，用于描述 IP 地址和端口，可以用来实现不同虚拟机或不同计算机之间的通信。

根据连接启动的方式以及本地套接字要连接的目标，套接字之间的连接过程可以分为 3 个步骤。

（1）服务器监听。

服务器端应用程序启动后，服务器端套接字并不定位具体的客户端套接字，而是处于等待连接的状态，实时监控网络状态。

（2）客户端请求。

客户端请求是指由客户端的套接字提出连接请求，要连接的目标是服务器端的套接字。为此，客户端的套接字必须首先描述它要连接的服务器的套接字，指出服务器端套接字的地址和端口号，然后向服务器端套接字提出连接请求。

（3）连接确认。

连接确认是指当服务器端套接字监听到或者说接收到客户端套接字的连接请求，它就响应客户端套接字的请求，建立一个新的线程，把服务器端套接字的描述发给客户端，一旦客户端确认了此描述，连接就建立好了。而服务器端套接字继续处于监听状态，继续接收其他客户端套接字的连接请求。

套接字有两种类型：流套接字和数据报套接字。流套接字提供双向的、有序的、无重复并且无记录边界的数据流服务，TCP 是一种流套接字协议；数据报套接字也支持双向的数据流，但并不保证是可靠、有序、无重复的，它保留记录边界，UDP 是一种数据报套接字协议。

12.2.2 Socket 类和 ServerSocket 类

1. 两个类的相关方法

在套接字通信中使用 Socket 类建立客户端程序与服务器套接字连接，Socket 类的构造方法如下：

Socket 通信程序

（1） Socket()。

创建未连接的 Socket。没有指定 IP 地址和端口号，即只创建了客户端对象，但没有去连接任何服务器。

（2） Socket(String host, int port)。

创建 Socket 并连接到指定的主机 host 和端口号 port。

（3） Socket(InetAddress address, int port)。

创建 Socket 并连接到指定的 IP 地址和端口号 port。

Socket 类的常用方法如表 12-2 所列。

表 12-2 Socket 类中的常用方法

返回类型	方法声明	功能描述
void	bind(SocketAddress bindpoint)	将套接字绑定到本地地址
void	close()	关闭服务器套接字
void	connect(SocketAddress endpoint)	将此套接字连接到服务器

客户端程序使用 Socket 类建立完成，可以向服务器发出连接请求。因此服务器必须建立一个等待接收客户请求的服务器套接字，以响应客户端的请求。

服务器端程序使用 ServerSocket 类建立接收客户套接字的服务器套接字。ServerSocket 类的构造方法如下：

（1） ServerSocket(int port)。

在本地机的指定端口处创建服务器套接字，客户使用此端口与服务器通信。如果端口指定为 0，可在本地机上的任何端口处创建服务器套接字。

（2） ServerSocket(int port, int backlog)。

在本地机的指定端口处创建服务器套接字，第 2 个参数指出在指定端口处服务器套接字支持的客户连接的最大数。

ServerSocket 类的常用方法如表 12-3 所列。

表 12-3 ServerSocket 类中的常用方法

返回类型	方法声明	功能描述
Socket	accept()	在服务器套接字监听客户连接并接收它。此后，客户建立与服务器的连接
void	close()	关闭服务器套接字
String	toString()	返回作为串的服务器套接字的 IP 地址和端口号

客户端和服务器端通过套接字 Socket 进行通信时，进行读/写端口和取地址等操作的方法如表 12-4 所列。

表 12-4 替换为"Socket 类中的常用方法"

返回类型	方法声明	功能描述
InetAddress	getInetAddress()	返回此服务器套接字的本地地址
int	getPort()	返回此套接字的 port 字段的值
synchronized void	close()	关闭此套接字
InputStream	getInputStream()	获得从套接字读入数据的输入流
OutputStream	getOutputStream()	获得向套接字进行写操作的输出流

2. Socket 程序通信过程

客户端 Socket 的工作过程通常包含以下 4 个基本步骤。

（1）创建 Socket。根据指定的 IP 地址或端口号构造 Socket 类对象，如服务器端响应，则建立客户端到服务器端的通信线路。

（2）打开连接到 Socket 的输入/出流。使用 getInputStream()方法获得输入流，使用 getOutputStream()方法获得输出流。

Socket 通信程序运行演示

（3）按照一定的协议对 Socket 进行读/写操作。通过输入流读取服务器传入线路的信息（但不能读取自己传入线路的信息），通过输出流将信息写入线路。

（4）关闭 Socket。断开客户端到服务器的连接，释放线路。

对于服务器而言，将上述第一步改为构造 ServerSocket 类对象，监听客户端的请求并进行响应。基于 Socket 的 C/S 通信过程如图 12-6 所示。

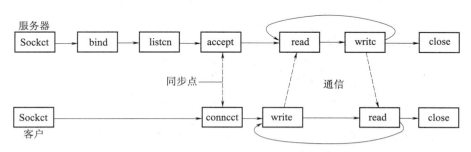

图 12-6 基于 Socket 的 C/S 通信过程

下面编写一个基于 Socket 的网络服务器与一个客户端通信的程序。

（1）编写服务端程序，如例 12-2 所示。

【例 12-2】基于 Socket 的服务端程序。

// ServerToSingle.java

```java
import java.io.* ;
import java.net.* ;
public class ServerToSingle{
    public static void main(String args[]){
        try  {
            //创建服务器端对象 serversocket,端口为 4008
            ServerSocket serversocket=new ServerSocket(4008);
            System.out.println("服务器已经启动...");
            //调用 accept()方法在服务器端监听客户端发出请求的 Socket 对象
            Socket server=serversocket.accept();
            String sMsg;
            //由系统标准输入创建 BufferedReader(带缓冲区的字符输入流)对象
            BufferedReader sin=new BufferedReader(new InputStreamReader(System.in));
            //由 Socket 输入流创建 BufferedReader 对象
            BufferedReader is=new BufferedReader(new InputStreamReader(server.getInputStream()));
            //由 Socket 输出流创建 PrintWriter 对象
            PrintWriter os=new PrintWriter(server.getOutputStream());
            System.out.println("[客户]:"+is.readLine());
            sMsg=sin.readLine();//从标准输入设备接收用户输入的信息
            //循环条件判断如果输入的不是 bye,继续和客户端通信
            while(!sMsg.equals("bye")){
                os.println(sMsg);
                os.flush();              //刷新输出流
                System.out.println("[我]:"+sMsg);
                System.out.println("[客户]:"+is.readLine());
                sMsg=sin.readLine();//继续从标准输入设备输入
            }
            System.out.println("通话结束!");
            os.close();              //关闭输出流
            is.close();              //关闭输入流
            server.close();          //关闭端口
            serversocket.close();
        }catch(IOException e){
            System.out.println("Error"+e);
        }
    }
}
```

(2) 编写客户端程序,如例 12-3 所示。

【例 12-3】 基于 **Socket** 的客户端程序。

//SingleClient.java

```java
import java.io.*;
import java.net.*;
public class SingleClient{
    public static void main(String args[]){
        try{
            //通过本机地址127.0.0.1和端口4008建立客户端Socket对象
            Socket client=new Socket("127.0.0.1",4008);
            //由系统标准输入创建BufferedReader对象
            BufferedReader sin=new BufferedReader(new InputStreamReader(System.in));
            //由Socket输入流创建BufferedReader对象
            BufferedReader is=new BufferedReader(new InputStreamReader(client.getInputStream()));
            //由Socket输出流创建PrintWriter对象
            PrintWriter os=new PrintWriter(client.getOutputStream());
            String sMsg;
            sMsg=sin.readLine();
            /* 第17~23行:发送信息到服务端,并显示来自服务器端的信息,
            如果用户输入bye结束本次会话,否则保持和服务器的通信。*/
            while(!sMsg.equals("bye")){
                os.println(sMsg);
                os.flush();                    //刷新输出流
                System.out.println("[我]:"+sMsg);
                System.out.println("[服务器]:"+is.readLine());
                sMsg=sin.readLine();           //继续从标准输入设备输入
            }
            System.out.println("通话结束!");
            os.close();         //关闭输出流
            is.close();         //关闭输入流
            client.close();     //关闭端口
        }catch(IOException e){
            System.out.println("Error:"+e);
        }
    }
}
```

（3）编译并运行程序。

先运行服务器端程序，为了更好地查看程序运行结果，在命令行提示符窗口中运行服务器程序，窗口中输出"服务器已经启动……"，再打开第二个命令行提示符窗口运行客户端程序，输入"请求下载Java学习资源"，按Enter键后可在第一个窗口中接收并显示出这条信息，然后两个窗口交替输入内容，进行会话，直到某一方输入"bye"，通话结束。运行结果如图12-7和图12-8所示。

图 12-7　ServerToSingle 运行结果

图 12-8　SingleClient 运行结果

【案例 12-1】 Server 和多客户的通信程序

■ 案例描述

在 C/S 模式的实际应用中，一个服务器可以接收来自其他多个客户端的请求，并为各客户提供相应的服务而不互相影响。编程实现一个服务器和多个客户的通信。

运行结果如图 12-9 所示。

综合案例：Server 和多个客户的通信程序分析

图 12-9　ServerToMulti 运行结果

■ 案例目标
◇ 熟悉网络通信相关的 I/O 流类。
◇ 理解 Socket 编程的基本步骤。
◇ 掌握 Socket 类和 ServerSocket 类的使用。
◇ 理解并掌握线程在网络程序中的应用。

■ 实现思路

通过分析案例描述可知,此程序应解决网络通信中包含服务器端的启动、服务器端对多个客户端连接的监听与响应、以及数据的传输问题。

(1)服务器端创建 ServerSocket 类对象启动服务进程,并在指定端口上监听是否有客户端请求。

(2)客户端通过 Socket 类对象发出与服务器特定端口的连接请求。

(3)服务器端用多线程响应多个客户端的连接请求,一旦监听到客户请求,服务器就会启动一个专门的服务线程来响应该客户的请求。而服务器本身在启动完线程之后马上又进入监听状态,等待下个客户的到来。

■ 参考代码

(1)编写服务器端程序。

//ServerToMulti.java

```java
import java.io.* ;
import java.net.* ;
public class ServerToMulti{
    static int iClient=1;
    public static void main(String args[])throws IOException{
        ServerSocket serversocket=null;
        try{
            serversocket=new ServerSocket(4008);
            System.out.println("服务器已经启动");
        }catch(IOException e){
            System.out.println("Error"+e);
        }
        while(true){
            ServerThread st=new ServerThread(serversocket.accept(),iClient);
            st.start();
            iClient++;
        }
    }
}
class ServerThread extends Thread{
    Socket server;
    int iCounter;
    public ServerThread(Socket socket,int num){
```

```java
            server=socket;
            iCounter=num;
    }
    public void run(){
        try{
            String msg;
            BufferedReader sin=new BufferedReader(new InputStreamReader(System.in));
            BufferedReader is=new BufferedReader(new InputStreamReader(server.getInputStream()));
            PrintWriter os=new PrintWriter(server.getOutputStream());
            System.out.println("[客户"+iCounter+"]:"+is.readLine());
            msg=sin.readLine();
            while(! msg.equals("bye")){
                os.println(msg);
                os.flush();
                System.out.println("[我]:"+msg);
                System.out.println("[客户"+iCounter+"]:"+is.readLine());
                msg=sin.readLine();
            }
            System.out.println("通话结束!");
            os.close();
            is.close();
            server.close();
        }catch(IOException e){
            System.out.println("Error:"+e);
        }
    }
}
```

（2）编写客户端程序。

多客户与服务器的通信程序中的客户端程序与前面例子的客户端程序一样，为区别二者，将 SingleClient.java 另存为 Client.java。

（3）编译并运行程序。

两个程序都编写好之后，先运行服务器端程序，为了更好地查看程序运行结果，在命令行提示符窗口中运行服务器程序，窗口中输出"服务器已经启动"，再依次打开第二个、第三个命令行提示符窗口，分别运行客户端程序。

12.3 数据报编程

12.3.1 数据报通信概述

Java 对数据报的支持与它对 TCP 套接字的支持大致相同，java.net 包提供了 DatagramPacket 类和 DatagramSocket 类，这两个类可实现基于 UDP 的网络程序设计。使用 Datagram-

Socket 类表示无连接的 socket，用来接收和发送数据报。接收和要发送的数据报内容保存在 DatagramPacket 对象中。

1. DatagramPacket

DatagramPacket 用于处理报文，将 byte 数组、目标地址、目标端口等数据封装成报文或者将报文拆卸成 byte 数组。在创建一个发送端和接收端的 DatagramPacket 对象时，使用的构造方法不同，接收端的构造方法只需要接收一个字节数组来存放接收到的数据，而发送端的构造方法不但要接收存放了发送数据的字节数组，还需要指定发送端 IP 地址和端口号。DatagramPacket 的构造方法如下：

DatagramPacket 类

（1）DatagramPacket（byte[] buf, int length）。

构造 DatagramPacket，数据装进 buf 数组，用来接收长度为 length 的数据包。该方法没有指定 IP 地址和端口号，其创建的对象只能用于接收端。

（2）DatagramPacket（byte[] buf, int length, InetAddress address, int port）。

从 buf 数组中，取出长度为 length 的数据创建数据包对象，发送到指定主机（address）的指定端口号（port）。该方法创建的对象通常用于发送端。

（3）DatagramPacket（byte[] buf, int offset, int length）。

构造 DatagramPacket，用来接收长度为 length 的包，在缓冲区中指定了偏移量 offset 参数，该参数用于指定接收到的数据在放入 buf 缓冲数组时是从 offset 处开始的。

DatagramPacket 类中的常用方法，如表 12-5 所列。

表 12-5 DatagramPacket 类中的常用方法

返回类型	方法名	功能描述
InetAddress	getAddress()	用于返回发送端或者接收端的 IP 地址，如果是发送端的 DatagramPacket 对象，就返回接收端的 IP 地址，反之，就返回发送端的 IP 地址
SocketAddress	getSocketAddress()	获取要将此包发送到的或发出此数据报的远程主机的 SocketAddress（通常为 IP 地址+端口号）
byte[]	getData()	用于返回将要接收或者将要发送的数据，如果是发送端的 DatagramPacket 对象，就返回将要发送的数据，反之，就返回接收到的数据
int	getPort()	用于返回发送端或者接收端的端口号，如果是发送端的 DatagramPacket 对象，就返回接收端的端口号，反之，就返回发送端的端口号
int	getLength()	用于返回接收或者将要发送数据的长度，如果是发送端的 DatagramPacket 对象，就返回将要发送的数据长度，反之，就返回接收到的数据长度

2. DatagramSocket

DatagramSocket 是接收和发送 UDP 的 Socket 实例。数据报套接字是包投递服务的发送或接收点。每个在数据报套接字上发送或接收的包都是单独编址和路由的。从一台机器发送到另一台机器的多个包可能选择不同的路由，也可能按不同的顺序到达。

DatagramSocket 类

DatagramSocket 的构造方法如下：

（1）DatagramSocket()。

构造数据报套接字并将其绑定到本地主机上任何可用的端口。通常系统会分配一个没有被其他网络程序所使用的端口号，用于客户端编程。

（2）DatagramSocket(int port)。

创建实例，并固定监听 Port 端口的报文。创建数据报套接字并将其绑定到本地主机上的指定端口。既可用于接收端又可用于发送端。

（3）DatagramSocket(int port,InetAddress laddr)。

创建数据报套接字，将其绑定到指定的本地地址。当一台机器拥有多于一个 IP 地址的时候，由它创建的实例仅仅接收来自 laddr 的报文。

DatagramSocket 类中的常用方法，如表 12-6 所列。

表 12-6 DatagramSocket 类中的常用方法

返回类型	方法声明	功能描述
void	receive(DatagramPacket p)	接收数据报文填充到 DatagramPacket 数据包中，在接收到数据之前会一直处于阻塞状态，只有当接收到数据包时，该方法才会返回
void	send(DatagramPacket p)	从此套接字发送数据报包
void	close()	关闭此数据报套接字

12.3.2 UDP 通信程序

前面介绍了 DatagramPacket 和 DatagramSocket 的作用和方法，下面通过一个例子来介绍它们在程序中的具体用法。实现 UDP 通信需要创建一个发送端程序和一个接收端程序，注意，在通信时应该先运行接收端程序，否则发送端发送的数据无法接收，会造成数据丢失。因此，首先编写接收端程序，如例 12-4 所示。

【例 12-4】Receiver.java。

```
import java.io.IOException;
import java.net.*;
public class Receiver {
    public static void recive(){
        System.out.println("—recive—");
        //接收端
```

```java
        try{
            //创建接收方的套接字对象并与 send 方法中 DatagramPacket 的 ip 地址与端口号一致
            DatagramSocket socket=new DatagramSocket(9001,InetAddress.getByName("192.168.0.102"));
            byte[] buf=new byte[1024];//接收数据的 buf 数组并指定大小
            //创建接收数据包 packet,存储在 buf 中
            DatagramPacket packet=new DatagramPacket(buf,buf.length);
            socket.receive(packet);         //接收操作
            byte data[]=packet.getData();//接收的数据
            InetAddress address=packet.getAddress();//接收的地址
            System.out.println("接收的文本:::"+new String(data));
            System.out.println("接收的 ip 地址:::"+address.toString());
            System.out.println("接收的端口::"+packet.getPort()); //9004
            String temp="Receiver 发送的信息";//告诉发送者"Receiver 发送的信息"
            byte buffer[]=temp.getBytes();
            //创建数据报,指定发送给发送者的 socketaddress 地址
            DatagramPacket packet2=new DatagramPacket(buffer,buffer.length,packet.getSocketAddress());
            socket.send(packet2);//发送
            socket.close();//关闭
        }catch(SocketException e){
            e.printStackTrace();
        }catch(IOException e){
            e.printStackTrace();
        }
    }
    public static void main(String[]args){
        recive();
    }
}
```

运行结果如图 12-10 所示。

```
---recive---
```

图 12-10 例 12-4 运行结果 1

从图 12-10 可以看到,例 12-4 运行后,程序处于停止状态,命令行窗口中光标一直闪动,这是因为 DatagramSocket 的 receive()方法在运行时会发生阻塞,只有接收到发送端程序发送的数据时,该方法才会结束这种阻塞状态继续向下执行。实现了接收端程序之后,接下来还需要编写一个发送端的程序,如例 12-5 所示。

【例 12-5】Sender.Java。

```java
import java.io.IOException;
import java.net.* ;
public class Sender {
    public static void send(){
        System.out.println("- - -_send- - - - ");
        //发送端
        try{
            //创建发送方的套接字 对象 采用 9004 默认端口号
            DatagramSocket socket=new DatagramSocket(9004);
            String text="Sender 发送的信息。";//发送的内容
            byte[] buf=text.getBytes();
            //构造数据报包,将长 length 的包发送到指定主机上的指定端口号
            DatagramPacket packet=new DatagramPacket(buf,buf.length,
                    InetAddress.getByName("192.168.0.102"),9001);
            socket.send(packet);//从此套接字发送数据报包
            displayReciveInfo(socket);//接收 Receiver 返回的数据
            socket.close();//关闭此数据报套接字。
        }catch(SocketException e){
            e.printStackTrace();
        }catch(IOException e){
            e.printStackTrace();
        }
    }
    public static void displayReciveInfo(DatagramSocket socket)throws IOException {
        byte[]buffer=new byte[1024];
        DatagramPacket packet=new DatagramPacket(buffer,buffer.length);
        socket.receive(packet);
        byte data[]=packet.getData();           //接收的数据
        InetAddress address=packet.getAddress();//接收的地址
        System.out.println("接收的文本:::"+new String(data));
        System.out.println("接收的 ip 地址:::"+address.toString());
        System.out.println("接收的端口::"+packet.getPort()); //9004
    }
    public static void main(String[]args){
        send();
    }
}
```

运行结果如图 12-11 所示。

```
---send----
接收的文本:::Receiver发送的信息
接收的ip地址:::/192.168.0.102
接收的端口::9001
```

图 12-11　例 12-5 运行结果

在接收程序阻塞的状态下，运行发送端程序，接收端程序就会收到发送端发送的数据而结束阻塞状态，输出接收的数据如图 12-12 所示。

```
---recive---
接收的文本:::Sender发送的信息。
接收的ip地址:::/192.168.0.102
接收的端口::9004
```

图 12-12　例 12-5 运行结果 2

需要注意的是，在创建发送端的 DatagramSocket 对象时，可以不指定端口号，而例 12-5 指定端口号的目的是为了每次运行时，接收端的 getPort()方法返回值都是一致的，否则发送端的端口号由系统自动分配，接收端的 getPor()方法的返回值每次都不同。

【案例 12-2】聊天程序设计

■ 案例描述

现在，网络聊天已经成为人们生活学习中不可或缺的一件事。学习完 UDP 数据报编程后，就可以实现一个简单的网络聊天程序了。本案例的聊天程序要求通过监听指定的端口号、目标 IP 地址和目标端口号，实现消息的发送和接收功能，并把聊天内容显示出来。

综合案例：
UDP 聊天程序

运行结果如图 12-13 和图 12-14 所示。

```
服务器已经启动
(/127.0.0.1: 64768)[客户]: 店里还有Java编程这本书吗?
还有，您需要几本?
(/127.0.0.1: 64768)[客户]: 3本，谢谢!
不客气，祝您愉快!
```

图 12-13　ServerChat 运行结果

```
客户端已经启动
店里还有Java编程这本书吗?
(/127.0.0.1:4000)[服务器]: 还有，您需要几本?
3本，谢谢!
(/127.0.0.1:4000)[服务器]: 不客气，祝您愉快!
bye
```

图 12-14　ClientChat 运行结果

■ **案例目标**

◇ 理解和掌握编写 UDP 网络程序的基本过程。
◇ 掌握 DatagramPacket、DatagramSocket 类的使用。
◇ 掌握基于数据报的网络程序编写特点。

■ **实现思路**

通过案例描述可知，此程序分为服务器端程序和客户端程序。

（1）编写服务器端程序，创建 DatagramPacket 和 DatagramSocket 对象。
（2）通过 While 循环反复调用 Receive 方法等待接收客户端数据。
（3）输入数据并封装到 DatagramPacket 对象，调用 Send 方法发送回复信息。
（4）编写客户端程序，创建 DatagramPacket 和 DatagramSocket 对象。
（5）在 While 循环中输入对话信息并封装到 DatagramPacket 对象，调用 Send 方法发送信息。
（6）如果输入"bye"，则客户端程序结束。

■ **参考代码**

（1）服务器端程序。

//ServerChat.java

```java
import java.net.*;
import java.io.*;
public class ServerChat{
    static final int PORT=4000; //使用 PORT 常量设置服务端口
    private byte[] buf=new byte[1000];
    //构造 DatagramPacket 对象
    private DatagramPacket dgp=new DatagramPacket(buf,buf.length);
    private DatagramSocket sk;
    public ServerChat(){
        try{
            //使用 DatagramSocket(PORT)构造 DatagramSocket 对象
            sk=new DatagramSocket(PORT);
            System.out.println("服务器已经启动");
            while(true){
                sk.receive(dgp);//使用 receive 方法等待接收客户端数据
                String sReceived="("+dgp.getAddress()+":"+dgp.getPort()+")"
                        +new String(dgp.getData(),0,dgp.getLength());
                System.out.println(sReceived);
                String sMsg="";
                BufferedReader stdin=new BufferedReader(new InputStreamReader(System.in));
                try{
                    sMsg=stdin.readLine();//读取标准设备输入
                }catch(IOException ie){
                    System.err.println("输入输出错误!");
```

```java
                }
                String sOutput="[服务器]:"+sMsg;
                byte[] buf=sOutput.getBytes();    //获取字符到 buf 数组
                //构造 DatagramPacket 对象打包数据
                DatagramPacket out=new DatagramPacket(buf,buf.length,dgp.getAddress(),dgp.getPort());
                sk.send(out);//发送回复信息
            }
        }catch(SocketException e){
            System.err.println("打开套接字错误!");
            System.exit(1);
        }catch(IOException e){
            System.err.println("数据传输错误!");
            e.printStackTrace();
            System.exit(1);
        }
    }
    public static void main(String[] args){
        new ServerChat();
    }
}
```

(2) 客户端程序。

//ClientChat.java

```java
import java.net.*;
import java.io.*;
public class ClientChat{
    private DatagramSocket ds;
    private InetAddress ia;
    private byte[]buf=new byte[1000];
    private DatagramPacket dp=new DatagramPacket(buf,buf.length);
    public ClientChat(){
        try{
            //使用 DatagramSocket 默认构造方法创建 DatagramSocket 对象 ds
            ds=new DatagramSocket();
            ia=InetAddress.getByName("localhost");//获取主机地址
            System.out.println("客户端已经启动");
            while(true){
                String sMsg="";
                BufferedReader stdin=new BufferedReader(new InputStreamReader(System.in));
                try{
                    sMsg=stdin.readLine();//读取标准设备输入
                }catch(IOException ie){
```

```java
                    System.err.println("IO 错误!");
                }
                if(sMsg.equals("bye"))break;//如果输入"bye"则表示退出程序
                String sOut="[客户]:"+sMsg;
                byte[] buf=sOut.getBytes();
                //构造 DatagramPacket 对象打包数据
                DatagramPacket out=new DatagramPacket(buf,buf.length,ia,ServerChat.PORT);
                ds.send(out);//使用 DatagramSocket 的 send 方法发送数据
                ds.receive(dp);//使用 DatagramSocket 的 receive 接收服务器数据
                String sReceived="("+dp.getAddress()+":"+dp.getPort()+")"
                                    +new String(dp.getData(),0,dp.getLength());
                System.out.println(sReceived);
            }
        }catch(UnknownHostException e){
            System.out.println("未找到服务器!");
            System.exit(1);
        }catch(SocketException e){
            System.out.println("打开套接字错误!");
            e.printStackTrace();
            System.exit(1);
        }catch(IOException e){
            System.err.println("数据传输错误!");
            e.printStackTrace();
            System.exit(1);
        }
    }
    public static void main(String[]args){
        new ClientChat();
    }
}
```

(3) 运行程序。

两个程序都编写好之后,先运行服务器端程序,如在 Eclipse 环境中运行时,Console 窗口中会输出"服务器已经启动";运行客户端程序,Console 窗口中会输出"客户端已经启动",可通过 Debug 窗口切换服务器端程序和客户端程序对应的 Console 窗口。然后交替输入如下对话。

客户:店里还有《Java 编程》这本书吗?

服务器:还有,您需要几本?

客户:3 本,谢谢!

服务器:不客气,祝您愉快!

客户：bye。

客户端输入"bye"，则客户端程序结束，但服务器端仍然运行，可单击"关闭"按钮结束服务器端程序。运行结果如图 12-13 和图 12-14 所示。

习 题 12

一、填空题

1. TCP/IP 协议被分为 4 层，从高到低分别是_____、_____、_____、_____。
2. 使用 TCP 协议开发网络程序时，需要使用两个类，分别是_____和_____。
3. 一个 Socket 由一个_____地址和一个_____唯一确定。
4. Java 服务器端套接字类是_____。

二、选择题

1. 下面哪项不是 TCP 的特点？（　　）
   A. 面向连接　　　　B. 数据不可靠　　　　C. 传输速度慢　　　　D. 对数据大小无限制
2. 下面哪项不是 UDP 协议的特点？（　　）
   A. 对数据大小无限制　　　　　　　　B. 传输速度快
   C. 面向无连接　　　　　　　　　　　D. 传输数据不可靠
3. InetAddress 类的哪个方法可以获取本机地址？（　　）
   A. getHostName()　　B. getLocalHost()　　C. getByName()　　D. getHostAddress()
4. 下面创建 Socket 的语句中正确的是（　　）。
   A. Socket a=new Socket(80);
   B. Socket b=new Socket("130.3.4.5",80);
   C. ServerSocket c=new Socket(80);
   D. ServerSocket d=new Socket("130.3.4.5",80);
5. 使用 Socket 编程时，为了向对方发送数据，需要使用哪个方法获取流对象？（　　）
   A. getInetAddress()　　B. getInputStream()　　C. getOutputStream()　　D. getLocalPort()
6. 以下哪个是 ServerSocket 类用于接收来自客户端请求的方法？（　　）
   A. accept()　　　　B. getOutputStream()　　C. receive()　　　　D. get()
7. 使用 UDP 协议通信时，需要使用哪个类把要发送的数据打包？（　　）
   A. Socket　　　　　B. DatagramSocket　　C. DatagramPacket　　D. ServerSocket
8. 以下哪个方法是 DatagramSocket 类用于发送数据的方法？（　　）
   A. receive()　　　　B. accept()　　　　　C. set()　　　　　　D. send()